物聯網理論與實務

鄒耀東、陳家豪　編著

全華圖書股份有限公司

鄒耀東 (Yao-Tung Tsou)

台灣大學電機所博士。曾任中央研究院資訊科學研究所助理研究員；中央研究院資訊科技創新研究中心助理研究員、博士後研究員與客座訪問學人；逢甲大學通訊工程系專任助理教授與專任副教授。現任帝潤智慧科技的共同創辦人兼總經理。曾擔任國際重要期刊 MDPI Eletronics 客座編輯及國際重要研討會技術委員；經濟部計畫的資安審查委員。主要專業為密碼學、網路暨資訊安全、數位安全晶片設計等領域。

陳家豪 (Ja-Hao Chen)

成功大學電機所博士。曾任揚智科技 (ALi Corp.) 類比電路設計部門高級工程師；立積電子 (RichWave) 產品設計部門高級工程師；東海大學電機工程系專任助理教授；逢甲大學通信工程系專任助理教授。現任逢甲大學通信工程系專任副教授。曾帶領團隊獲中華電信電信創新應用大賽智慧家庭組創新應用獎冠軍；擔任國際期刊 Sensors and Materials 客座編輯。目前教學與研究領域在物聯網相關感測電路設計、射頻電路設計、射頻積體電路設計、天線設計，以及微波無線電力傳輸系統設計。

序言

　　2014 年，張忠謀出席當年度的臺灣半導體產業協會 (TSIA) 年會，並以「Next Big Thing (下一件大事)」為題發表演說，其中提到物聯網將是未來的「Big Thing (大事)」，為臺灣產業接下來物聯網的發展拉開序幕；從 2014 年到現今，物聯網不僅逐漸成為一般民眾耳熟能詳的名詞，其應用更是充斥在我們現實生活中，但實際了解其意涵的又有多少人呢？

　　本書融合理論與實務，從基本的物聯網基礎與案例的介紹、整個網路通訊的時代的變化與運用，到自己動手建立物聯網及雲端應用程式，最後點出物聯網在安全與隱私的重要議題；將生硬、抽象的物聯網概念，轉換為簡淺的文字，並帶入具體的案例與實作練習，不僅讓初學者得以迅速掌握其精隨，也讓具有基礎知識的人可以更進一步深入學習並開啟未來可以發展的方向。

　　從孫子兵法的角度來解讀，首先對於大環境我們要「觀局、識局」，時機來臨時就可以參與「佈局」；過去十年，物聯網環境已經從「觀局」走到了「佈局」，而這本書教導大家運用知識、工具來「入局」，甚至「立局」、「破局」；透過物聯網及雲端的虛實整合之間，變化多元，進可自行創立商機、退可充實自我，此為一本相當實用之書，相信它可以帶給讀者新的視野。誠心推薦給大家使用。

「系統編輯」是我們的編輯方針，我們所提供給您的，絕不只是一本書，而是關於這門學問的所有知識，他們由淺入深，循序漸進。

本書融合理論與實務，從基本的物聯網基礎與案例介紹，到自己動手建立物聯網及雲端應用程式，並點出物聯網在安全與隱私的重要議題。將生硬、抽象的物聯網概念，轉換為簡淺的文字，並帶入具體的案例與實作練習，可讓初學者迅速掌握其精隨外，也能讓具有基礎知識的讀者對未來有更進一步的發展。本書適用大學、科大資工、電子、通訊、資管系「物聯網概論」及「物聯網應用實務」課程使用。

同時，為了使您能有系統且循序漸進研習相關方面的叢書，我們以流程圖方式，列出各有關圖書的閱讀順序，以減少您研習此門學問的探索時間，並能對這門學問有完整的知識。若您在這方面有任何問題，歡迎來函聯繫，我們將竭誠為您服務。

相關叢書介紹

書號：06100
書名：數位通訊系統演進之理論與
　　　應用－4G/5G/GPS/IoT
　　　物聯網
編著：程懷遠.程子陽

書號：06476
書名*：認識人工智慧－第四波
　　　工業革命
編著：劉峻誠.羅明健.
　　　耐能智慧(股)公司

書號：06442
書名：深度學習－從入門到實戰
　　　(使用 MATLAB)
　　　(附範例光碟)
編著：郭至恩

書號：06361
書名：快速建立物聯網架構與智慧
　　　資料擷取應用(附範例光碟)
編著：蔡明忠.林均翰.
　　　研華股份有限公司

書號：06506
書名：機器學習－使用 Python
　　　(附範例光碟)
編著：徐偉智

書號：06417
書名：人工智慧
編著：張志勇.廖文華.石貴平.
　　　王勝石.游國忠

書號：06453
書名：深度學習－硬體設計
編著：劉峻誠.羅明健

流程圖

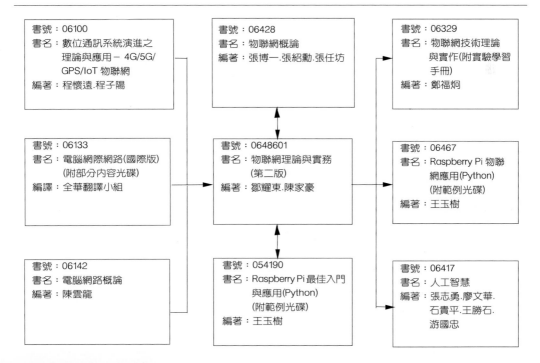

書號：06100
書名：數位通訊系統演進之
　　　理論與應用－4G/5G/
　　　GPS/IoT 物聯網
編著：程懷遠.程子陽

書號：06428
書名：物聯網概論
編著：張博一.張紹勳.張任坊

書號：06329
書名：物聯網技術理論
　　　與實作(附實驗學習
　　　手冊)
編著：鄭福炯

書號：06133
書名：電腦網際網路(國際版)
　　　(附部分內容光碟)
編譯：全華翻譯小組

書號：0648601
書名：物聯網理論與實務
　　　(第二版)
編著：鄒耀東.陳家豪

書號：06467
書名：Raspberry Pi 物聯
　　　網應用(Python)
　　　(附範例光碟)
編著：王玉樹

書號：06142
書名：電腦網路概論
編著：陳雲龍

書號：054190
書名：Raspberry Pi 最佳入門
　　　與應用(Python)
　　　(附範例光碟)
編著：王玉樹

書號：06417
書名：人工智慧
編著：張志勇.廖文華.
　　　石貴平.王勝石.
　　　游國忠

物聯網介紹

萬物聯網時代已經來臨，日常生活中常使用的物品與設備開始具有聯網能力，物與物之間會自動進行資訊串連與分享，在充足的資訊下使用者可以得到更好的判斷決策與得到更貼近適合需求的服務，讓生活更智慧，更簡單、更輕鬆與便利。

1-1　物聯網由來

物聯網的原文是 Internet of Thing(IoT)，此物 (Thing) 是包含了嵌入感測器、軟體和其他技術的實體物件，透過網路與其他設備和系統連接和交換資料。物聯網從字面上僅表達將任何物品達到具備聯網傳遞訊息的能力，但背後的概念與期能達到能力，卻是遠遠大於表面的意義。

物聯網 (Internet of Things, IoT) 一詞最早出現應該是由彼得‧T‧劉易斯 (Peter T. Lewis) 提出，1985 年 9 月彼得在國會黑人黨團在華盛頓特區舉行的第 15 屆年度立法週末演講中，預測不僅人可以藉由網路進行資訊傳遞，機器設備或其他事物也可以通過網路互相聯繫，將網路上的傳遞資訊收集後，可以達到遠程監控、操縱控制與分析評估資訊等目的。彼得將網路上傳遞的資訊，比喻成網路的事物 (Internet of things)，物聯網一詞與概念從此產生。在 1995 年，美國微軟公司創辦人比爾蓋茲 (Bill Gates) 所著的《未來之路》(The Road Ahead) 一書中，提到描述將居家生活用品互聯上網後，可達到智慧化居家生活的可能性。但當時的資通訊各方面技術與設備無法支持達到智慧化居家生活的環境，因此沒有引起太多的關注與投入。1998 年，美國麻省理工學院提出電子產品代碼 (Electronic Product Code，EPC) 系統的構想，1999 年該校 Auto-ID 中心主任愛斯頓 (Kevin Ashton)，以無線射頻識別技術 (Radio Frequency Identification，RFID) 為基礎，提出感測設備透過無線射頻識別技術連結網際網路進行信息傳輸與交換，達成具有智慧化識別與作業管理的物聯網資訊網路架構，因為此架構具有可行技術支持，讓愛斯頓被人稱為「物聯網之父」。2005 年 11 月 17 日，世界資訊峰會 (WSIS) 上，國際電信聯盟 (ITU) 發布了《ITU 網際網路報告 2005：IoT》，報告中指出萬物聯網無所不在的「物聯網」時代的來臨，世界萬物從生活用品、交通工具到房屋都可以藉由網路進行資訊交換，達到廣泛的智慧應用。

物聯網技術開始受到全世界關注，是因為美國前總統歐巴馬在 2009 年 1 月 28 日，與美國工商業領袖舉行了圓桌會議，會議中 IBM 首席執行長彭明盛提出 "智慧地球" 概念，建議美國政府投資新一代有關物聯網智慧型基礎設施。歐巴馬也回應將物聯網提升為國家發展戰略，投入大量資金建立物聯網需要的寬頻網路等應用技術，並宣示美國在 21 世紀將利用此相關技術在世界全球得到技術上的競爭優勢。歐巴馬此舉在世界引起波瀾，世界各國，如歐洲各國、中國、日本與韓國，包含臺灣，紛紛提出物聯網發展策略，如表 1-1。

▼表 1-1 各國家發動物聯網策略發展重點

國家 / 地區	策略	發展重點
歐盟	成立物連網創新聯盟	制定統一標準法規與協定。
美國	推動智慧城市計畫	物連網應用試驗平臺的建設作為首要任務。
	能源部成立 "智慧製造創新機構"	研發先進感測器、控制器、平臺和製造建模技術，並加速工業互聯網戰略佈局。
中國	推出 12 項 IoT 重大政策或專項計畫	IoT 技術標準、應用示範和推動、扶植產業等。
日本	成立產官學研聯合之「IoT 推進聯盟」	研發 IoT 之相關技術與促進成立新創事業，對政府提出 IoT 相關政策建言。
韓國	《物連網基本規劃》與《新一代智能設備 Korea 2020》	開拓及擴大創意型物連網服務市場、培育全球物連網專門企業、構建安全活躍物連網發展基礎設施環境 3 大領域。
臺灣	五大創新研發計畫	開發智慧機械、物聯網等技術，並發展人機協同工作的智慧工作環境。

國研院科政中心編制

▲圖 1-1　萬物聯網

　　美國將物聯網技術提升為國家發展戰略等級項目，並且其他主要國家也紛紛積極投入資金發展。為何物聯網技術會成為美國與其他主要國家的重點發展，原因是除了物聯網的相關應用市場範圍廣，經濟規模龐大，物聯網技術將顛覆改變未來生活。為了方便說明，以下用一物聯網情境範例進一步說明。

1-2 物聯網情境案例介紹

　　本節引用美國 IBM 公司製作的一段物聯網假想情境的影片來介紹物聯網技術。此影片是介紹一位女性 Jane 在生活中,藉由物聯網技術,讓生活與工作中得到便利,改善生活品質。影片內容更容易理解物聯網技術如何智慧改善與便利未來生活,接著再進一步介紹物聯網技術整體架構,並解釋架構如何運作以達到物聯網整體服務的目的。

　　圖 1-1 是影片中開始的畫面,這畫面的是描述有許多人與許多裝置藉由網路彼此互相連接,並且互相傳遞資訊。由於人與各裝置數量龐大,因此產生龐大的資訊在網路上串流,因此藉由網路中龐大的資訊,經過適當的整理與分析,可以非常詳細知道生活周遭事物,知道哪些事情準備要去做,甚至衍生出新的想法、工作與互動模式,可以進一步幫助企業挖掘新商機,主動預測風險,並進行改善的動作。

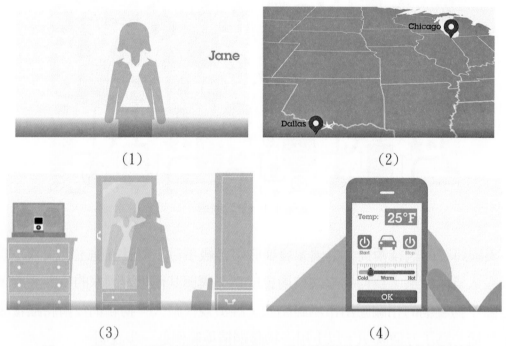

(1)　　　　　　　　　　　　　　　(2)

(3)　　　　　　　　　　　　　　　(4)

▲圖 1-2　情境中主角珍前往達拉斯過程中,藉由物聯網技術所獲得的相關協助

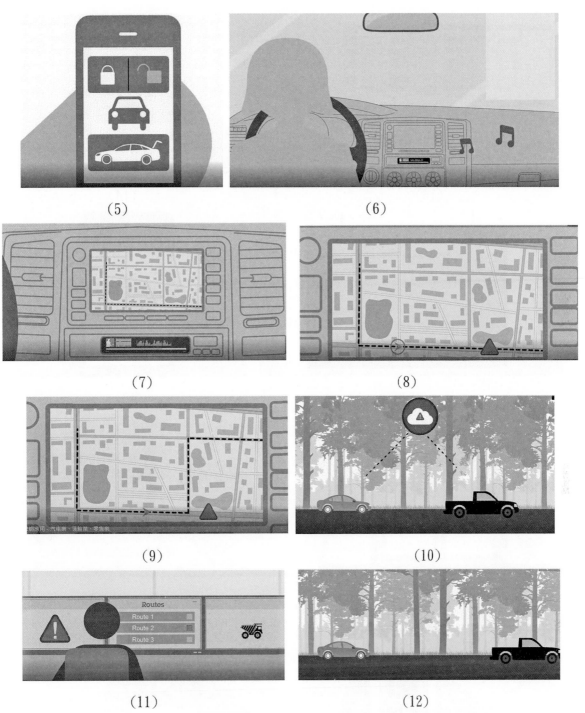

▲圖 1-2　情境中主角珍前往達拉斯過程中，藉由物聯網技術所獲得的相關協助（續）

1-5

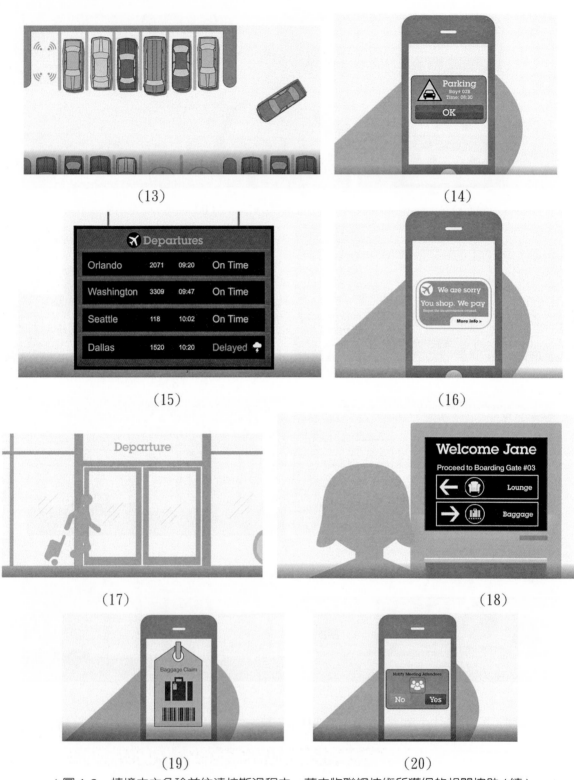

▲圖 1-2　情境中主角珍前往達拉斯過程中，藉由物聯網技術所獲得的相關協助 (續)

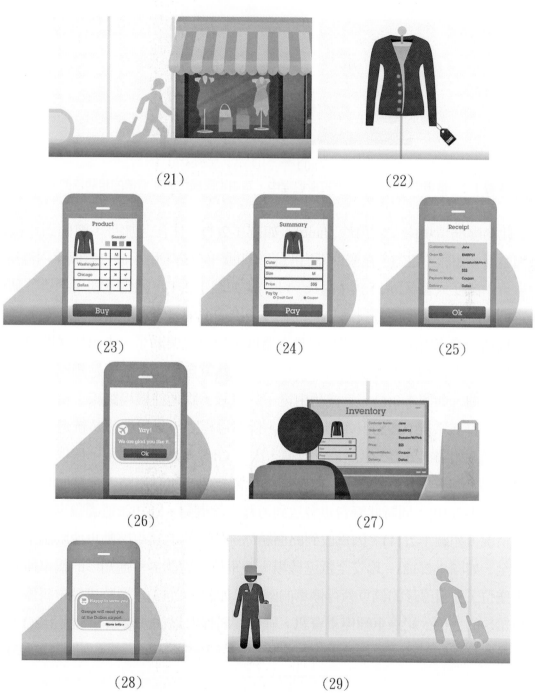

▲圖 1-2　情境中主角珍前往達拉斯過程中，藉由物聯網技術所獲得的相關協助 (續)

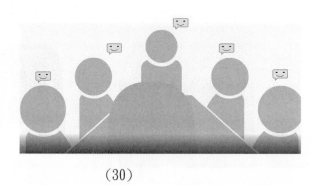

（30）

▲圖 1-2　情境中主角珍前往達拉斯過程中，藉由物聯網技術所獲得的相關協助 (續)

　　此物聯網情境中女主角珍 (Jane)，如圖 1-2(1)，住在芝加哥，準備到達拉斯參加會議，如圖 1-2(2)，在家準備出門前，如圖 1-2(3)，用手機查看轎車內溫度，發現車內溫度只有華氏 25 度 (攝氏 -4 度)，如圖 1-2(4)，她當下利用手機啓動車內空調，將車內溫度調整到適當溫度，然後繼續準備行李，一邊聽著音樂，過一會手機通知轎車內溫度已經調整到設定溫度，她將音樂關了，走出住家門口，利用手機打開車門鎖，如圖 1-2(5)，上車之後，轎車自動繼續播放她剛剛在家裡聽到一半歌曲，如圖 1-2(6)。手機藉由電子的資訊，將通往機場路線上傳到車內的衛星定位導航系統 (GPS)，如圖 1-2(7)。行車過程中，車用警報系統通知高速公路有車禍，如圖 1-2(8)，應該進行改道，因此 GPS 重新規劃路線，確保可以即時抵達機場，如圖 1-2(9)。轎車行駛在道路，警告通知所有用路人，路面有結冰情況，如圖 1-2(10)，同時此警告也發送到道路主管機關，通知派遣灑鹽車處裡路面結冰情況，如圖 1-2(11)。因爲收到路面結冰通知，珍的轎車啓動車速限制確保行車安全，如圖 1-2(12)。珍安全抵達機場，停車位的感測器，通知珍的轎車何處有停車空位，並引導珍的轎車執行停車的動作，如圖 1-2(13)，同時車輛會將停車資訊傳給珍的手機，紀錄車輛停車資訊，確保珍回程可以找到轎車，如圖 1-2(14)。此時航空公司知道珍已經抵達機場，但班機因爲天候不佳而延誤，如圖 1-2(15)，因此發放購物禮卷安撫珍的心情，如圖 1-2(16)。航班認出珍是航空公司的貴賓，珍抵達自助登機櫃檯時，珍看到專屬她的歡迎資訊、登機門、候機室位置與託運資訊，如圖 1-2(17) 與圖 1-2(18)，完成托運後，行李提領單會自動上傳到珍的手機中，如圖 1-2(19)。珍的手機接著會問要不要將她班機延誤的資訊通知給準備要跟他開會的相關人等，珍在手機中選擇了通知，如圖 1-2(20)，珍就無需要擔心同仁不知道她人在何處了。珍決定要拿航空公司給的禮卷去逛一下機場裡的商店，如圖 1-2(21)，她選擇了一件毛衣，用手機掃描商品條碼，如圖 1-2(22)，發現芝加哥沒有她的尺寸，但目的地達拉斯的商店有她要的毛衣，如圖 1-2(23)，珍利用禮卷進行線上付款，如圖 1-2(24)，電子收據馬上會發送給她，如圖 1-2(25)，副本送到達拉斯的商店，航空公司收到珍已經使用禮卷的通知，便發送簡訊恭喜她找到喜歡的商品，如圖 1-2(26)，同時達拉斯的商店收到網路交易通知，並把珍訂購的毛衣保留，同時庫存也會同時更新，如圖 1-2(27)，珍手機收到達拉斯機場銷售人員姓名，如圖 1-2(28)。珍抵達達拉斯機場後，拿了毛衣就趕往會議現場，如圖 1-2(29)，到達會議現場，與會人員告知她不用擔心遲到，因為他們都有收到她的簡訊通知，如圖 1-2(30)。

藉此物聯網情境案例，希望嘗試說明物聯網技術善用各方資訊分享並整理分析，得到具有價值的情報，藉由情報做出對應的手段並執行，從中間獲得有利的結果，資料採集、建立並分享資訊，從中獲得情報是物聯網技術中最重要的基礎概念。如果在生活中，在某個時間點確認需求，並且在此時間立即得到適當資訊，並分析與使用恰當，則可得到最佳的判斷與可執行的決策，即可以改善生活、工作與消費等方式。

因此看完這個物聯網假想情境案例後，可能會覺得這情境太過於理想，似乎離目前現實生活太遙遠。但事實上，利用物聯網技術可以讓這樣的理想貼近使用者的生活。接著介紹物聯網技術如何達到這樣的情境，以下進一步介紹。

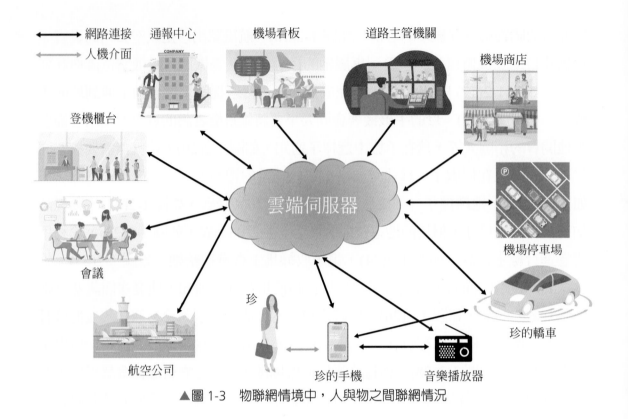

網路連接　通報中心　機場看板　道路主管機關　機場商店

人機介面

登機櫃台

雲端伺服器

機場停車場

會議

珍

珍的轎車

航空公司　珍的手機　音樂播放器

▲圖 1-3　物聯網情境中，人與物之間聯網情況

一、情境案例運作介紹

　　上一節中物聯網情境介紹中，珍順利地從芝加哥到達拉斯參加會議，過程中遇到了氣候不好、交通事故、路面結冰等突發狀況，另外也有選購毛衣尺寸不合，到最後都可以找到適當的方法順利的解決，可以發現解決的原因都是因爲得到適合的資訊，分析資訊後協助珍做正確的判斷，這些資訊都是在珍需要的時候給予的適當的資訊，這是物聯網技術主要特色之一，珍如何及時得到所需要的資訊，從圖 1-3 就可以了解。圖 1-3 是情境描述中各項設備彼聯網結構圖，各項設備利用網路 (深色接連線) 與雲端伺服器進行連結，將彼此訊號進行傳遞。圖中的雲端伺服器主要功能是可以接收各方設備裝置傳送來的資訊，並且整理分析接收的資訊後，分享資訊的設備，雲端伺服器將在後續章節進一步介紹。

　　接著進一步整理情境設備聯網架構更加了解珍如何得到適合資訊，協助前往會議的行程。如圖 1-4，左半部是負責資訊採集，有採集轎車溫度裝置，以及停車場感測停車空位的感測裝置，將感測的資訊提供到雲端伺服器進行資訊整理與資訊分享，右半部是執行設備，有轎車門鎖、轎車音響、轎車空調設備、轎車 GPS、轎車限速器、機場看板等設備，另外還有商店服務人員，這些設備或人會從雲端伺服器得到控制訊號或者執行任務，並執行對應的動作。中間是雲端伺服器，目的是接收各方的資訊並整理，以及分享資訊。此情境可分類為四種雲端伺服器，第一種是整理分享轎車相關的資訊的雲端伺服器，第二種是整理分享交通資訊的雲端伺服器，第三種是整理分享航空方面資訊的雲端伺服器，第四種是整理商店銷售資訊的雲端伺服器。圖 1-4 中的各項設備藉由線條互相連接成網路，此線條代表各種類的網路技術，將資訊進行各種類型的資訊順利傳送到人或設備。

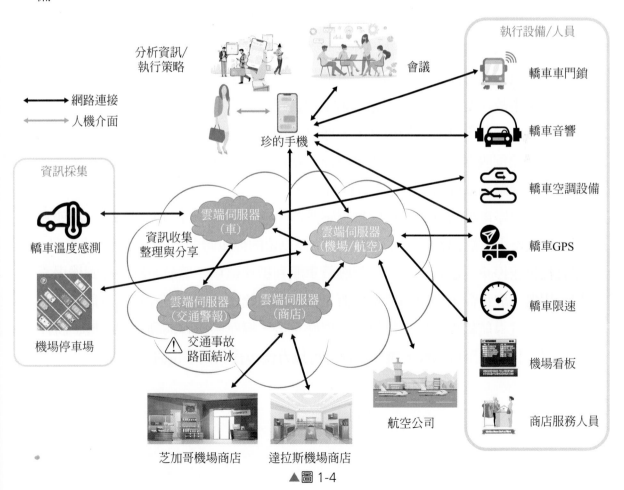

▲圖 1-4

從圖 1-4 架構可知，轎車上的溫度感測器採集車子的溫度，上傳到處理車子的雲端伺服器，因此珍可以藉由手機連網雲端資料庫得到轎車上的溫度資訊。當珍察覺車內溫度太低時，利用手機啟動轎車空調，設定適合的溫度，此時手機將設定溫度資訊傳到車用雲端伺服器，伺服器轉成控制資訊傳遞到轎車的空調系統，並且執行溫度的調整。她走出住家門口，利用手機的近距離無線通訊與轎車門鎖連接，送出控制訊號到轎車將打開車門。上車後，手機無線通訊系統自動與轎車音樂播放系統連接，將剛剛聽到一半的歌曲資訊傳遞到音樂播放器，並自動繼續播放剛剛聽到一半歌曲。值得說明的地方是，自動執行播放未聽完歌曲的執行動作，是先前珍依照喜好設定好的決策，因此播放器依照決策執行播放動作。

　　手機從整理航班資訊的雲端伺服器中，得到機場與航班相關資訊，得到機場位置資訊並上傳到轎車內的衛星定位導航系統 (GPS)，導航系統將前往機場的路徑進行規劃，珍就可藉由 GPS 資訊引導開車前往機場。

　　交通警報系雲端伺服器藉由各種管道通報得到全國交通路況與事故的資訊，收集各方資訊後進行整理並進行分享。當珍的導航系統規劃路徑後並前往機場路途中，導航系統會連接到交通警報雲端伺服器持續確認在規劃的路徑上是否有交通路況與事故。當導航系統確認在未走規畫路徑有車禍發生，導航系統會重新規劃到機場的路線，迴避車禍道路，確保可以即時順利抵達目的地。同樣地，從交通警報雲端伺服器確認在未走規畫路徑有路面結冰的情況，導航系統會和轎車限速器進行聯繫並執行轎車限速，確保行車安全。

　　機場的停車場的每個停車位具有感測器，感測器會將每個車位的停車狀態資訊上傳到機場雲端伺服器，可以計算每個停車位的停車時間，算出對應的停車費，並且提供空停車位置資訊。當珍駕駛轎車順利抵達機場，導航系統連線到機場雲端伺服器，取得尚未停車的停車位置，根據珍的轎車位置，搜尋離轎車最近的停車位，並且導航轎車到停車位停車。停好車後，導航系統聯網到珍的手機，將停車位置資訊傳遞至珍手機，讓珍回程時可以方便尋找到轎車位置。

珍來到自助登機櫃台辦理航班確認，因此航空公司得知珍已經抵達機場的資訊，但因為航班因為天候不佳確定延誤，航空公司藉由航空雲端伺服器與珍的手機應用軟體 (App) 聯網，通知航班延遲的訊息，發放購物禮卷資訊到珍的手機，同時也藉由航空雲端伺服器與機場看板聯網，將珍的歡迎資訊、登機門、候機室位置與託運資訊傳送到機場看板。當珍完成托運後，行李提領單資訊藉由航空雲端伺服器與珍的手機聯網，自動上傳到珍的手機中。珍的手機得到航班延遲的資訊，手機應用軟體接著詢問要不要將她班機延誤的資訊通知給準備要跟她開會的相關人等，珍在選擇通知並且設定開會人員，應用軟體連接手機通訊錄，將珍搭乘航班延遲的資訊傳遞給開會人員。

珍在等航班的時間，希望使用航空公司給的禮卷消費去逛機場商店，她選擇一件毛衣，使用手機應用軟體掃描商品條碼，手機連接到就可以從商店雲端伺服器得到毛衣相關資訊，發現達拉斯機場的商店才有珍的衣服尺寸，利用手機應用軟體付款後，購買資訊會再商店的雲端資料庫，並且進行商品資訊更新的動作，同時購買資訊與珍的資訊會回傳遞到達拉斯機場商店，也會把達拉斯機場商店負責窗口人員訊息傳遞到珍的手機方便聯繫，珍預先與達拉斯機場商店人員聯繫，確認拿取毛衣的位置，當珍到達達拉斯機場就可以馬上拿到毛衣，並趕往會議場地。

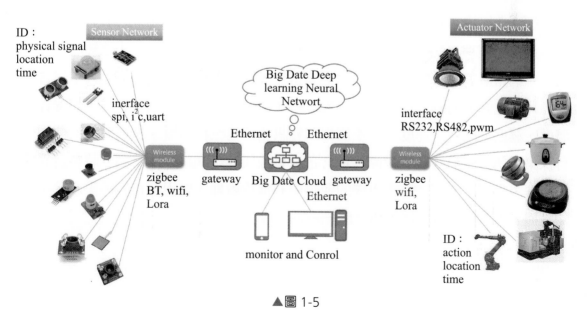

▲圖 1-5

由圖 1-4 的設備間的網路結構，可了解情境資訊的運作，藉由採集資訊可以讓珍得到需要的資訊，藉由雲端伺服器可以得到分享的資訊，並且分析資訊選擇最適當的執行策略，將執行資訊傳送到執行設備或人員執行策略。因此可以將物聯網情境的建構規劃如圖 1-5，左邊是利用感測器組成的感測網路 (Sensor network)，中間是雲端伺服器 (Cloud server)，右邊各項設備建立的執行網路 (Actuator network)，設備之間利用有線 / 無線 / 多重網路技術將資訊進行傳遞。

在建構物聯網情境前，必須先設計情境的目的與需求，目的可能是效率管理，可能是某種服務，確認情境目的與需求功能後，根據情境需求建立感測網路、雲端伺服器 (包含雲端計算) 與執行網路。首先考量物聯網應用情境中的需求，列出所需要的資訊與分析方法，根據情境所需的資訊，同時考慮情境場域，選擇適當的感測機制組成感測網路進行資訊採集。採集資訊後傳送到雲端伺服器進行分析與計算，決定適當的執行策略。根據執行策略，選擇適當的執行模組、機台等設備組成執行網路，執行決定策略。根據感測網路、雲端伺服器與執行網路模組間的距離遠近、資訊的數量與模組耗電情況，選擇適當的網路技術與架構。對於如何決定適當的感測機制、適當網路與執行機台，通常會依照部情境需求決定，後續章節會根據不同的物聯網應用情境做進一步介紹。

上述我們依照物聯網情境的運作，將圖 1-4 運作整理成如圖 1-5 的結構。歐洲電信標準組織 (European Telecommunications Standards Institute, ESTI) 將物聯網運作結構整理之三層式架構，如圖 1-6 所示。其中包含最底層「感知層」、中間層「網路層」及最上層「應用層」。感知層為物聯網發展的基礎，其中包含各種感測與通訊能力的設備，藉以採集、感知與偵測環境物理訊號資訊，如聲音、溫度、濕度、亮度、速度等，並使相關資訊能傳達至網路層。網路層扮演傳遞所有採集資訊、資料之裝置設備，包含各種有線與無線網路技術，必要時整合異質網路，將資訊匯流到物聯網專屬的運算中心進行處理。應用層以客戶需求分析感知數據，用來提供各領域各種應用。

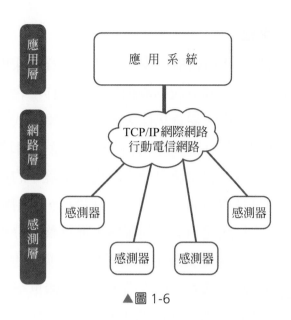

▲圖 1-6

　　圖 1-5 是根據單一應用情境應用建立的物聯網架構，圖 1-7 是多種應用情境建立的物聯網架構，許多單一的物聯網情境 (如消費性與居家應用、健康照護應用、智慧城市應用、智慧工業等) 之整合，此架構主要特色跨各項專業領域整合，跨領域資訊分享。生活中，經常在處於工作、家庭、學校、交通等環境中，因此如圖 1-7 的物聯網技術，可提供的服務與管理更貼近生活，帶給使用者生活更多方便的服務。但這種複雜的物聯網架構，會有建置成本高，資訊安全等相關問題出現，這些問題在後續章節進一步介紹。

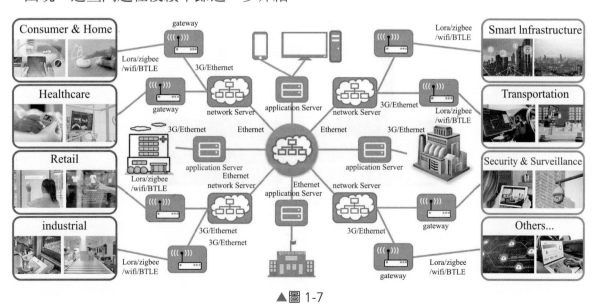

▲圖 1-7

二、情境案例運作流程

　　從圖 1-4 可知，物聯網情境結構分成三個部分，資訊採集、雲端資料庫以及執行設備或人員，此三個部分建立起物聯網情境的運作，物聯網情境運作方式如圖 1-8 所示，一開始情境運作可從資訊採集，資訊採集方式可藉由感測器模組，或者其他資訊分享方式得到情境需要的資訊，如上章節情境中感測轎車車內溫度，感測停車場車位等，或者藉由訊息分享取得，情境中的道路交通事故、路面結冰等是由資訊分享方式取得資訊。情境資訊採集後，利用網路進行資訊傳遞，如圖 1-8 中的引導線，將資訊送到雲端伺服器，進行整理分析資訊動作，整理分析的方式可以依照情境需求決定與設定，或者利用演算法進行 / 決定製作策略，在將執行方式資訊藉由網路傳遞到執行設備，例如：轎車空調、GPS 等設備。簡單來說，物聯網情境基本運作流程，如圖 1-8，感知器採集到資訊後，接著進行資訊整理 / 分析，甚至學習，根據需要作出決策並進行執行。

　　在許多先進的物聯網情境應用，情境運作同樣依照資訊採集、資訊整理 / 分析 / 學習後得到決策，然後執行，執行完後會再利用資訊採集分析執行的成果，如果不如規範或預期，會再將採集資訊進行分析與學習，得到更好的策略後再進行執行，如此一直循環，讓每次執行的成果更接近預期需求，達到情境自我學習的能力。

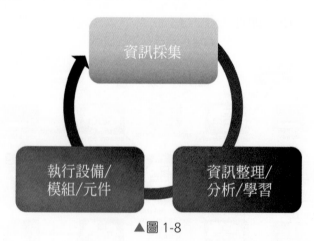

▲圖 1-8

三、物聯網中傳遞的訊號、資料、資訊與情報

　　從上述物聯網情境應用中，可以發現訊息是一切應用的基礎，藉由情境適當訊息的取得，才能藉由訊息進行分析判斷，再進一步執行適當的決策動作。因此可以發現，取得適當的訊息在物聯網中扮演非常重要角色，也就是對於某個物聯網情境，不是所有的訊息都是適切的，訊息是需要選擇的，而這選擇是需要專業人員來進行判斷。物聯網中的所有訊息，可以簡單分類為訊號、資料、資訊與情報，藉由這些分類，幫助分辨訊息的價值。

　　訊號 (Signal)：物聯網中經常會利用感測器 (或感知器) 將物理訊號、生理訊號轉換成電訊號，再將電訊號轉換成可以辨識的資料或資訊，對於電訊號如何轉換成可以辨識資料的方法，下一章將會介紹。

　　資料 (Data)：資料通常是一種人可以看的到，讀的到的數據或描述。例如利用感測器得到室內溫度，或者測得到的每分鐘心跳次數，都是資料。值得注意的是，並不是所有資料可以被使用或利用，例如取得一組每分鐘的心跳次數的數據資料，其實這筆資料一點價值都沒有，因為這資料沒有附帶說明這是誰的、何時量測的、在何種情況與位置取得的每分鐘心跳次數據，沒有這些相關訊息，單獨得到的數據資料，無法進一步分析並得知相關有價值訊息。但不是說資料不是沒有用處，資料是訊息重要的基礎，資料必須附帶相關訊息，成為有用的資訊。

　　資訊 (Information)：資訊是具可被了解，可被進一步分析，或進行討論的數據或描述。如同上述，當資料伴隨相關資訊，即可得到資訊，此資訊可進一步分析得到具價值的情報。例如利用溫度感測器取得溫度資料，將此資料與其相關之位置資訊、時間資訊，並給予編號 (Identity)，即可組織成初步的溫度資訊，藉由許多溫度資訊，可藉由分析取得區域的溫度分布，隨著時間的溫度變化，甚至進一步進行分析、學習，甚至預測可得到未來可能溫度變化之情報，此情報將可能會是針對於某種物聯網情境應用是極具有價值。

　　情報 (Intelligence)：情報是利用有用的資訊進行分析與學習，判斷或預測事件的數據或描述。情報是所有訊息中最不易取得也最具有價值。情報通常是需要規劃與設計而得來的，情報可能在需多大量資料中進行分析、比對、排除、學習等不同手段而取得，在不同手段方法取得情報中，同時必須具備對應的相關專業知識，或專業技術與技巧，才能選擇或設計出適當的手段獲取具價值的情報。

四、物聯網技術演進

許多文獻提到物聯網非新技術，而是現有技術再延伸。隨著物聯網情境多樣化的應用，因情境的不同需要，發展出許多新穎的技術，滿足目前或未來應用的需求。

近幾年大數據、機器學習、深度學習與人工智慧等技術快速竄起，其主要原因是這些技術在物聯網應用中扮演非常重要的角色。當物聯網情境中，感測網路技術大量的採集資訊數據後，利用網路技術將資訊數據傳至資料庫，形成海量數據，利用大數據、機器學習、深度學習與人工智慧等技術將資訊進行分析、歸納與學習，得到一非常有效率的處理法則，這處理法則通常會比人類自己學習的方法更好更有效率，近期常見的應用在物體識別、影像或語音識別、語言翻譯，甚至應用在 X 光片的判讀，協助醫療人員進行病情初步判斷等。也因此當物聯網 (IoT) 技術與人工智慧 (AI) 技術應用更為緊密同時，順勢產生「人工智慧物聯網 (AIoT)」應用，直到今天，AIoT 整合技術應用在學術與產業間火熱的討論與研究。

另一方面，半導體的快速發展，也帶動拓展物聯網技術整體應用範圍，半導體元件尺寸縮小，增加人工智慧晶片電路的運算速度以及無線網路傳遞速度，快速帶動人工智慧、手機網路通訊等技術發展。半導體製程在微機電技術應用發展，帶動許多重要的感測器技術快速的進步，讓資訊數據採集機制更加多元。雖然半導體產業不是物聯網技術中的主角，但卻是非常重要的推手的角色。

五、物聯網技術價值與挑戰

從上述描述，應該大致了解物聯網利用感測技術、網路技術與各類裝置之間進行資訊採集、資訊傳遞、分析學習資訊與執行操作，中間每個軟、硬體的技術都是過去各項科技分別發展，最後整合技術累積而成為物聯網技術成果。

當今各媒體與文獻都提到，物聯網技術發展是未來趨勢，是熱門研究的主題，被喻為未來十年甚至二十年的明星產業，但歷經各國各界努力的發展與倡導，仍發現在我們身邊周遭，鮮少有看到物聯網技術隨處可見，讓人有雷聲大雨點小感受，為何會有這樣的表現呢？關鍵在忽略現實實際需求以及技術仍存在的瓶頸。

　　就從本章情境案例介紹，珍順利地從芝加哥到達拉斯參加會議，過程中取的重要資訊的各項服務，協助她順利達到目的。這中間過程利用許多技術與服務，前幾章節有介紹，中間資訊取得、分享與資訊分析的過程中，是針對珍個人的情境去選擇的資訊取得，並做後續針對珍的情況進行分析出最有益的情況，很明顯這中間的服務內容集中針對珍本身的情況，也就是服務內容客製化 (Customize) 非常鮮明。物聯網情境客製化情況不只是本章情境案例的特性，其他的物聯網情境應用同樣需要客製化設計，其他物聯網各項情境應用我們將在後續章節中進一步介紹。

▲圖 1-9　物聯網客製化概念圖

　　物聯網的服務情境客製化的特性，也就是物聯網服務產品是少量多樣的性質，這性質造就了物聯網技術的挑戰，同時也成為物聯網價值所在。因此物聯網技術在商業運轉模式必須提供客製化服務滿足使用者，但同時客製化通常成本極高，當客群有限市場不大，此時客製化服務需要提高收費維持營運，因此當客製化服務無法提供讓消費者達到依賴的情況下，這物聯網服務技術價值就無法展示，同時服務也無法持續經營。換句話說，物聯網技術提供的服務，須滿足使用者，甚至需要讓使用者對服務達到依賴程度，這樣服務才有機會持續下去，物聯網服務技術價值才能凸顯。

有必要強調，物聯網技術不是單一的技術，是多樣技術整合的技術，同時整合時必須配合產業或使用者應用需求，針對需求目的來設計軟、硬體整合，這整合技術通常是跨領域的整合技術。這樣的技術整合，困難度極高，同時也面對許多的問題，從上述提到的客製化商業模式的問題，整合時在技術上也面對許多問題與挑戰。

　　首先討論在物聯網感測層中將面對的問題。物聯網在感測層中架設各式各樣的感測裝置進行採集資訊認識，因物聯網情境應用逐年增加，感測裝置數量也逐年快速攀升，根據 Strategy Analytics 研究，在 2017 年有 200 億個物聯網和互聯裝置佈署於全球，在 2021 年前逐年將再增加 100 億個裝置。感測裝置需要供電，通常感測裝置鮮少利用有線的方式提供感測裝置供電，因為裝置眾多架設電源線的成本相對高，因此大部份的感測裝置利用無線方式傳遞採集資訊，同時利用電池進行供電。但電池供電就會有更換電池問題，如不即時更換，資料採集將會出現問題。另一方面，一個物聯網應用場域規模較大時，感測模組數目相對會較多，更換電池工作將是會一種維護成本，另外電池還涉及環境問題，妥善的處置廢舊電池需要大量時間和資金。

　　另一個需面對問題，物聯網情境資訊傳遞是網路層，資訊傳遞過程中，資訊是否有機會被竊取，一直是被討論的話題，資訊安全技術問題一直伴隨著物聯網的發展，因此在物聯網時代有著「萬物皆聯網」存在「萬物皆可駭」的情況。試著想想，物聯網應用在居家情境，家中的智慧門鎖、攝影機等聯網，可讓使用者隨時觀看家中影像，不必帶著鑰匙，利用手機、指紋開啟家門，非常方便。可是一但被破解被駭，家中的景象被非法連接觀看，門鎖被遠端開啟，讓方便陷入非常危險的情況。因此物聯網開發過程必須有資安解決方案，提升資安等級才能降低使用風險，但這也同時讓開發成本提高，資安技術一直是物聯網發展過程的問題與挑戰。

最後物聯網應用層是面對物聯網使用者各式各樣的需求。物聯網是個系統，使用者是希望採購滿足自己需求服務，因此物聯網設計開發是許多產業合作整合形成服務生態整合系統。這是一種創新的系統，臺灣電子產業一直以硬體與代工為主，培養的人才屬於對某領域專精為主。但面對物聯網時代，許多公司不熟悉做服務、做系統經驗較少，面對跨界系統整合，接近終端客戶、了解需求、做好服務，則必須著重在軟體人才和系統整合人才，人才是目前物聯網發展所面臨的非常重要的問題。

物聯網情境需要許多有用的資料及足夠大的雲端伺服器進行分享與分析，建立這樣的龐大資料庫，因為成本高，不是一般中小企業可以完成，同時培養資料庫軟體工程師人才，也是非常不易。另一方面，臺灣薪資環境比起國外相較偏低，不容易吸引國外人才，軟體人才是臺灣環境發展物聯網需要面對問題。

物聯網技術無法倚靠任何單一技術或產品即可體現，也不是將萬物聯網就可完成，是以需求為基礎，適當整合各項技術與聯網採集分享資訊，發展對應的新服務或應用，真實解決用戶的難題，才能讓物聯網技術價值實現，技術服務才能持續。

參 考 資 料

1. 陳美淑、趨勢研析與前瞻規劃團隊，"我國與歐美中日韓推動物聯網策略發展重點"，科技產業資訊室，2016/12/27。

    https://iknow.stpi.narl.org.tw/Post/Read.aspx?PostID=13071

2. 馮仰靚、簡榮茂，"物聯網相關之 (人機料) 現況與未來技術"，機械工業雜誌，P22 ～ 28，446 期 (2020/05/01)。

3. How It Works: Internet of Things.

    https://www.ibm.com/blogs/nordic-msp/how-it-works-internet-of-things/

2 物聯網的架構與整合

　　上一章利用一個物聯網情境案例，介紹物聯網技術利用資訊分享，如何有效率的協助使用者生活，以及介紹如何利用各項技術建立物聯網，並解釋物聯網如何運作。第二章進一步介紹物聯網的基礎架構，同時了解每層架構中模組與元件特性，當確認物聯網應用情境之需求，利用基本架構，藉由對軟、硬體溝通介面了解，整合建構出不同的應用情境，達到情境需求。

2-1 物聯網的架構

　　如同蓋一棟大樓，在蓋樓之前，會先了解建築物目的後，根據需求會開始設計建築物結構，並選擇適當的建材，再執行建構。當了解所需要的物聯網情境應用的目的後，會開始建構物聯網結構，並選擇或設計結構中的軟體與硬體設備。

　　一般的物聯網應用情境，其主要大架構相似，分別為感知層、網路層與應用層，細部會根據應用不同而改變。在第一章描述的應用情境，其物聯網整體的運作架構如圖 1-6 中描述，從此架構中包含感知層、網路層與應用層，將各層可能的設備整理如圖 2-1 所示。有文獻比喻物聯網架構就像是人體架構，感知層就是我們人體所有感測器官，眼睛感受光景，耳朵感測聲音，鼻子感測氣味，舌頭感測味覺，皮膚感測環境溫度與壓力。網路層就是人體神經系統，而能將各種感官訊號進行傳遞至腦部。應用層就是腦部收集各種感官資訊加以分析得到具體的結論，並以結論為基礎以規畫對應的方法加以執行，讓事情往有利的正向發展。以下進一步介紹的物聯網三層架構的用途與目的。

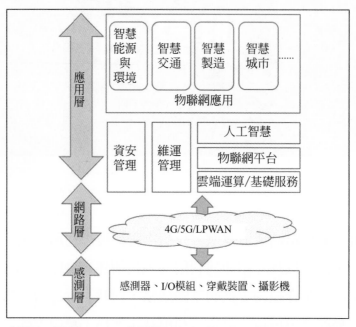

資料來源：參陳榮貴（2018），《物聯網發展與應用》，第27屆近代工程技術討論會；作者繪製。

▲圖 2-1

2-2 感知層 (Perception Layer)

　　感知層是物聯網情境中執行資料採集，因此任何執行資料採集的手段，從基本利用感測器製作的感測節點進行採集訊號，到佈署眾多感測節點建構成感測網路 (Sensor network) 都屬於感測層的執行項目。

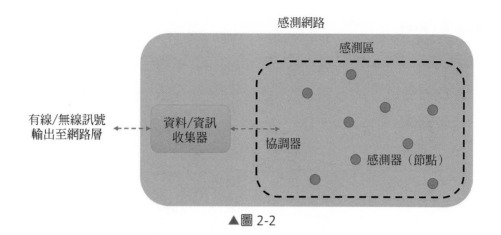

感測網路

▲圖 2-2

如圖 2-2 是感測網路架構，深色點表示是感測器，功能是採集感測訊號，淺色點是協調器，收集所有感測器的感測訊號，感測器與協調器之間的傳遞可以選擇有線或無線通訊進行傳輸，協調器將收集的感測訊號傳遞資料／資訊收集器，協調器與所有感測器節點組成感測區。資料／資訊收集器將感測區採集的感測資料或資訊藉由有線／無線通訊方式傳遞至網路層。資料／資訊收集器與感測區整體組成感測網路。在感測層中，可能是只有一組感測網路，或者是由多組感測網路建立而成。

2-2-1 感測器運作結構

圖 2-3 是感測器 (節點) 的運作結構，圖中左邊是感測器採集的物理量或生理特徵，物理量通常是自然界環境或物體特徵，如環境溫度、濕度，或者物體的運動行為，如速度、加速度、振動等，或生理特徵是指動物的生理情況，如體溫、心跳與血壓等。

感測元件通常是利用材料特性或者元件架構對各種物理量與電性之間具有轉換特性，再搭配感測讀取電路，可以將物理量轉成電訊號，此時的電訊號通常非常微小，大約是微伏 (mini volt) 等級，因此需要再藉由訊號放大器將感測之電訊號進行放大，此時的電訊號足夠可以檢測，但不容易直接理解訊號與物理量之間的關係，因此放大後電訊號傳至微控制器 (microcontroller)，微控制器中有類比／數位轉換電路，將感測電訊號轉換成數位訊號，藉由轉換關係公式，將感測物理量轉換成可理解的數據形式，讓感測數據轉換成容易讀取辨識與後續應用。

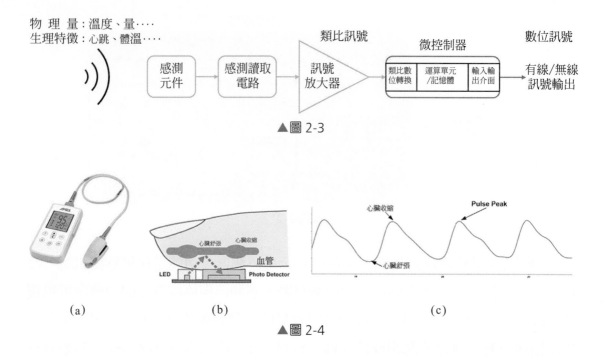

物　理　量：溫度、量⋯⋯
生理特徵：心跳、體溫⋯⋯

感測
元件

感測讀取
電路

類比訊號

訊號
放大器

微控制器

類比數
位轉換

運算單元
/記憶體

輸入輸
出介面

數位訊號

有線/無線
訊號輸出

▲圖 2-3

(a)　　　　　　　　　　(b)　　　　　　　　　　(c)

▲圖 2-4

　　再舉一個感測器案例，如圖 2-4(a) 是心跳感測器，圖中右邊外型是個夾子，夾子裡面是感測元件，當夾子住手指，感測元件可以讀取人體心跳資訊，並顯示在右邊的螢幕上。在夾子裡面的感測元件是一發光元件與感光元件組成的感測器，如圖 2-4(b)，圖中 LED 是發光二極體，是一種發光元件，光感測器 (Photo Detector) 是光電元件，是一種可以感測亮度的元件。當心臟收縮和舒張時候，微血管的血液濃度會影響光的吸收與反射也有所變化，因此光感測器接收到的亮度也有所不同，因此可以採集得圖 2-4(c) 的心跳電訊號，在訊號低的時候心臟舒張，訊號高處是心臟收縮，因此可以藉由圖 2-4(c) 訊號傳入微控制器，可以算出每分鐘心跳次數的數據。

　　上述介紹了感測器的運作，如圖 2-2 中，許多感測點組成的區域是感測區，每個感測點採集的感測訊號需要利用有線或無線網路進行傳遞，通常有線網路架設的成本較高，因此目前大多數的感測器利用無線網路進行傳遞感測訊號的傳遞。應用在感測器的無線網路大多屬於區域性、近距離的無線網路技術，點到點傳輸距離大約 50~150 公尺。目前比較主流的技術有 WiFi、藍牙、ZigBee，此三種技術設計目的不盡相同，應用在感測訊號傳遞時後各有優缺點，以下分別介紹。

2-2-2 WiFi 無線通訊技術

WiFi 無線通訊技術標準在 1999 年底發布，2000 年取得市場成功，此技術應用上用無線傳遞距離分類，是屬於無線區域網路 (Wireless LAN，WLAN) 技術，是目前所有無線技術中應用最廣泛的通訊技術，主要應用在辦公室區域網路、校園網路與居家區域網路等。因為 WiFi 技術應用市場大，WiFi 是無線技術標準中，投入的廠商最多，與各種系統整合涵蓋的發展最廣，使用通訊頻率有 2.4GHz 與 5.8GHz 的通訊標準。

WiFi 無線通訊技術的優勢在於無線通訊傳遞速度較高，點與點之間無線傳遞距離約 100~150 公尺，傳遞距離通常和使用環境有關，無線訊號傳輸之間如果有阻擋物，無線訊號傳遞距離會縮短。目前 WiFi 無線通訊技術成熟，無線通訊品質穩定，市場接受度高，因此廠商願意投入市場，相關產品也最豐富。

WiFi 通訊技術具有資料傳遞速度快、相對傳遞資料量大、相對穩定性高、相對傳遞延遲時間短，還有一個重要的特性，就是智慧型手機、平板與筆記型電腦等行動裝置，都有內置 WiFi 通訊模組，因此在使用者的隨身使用的行動裝置上安裝應用軟體 (App) 後，即可參與物聯網情境的應用，例如可以利用隨身智慧型手機觀看感測資訊或者執行控制的動作，因此會吸引許多物聯網開發廠商選擇 WiFi 通訊模組進行開發應用。另一方面，WiFi 通訊技術有速度、穩定與傳遞時間短等優勢，但所付出的代價就是此技術的耗電量高，因此應用上出現了許多限制。

WiFi 無線通訊技術應用在物連網中，無疑最容易被討論的就是 WiFi 無線通訊技術高功率消耗的特性。物聯網應用情境中，常在情境中架設許多感測器，架設的位置附近未必有電力來源，因此需要利用電池進行供電運作，當感測器利用 WiFi 無線通訊模組傳遞感測資訊，將會造成電池無法長時間運作，故需要進行更換電池的工作，如果情境的感測器數太多，更換電池工作將會非常耗費人力成本的一件事情。

雖然 WiFi 無線通訊模組耗電量高，但只要能供應足夠的電力，WiFi 技術是推薦應用在物聯網情境中。在許多物聯網應用裡，許多的裝置或機台，如工業用工具機，或者家裡冰箱、飲水機等，需要利用感測器採集裝置或機台運作情況，通常裝置或機台附近就會有電源，因此裝設感測器與 WiFi 通訊模組就不需要考慮耗電的問題，並且可以藉由 WiFi 通訊技術提供穩定的通訊能力，達到很好的訊號採集的目的。

2-2-3 藍牙無線通訊技術

　　藍牙無線通訊技術早期是由 Ericsson 公司負責無線射頻及基頻技術的研發，Nokia 公司則發展無線技術在行動電話的軟體，Intel 公司負責半導體晶片與傳輸軟體開發，Toshiba 公司及 IBM 公司負責開發攜帶式電腦介面規格，這些公司是最早期的藍牙技術聯盟 (Bluetooth SIG) 會員。隨著藍牙通訊技術應用擴大，後續全球大部份的資訊、通訊、半導體、消費性電子、網路及汽車等製造廠商，也都相繼加入為藍牙技術聯盟會員，Bluetooth 儼然成為目前消費性產品最主要的通訊技術，如今智慧型手機、筆記型電腦中，藍牙通訊模組都是標準配備。過去藍牙無線通訊技術 1.0 版到 3.0 版，早期藍牙通訊技術主要應用在無線滑鼠、無線鍵盤與無線耳機的市場為主，隨著物聯網的應用市場逐漸變大，藍牙無線通訊技術 4.0 版推出「低功耗藍牙」，以滿足物聯網應用。相對 WiFi 通訊技術，藍牙通訊技術耗電量較少，傳輸速度比較慢，傳輸距離比較短。因此藍牙通訊技術在物聯網應用中，比較屬於個人區域網路 (Personal Area Network，PAN) 應用為主，目前最廣應用市場是屬於穿戴式感測裝置，如具有採集生理資訊的智慧手環、智慧手錶等。

▲圖 2-5

2-2-4 Zigbee 無線通訊技術

ZigbBe 是一種短距離、低功耗的無線通訊技術，於 1998 年開始發展，是由美國 Honeywell 公司所提出，與其他通訊技術主要差別，在於 ZigBee 無線通訊技術具有自我組網 (Self-Organization) 的無線網路技術。在 2005 年 ZigBee 發布 ZigBee 2004 工業規範，自此 ZigBee 漸漸成爲各業界共通的低速短距無線通訊技術之一。

ZigBee 通訊技術的出現是爲了彌補藍牙通訊技術應用在工業物聯網情境的缺失，因此具有低耗電、低速率傳遞訊號(250Kbps)、低成本、低複雜度、安裝快速、可靠、安全，可支援大量網路節點 (理論高達 65,000 個)，更重要是支援多種網路拓撲，如星狀網路 (Star Network)、簇樹狀網路 (Cluster Tree Network)、網狀網路 (Mesh Network)，其中網狀網路是 ZigBee 通訊技術最先具有的組網技術，網狀網路是非常適合應用在物聯網應用之網路拓撲，例如在智慧家庭、智慧建築、無線感測網路等領域，大多採用 ZigBee 的技術來做傳輸。後來藍牙通訊技術在 2017 年，WiFi 通訊技術在 2020 年繼推出具有組網狀網路的版本，以滿足物聯網應用。

上述簡單介紹最常見的三種無線通訊技術，另外還有許多無線通訊技術應用在物聯網中，每個通訊技術我們將在後續章節進行介紹。

2-3 網路層 (Network Layer)

網路層在物聯網中扮演是資料或資訊的傳遞功能，將感測或控制資訊或資料藉由網路技術進行傳遞。網路之起源可追溯到 1968 年美國國防部研究計畫，計畫中是將電腦利用電話網路進行連結，連結範圍涵蓋全球個個國家的系統，形成一個全球性的網際網路 (Internet) 系統。過去的網路傳遞的資訊來源，都是由人提供，人透過電腦連接網路進行的資訊傳遞。在物聯網的時代，網路傳遞資訊來源，反而是由感測物件、模組、機台或機器人提供，並且互傳資訊，由人提供的資料大大減少。物聯網系統中的設備物件幾乎都具備聯網功能，將感測資訊或控制資訊進行互相傳遞與接收，分享這些即時且重要的資訊給適當的使用者外，並提供使用者遠端互動，更可進一步將大量資訊收集進行學習與分析，得到具價值的資訊。由此我們可以這樣認知，網路層的基礎是建構於網路技術上。

在網路層的目的，首先是設備物件可以將資訊成功傳遞，達到系統可獲得物件感測採集資訊，或者達到對設備物體進行遠端操控。而爲讓物件可以將資訊成功傳遞目的，通常使用各種有線或無線通訊技術進行異質網路 (Heterogeneous Network) 整合。網路層另一個目的，是設備或物件所採集感測的資料，透過各項雲端伺服器 (Cloud Server) 儲存技術的進行大量資料儲存，並轉化成可分析的資訊，儲存資訊如何進行處理及分享機制，並將資訊處裡轉化爲人們所需要的加值服務，就是後續應用層所規劃與執行項目，應用層將在後續介紹。

網路層使用傳遞資訊的網路通訊技術眾多，每種網路通訊技術都具有其優點與缺點，在物聯網應用中了解每種網路通訊技術的特性非常重要，根據物聯網應用情境特性選擇適合的網路通訊技術，可以讓網通技術優點放大，縮小技術的缺點。以下介紹常使用的網路技術。

2-3-1 網路通訊技術

網路技術本質上就是利用各種網路傳輸介質，將不同的電腦系統、嵌入式系統與周邊物件連接，搭配適當的軟體和韌體，建立聯繫資訊管道，就可以進行交換資訊。

網路技術分類主要方式有兩種，一種是傳輸介質，一種是網路服務範圍分類。網路傳輸介質主要分爲有線傳輸介質 (有線網路技術) 與無線傳輸介質 (無線網路技術)。有線網路技術服務範圍由大至小可分爲廣域網路 (Wide Area Network，WAN)、都會網路 (Metropolitan Area Network，MAN)、區域網路 (Local Area Network，LAN)，通常服務範圍越大，所需要的軟硬體成本越高，相對應用範圍也越廣。這網路服務範圍的概念是如果可以把整個臺灣，或者跨國的網路服務範圍都稱爲廣域網路。以城市的網路服務範圍 (如臺北市、臺中市等) 視爲都會網路。一個公司內部或一個校園的網路服務範圍是區域網路。

2-3-2 有線網路技術

　　有線網路技術是將傳遞資訊承載在電訊號中，電訊號藉由傳輸介質進行資訊傳輸，傳輸介質種類有雙絞線、電話線、同軸電纜線與光纖等。有線網路的特點有傳輸速率高、穩定性好、安全性高與成本較低等。利用光纖傳輸介質的網路技術整體上是最具優勢，尤其是在傳輸速率是最高的，因此有線網路目前趨勢主要是利用光纖網路技術來進行資料傳輸，並搭配其他既有的網路技術同時進行。有線網路技術在架設沒有距離的問題，但有線網路技術主要缺點在於移動性，裝置架設在有線網路中，此裝置的移動性是被限制的。裝置的移動性網路服務需求激發無線網路技術出現。

2-3-3 無線網路技術

　　無線網路技術是以無線繫絆 (No Wiring Hassle) 與高移動性 (High Mobility) 為基礎發展的技術，因此適用於隨身攜帶的電子元件，相對的設置在固定位置的電子應用產品，則用有線網路在各方面較具優勢。無線網路優點主要有不需佈線施工，縮短網路建構時間，沒有線路腐蝕與線路蟲害咬斷問題，維護相對容易，建構網路快速，變更不需重新佈線等。

　　無線網路技術是將傳遞資訊承載在電磁波，電磁波藉由傳遞介質進行資訊傳輸，而無線通訊技術的傳遞介質是空氣。無線通訊技術至今發展出許多技術，與有線通訊技術一樣以服務距離範分類為：無線廣域網路 (Wireless wide area network，WWAN)、無線都會網路 (Wireless metropolitan area network，WMAN)、無線區域網路 (Wireless local area network，WLAN) 與短距離無線傳輸技術 (Short-range Wireless Communication)，以下分別介紹。

一、無線廣域網路

　　現今常見的廣域網路的無線網路技術主要有 Sigfox、LoRa(LongRange) 與窄頻物聯網 (Narrowband Internet of Things，NB-IoT) 等技術，此三種通訊技術簡單的比較表如 2-1 表。此三種技術無線廣域網路發展與提出時間與其他無線通訊技術相對較晚，但此三種技術備受關注，主要此三種技術的功率消耗低，此特性非常適合應用在物聯網感測網路架設中，故此三種技術也稱為低功耗廣域網路 (Low Power Wide Area Network，LPWAN)，非常適合用在物聯網情境中的智慧能源、智慧城市、智慧農業，例如海上油井設施、停車位管理、農場牛隻追蹤、魚塭水質監控、土石流監控等。以下對此三種技術簡單介紹。

▼表 2-1

	Sigfox	LoRa	NB-IoT
創立年	2009 年	2015 年	2016 年
主要推動者	Sigfox(公司)	LoRa Alliance(聯盟)	3GPP(聯盟)
使用頻譜	非授權頻譜 Sub-1GHz ISM	非授權頻譜 Sub-1GHz ISM	1GHz 以下之授權頻譜(營運商)
使用頻寬	100Hz	125-500kHz	180kHz
最遠傳輸距離	市區：10km 郊區：50km	市區：3~5km 郊區：15km	15km
傳輸速率	100bps(低)	300bps-50kbps(中)	50kbps(高)
可連接數量	100 萬	25 萬	10 萬
優勢	1. 傳輸距離最長 2. 功耗較低 3. 提供現有 Sigfox 基地台及雲端平台 4. 全球性網路服務	1. 營運成本低 2. 功耗較低 3. 資料傳輸速率彈性 4. 可與多個電信營運商合作	1. 使用授權頻譜，干擾較小 2. 可維持穩定連線品質 3. 可使用現有 4G 電信基地台 4. 無限制傳輸限制

1. Sigfox 無線通訊技術簡介

　　Sigfox 無線通訊技術是在 2009 年法國公司 Sigfox 所開發提出，從 2012 年開始往物聯網相關無線服務發展。從表 2-1 可知，Sigfox 無線技術是傳輸速率最低，僅 100bits/s。由於資訊傳輸量低，因此大幅節省了裝置的電力消耗。例如電表或路燈感測監控應用，訊號傳送頻率每小時低於一次，就很適合 Sigfox 技術應用。

　　Sigfox 營運模式的特色，是在於建立一個全球共同的物聯網應用網路，透過各地特許合作營運商提供服務，例如臺灣特許營運商為 UnaBiz。同時 Sigfox 公司也提供雲端服務，使用者便無須擔心網路與資料儲存空間等基礎設施的建構，可以更專注於物連網服務的開發。

2. LoRa 無線通訊技術簡介

　　LoRa 是美商 Semtech 公司併購法國公司 Cycleo 後，並與 IBM 合作完成規範，所開發提出的無線通訊技術，由 Semtech、IBM、Cisco 為核心所組成的 LoRa 聯盟推動相關發展，目前擁有 500 多家會員，可說是當前最受產業支持的 LPWAN 技術。

　　LoRa 使用方式如同目前使用 WiFi 無線通訊技術一般，任何人都能自行設置基地台 (WiFi access point) 來建置網路環境的模式。相較 Sigfox 與 NB-IoT 都是需與營運商付費取得網路服務，因 LoRa 技術不需要經營運商付費就可以自建網路，因此利用 LoRa 無線網路技術架構網路的成本相對會比較低，也比較吸引開發廠商的投入研發。

　　相較 SIGFOX 無線通訊技術，LoRa 無線傳輸技術的傳輸距離較短，但 LoRa 技術具有較高的傳輸頻寬，數據傳輸量更多更具應用上的彈性。目前 LoRa 無線通訊技術較多應用在大型廠區建設智慧工廠應用，可透過一個封閉的 LoRa 網路，先在廠區內蒐集各節點的生產數據後，在利用有線網路或者 LTE 網路將收集大量的訊號送至雲端伺服器進行後續儲存與分析。

　　目前在臺灣市場，主要以亞太電信公司積極佈局 LoRa，由鴻海集團主導下，富鴻網公司配合進行系統整合，串連物聯網相關上下游產業，從電信、傳輸、網路、工程、應用、服務等全方位系統服務。

3. NB-IoT 無線通訊技術簡介

　　NB-IoT 無線通訊技術相較 Sigfox 與 LoRa 技術發展較晚。由於它是由國際電信標準制定組織 3GPP 支持，並且此技術是利用現行的長期演進技術 (LTE) 網路技術架構修改而來，因此電信商利用現行的 LTE 電信網路架構稍作修改，不需額外成本就能快速部署並進行服務而增加收入，這讓此無線通訊技術受電信商非常支持，也讓技術營運模式相對其他技術更有優勢。另一方面，由於此技術是利用成熟的 LTE 電信網路架構修改而來，此無線通訊技術的傳輸品質、服務品質與資訊安全都有更高的保障，這些特性對於物聯網應用中非常重要，尤其是資訊安全部分更加重要，對於需要隱私性高的物聯網應用，如智慧居家，智慧健康照護與智慧穿戴式裝置等應用情境，是非常適合的應用。

NB-IoT 技術已經獲得全球三大電信設備商諾基亞 (Nokia)、愛立信 (Ericsson)、華為支持，並在歐美與亞洲等區域已開通並進行測試。在臺灣從 2017 年下半年，三大電信業者中華電信、臺灣大哥大與遠傳都已經開始佈局 NB-IoT，並籌畫可能的商業模式。

二、無線都會網路

現今主要的無線都會網路技術有全球互通微波存取 (Worldwide Interoperability for Microwave Access，WiMax) 與長期演進技術 (Long Term Evolution，LTE)，兩無線都會網路技術簡單特性比較表如表 2-2。此兩種技術從歷史來看有點瑜亮情結，目前 WiMax 通訊技術已經退出臺灣市場，而 LTE 目前獨佔臺灣市場，而這情況不只臺灣，幾乎全球的市場都是選擇 LTE 技術，在此暫不討論此兩技術背後的商業競爭，僅對此通訊技術做簡單介紹。由於目前物聯網應用中是以 LTE 通訊技術的修改版本 NB-IoT 技術為主，而 WiMax 通訊技術在臺灣已經沒有提供服務。以下針對此兩個無線都會網路技術簡單介紹。

▼表 2-2

項目	WiMAX(802.11x)	LTE(4G)
標準制定單位	由 Intel 等廠商先提出，IEEE 制定通訊標準	3GPP
歷史	在 WiFi 基礎上提出新的無線網路傳輸	改進 3G/3.5G 數據傳輸
理想傳輸資料量	下載：100Mbps 上傳：100Mbps	下載：100Mbps 上傳：50Mbps
基地台覆蓋範圍	1.5 公里	3 公里
優勢	佈建成本相對低、家庭網路升級容易，Intel 強力推動、容易達成彈性網路、無限漫遊	3G/3.5G 基地台升級容易，主要鎖定手持市場
主要廠商	由 Intel 帶頭，開放式平台讓許多全球知名電腦網路通訊業者相繼投入	Ericsson、Qualcomm、Alcatel-Lucent、NEC、NextWave Wireless、Nokia-Siemens、Nokia、Sony Ericsson、Motorola、NTT、DoCoMo 等手機及通訊廠商
頻段	1.5GHz、2.3/2.5GHz、2.4-2.7GHz、3.5/5GHz	700MHz、1.7GHz、2.1GHz、2.5GHz

資料來源：DIGITIMES．2009/4

1. WiMax 無線通訊技術

　　2003 年美商 Intel 成功推出 WiFi 無線網卡整合處理器平台迅馳 (Centrino) 後，得到了廣大用戶的接受，WiFi 無線通訊模組開始成為行動裝置必須配置的無線通訊配備。Intel 為了讓使用者的行動通訊範圍增加，2006 年再次主導推出 WiMax 無線通訊技術，此通訊技術是提供遠距離、高速、寬頻存取，而且干擾少無線通訊技術，與 WiFi 技術推廣模式相同，將 WiMax 通訊技術內建在筆記型電腦等行動裝置，希望讓使用者在整個城市中隨時有無線網路服務的目的，但後續推廣不如預期，是可惜之處。

　　WiMax 無線通訊技術剛提出發表時，採用了許多當時非常新穎通訊技術，如正交分頻多工存取 (Orthogonal Frequency Division Multiple Access，OFDMA)、Adaptive modulation、多天線 MIMO、Forward error correction codes 等。其中又以 OFDMA 之影響最大，OFDMA 是基於正交頻分多工 (Orthgonal Frequency Division Multiplexing，OFDM) 數位調變技術而生的多使用者 (multi-user) 版本，頻寬可以被動態分配給那些需要使用的使用者。

　　美國營運商北電 (Nortel) 公司推廣時，曾在 WiMax World USA 會議中利用 WiMax 網路技術展示即時傳送多媒體 IPTV 與 IMS 服務，將技術應用在電視、行動電話等裝置上提供個人化的 IP 寬頻服務。因此長距離通訊與傳遞資訊速度快是 WiMax 無線網路技術的特色。此特性在物聯網應用中，比較適合應用在網路層，需要長距離傳遞大量的採集資訊的情境應用，或者需要遠距離監控大量的機具設備的工廠情境等應用。

2. LTE 無線通訊技術

　　LTE 是由 3 代合作伙伴計劃 (3GPP) 組織制定的通用移動通信系統 (UMTS) 技術標準的長期演進，3GPP 組織是規範第三代行動通訊的組織，是由歐洲的歐洲電信標準協會 (ETSI)，日本的電波產業會 (ARIB) 和電信技術委員會 (TTC)，南韓的電信技術協會 (TrA) 及美國的 T1 電信標準委員會在 1998 年底組織成立。

　　目前 LTE 主要由電信公司營運商提供服務，主要業務是行動裝置的上網服務為主，目前臺灣 LTE 服務也都是由電信公司提供行動裝置，如筆記型電腦、智慧型手機與平板的都會型無線上網服務。針對物聯網的應用，3GPP 組織利用 LTE 架構，將韌體版本即可支援 NB-IoT/LTE-M，為低功耗、低成本、廣域覆蓋及大量終端設備連結等特性的窄頻物聯網通訊協定。

三、無線區域網路

　　目前使用最廣也是使用者最多的無線區域網路技術是 WiFi 無線技術網路，現在許多人在家中都會跟電信營運商申請網路，在利用 WiFi 無線基地在家中建立無線上網環境，只要智慧型手機或筆記型電腦打開 WiFi 網路連接選項，就可以在家中以無線方式上網連線，不受到網路線的活動範圍牽制。現今許多都市中的餐廳、咖啡廳、商辦場所或車站都提供免費上網的服務。

　　如今 WiFi 無線網路技術推出已經超過 20 年，回朔 1997 年的第一代 WiFi(IEEE 802.11b) 無線網路技術，最高連網速度僅提供 2Mbit/s，隨著時間演進，推出第二代與第三代 WiFi(IEEE 802.11g) 無線網路技術可達到 54Mbit/s 速率。第四代 WiFi 4(IEEE 802.11n) 傳輸頻帶操作在 2.4GHz 與 5GHz 兩種頻段，此版本首先引入了 MIMO(Multiple Input and Multiple Output) 多進多出技術，此技術使用智慧型天線，從無線電波的物理特性下手，智慧型天線則協助無線基地臺在發送或接收時，將訊號匯聚到特定方向，透過增加天線的數目，能有效提升無線傳輸效率，連網速率可達 600Mbit/s。在 2014 年推出第五代 WiFi 5(IEEE 802.11ac)，連網速度更是大躍進，此版本僅使用 5GHz 傳輸頻帶，並新增更寬廣的頻道，可使用多達八個資料串流 (空間串流)，連網速度達到了達 6.8Gbit/s 速度，相較第四代技術，速度快了十倍以上，讓使用者對 WiFi 無線網路技術成為生活不可缺的工具，同時也對物聯網的應用發展有非常好的基礎。

▲圖 2-6

2019 年 WiFi 無線網路技術推出第六代 (IEEE 802.11ax, WiFi 6)，此版本採用 1024-QAM 正交幅度調製模式，可在相同的時間內傳輸更多的資料量，傳輸速率達到 10Gbit/s，比起第五代 WiFi 5 速度提高近 39%。更特別的是第六代版本具備 TWT 目標喚醒機制，能夠使裝置在不傳輸數據資料時，暫停使用 WiFi 功能，藉此增強 WiFi 設備的電池壽命，相較之前的版本更可應用在物聯網情境的應用上。

四、短距離無線通訊技術

無線通訊網路技術之應用日益廣泛，為了滿足行動裝置、家電控制、物件辨識等低資訊量之功能性用途，具有低耗電、低傳遞速度短距離特性的無線通訊技術相繼被發展提出，目前主要有藍牙、ANT、Zigbee、UWB、RFID 與 NFC 等，隨著物聯網應用越來越廣，這些短距離無線通訊技術的被採用的地方也越來越多，各技術各具特色，但也有些技術大同小異，而造成互相競爭的局面。

短距離無線通訊技術有時候被歸類在感測層，有時候歸類在網路層，主要是看通訊技術被使用的方式。如果無線通訊技術被用來傳遞探集感測資訊，則被放在感測層。如果被使用來傳遞資料，這資料通常被初步整理，是具參考的資料，則被歸類在網路層。以下對各項技術簡單介紹。

1. 藍牙無線通訊技術簡介

先前在感測層有介紹藍牙技術，我們在補充介紹。藍牙技術是針對短距離無線電通訊而設計開發的技術，此技術最大特色是能提供保密能力和抗干擾能力，因為它的技術基礎來自於跳頻技術 (Frequency Hopping Spread Spectrum，FHSS)。跳頻技術就是發射器和接收器之間利用相同頻率的跳躍方式來收發訊息，能夠在 1 秒鐘內做 1,600 次的跳頻動作，只有相對應的發射器和接收器知道彼此的跳躍方式，當遇到其他無線訊號的干擾，尤其身處在這些 2.4GHz 的無線技術的住家或辦公室環境中，為了避免訊號相互干擾或為被攔截，跳頻技術就發揮很大的效用，不斷的變換跳動頻率，可以讓連線的狀態隨時保持。

2019 年 12 月發表最新低功耗藍牙 5.2 版藍牙通訊技術，過去到此版本已經發表十二個版本，藍牙 5.0 版 (第十個版本) 發表之後，針對物聯網應用進行許多的改善，如低功耗模式下具備更快更遠的傳輸能力、增加支持室內定位導航功能、網狀網路 (Mesh network) 等，這些特色大幅提升藍牙技術在物聯網應用被使用的機會。室內定位功能與網狀網路我們後續再進一步介紹。

2. ANT 無線通訊技術簡介

ANT Wireless 無線傳輸技術，是由 Dynastream Innovations 公司所主導推出，Dynastream Innovations 公司在 2006 年被美國 Garmin 公司併購，因此目前 ANT 無線通訊技術目前主要應用戶外運動之穿戴設備與醫療保健設備，尤其自行車運動領域內的裝置設備，ANT 技術被廣泛應用，因此自行車相關的運動裝置內建 ANT 通訊技術就成為一套默認「標準」，最近同時已有家庭和工業自動化應用開始使用 ANT 通訊技術，市場上已漸漸接受利用此通訊技術進行開發。

ANT 通訊技術特色是 ANT 協議簡單，軟體開發更簡單、功耗低、成本低，在最新發布 ANT BLAZE 版本已經支持組網狀網路功能，這些特色逐漸侵蝕藍牙技術市場，在市場應用上藍牙通訊技術是 ANT 技術彼此是互相競爭的關係，不過由於藍牙技術推出時間久，目前應用市場是以藍牙為主，但也已經有廠商逐漸採用 ANT+BLE 雙模晶片來設計物聯網相關應用產品，以提升產品互連相容性。

3. Zigbee 無線通訊技術簡介

ZigBee 無線通訊技術在 2003 年被提出，Zigbee 通訊技術的產生，是早期藍牙技術的使用過程中，發現藍牙技術有許多優點，同時存在許多缺點，在工業、家庭自動化控制和工業遙測遙控應用而言，藍牙技術顯得太複雜，功耗大，距離近，組網規模太小等，在工業自動化利用無線方式傳遞訊號的需求越來越強烈，同時無線通訊傳輸需面對抵抗工業現場的各種電磁干擾，無線傳遞訊號具高可靠性，針對工業需求情況下，ZigBee 無線通訊技術因此誕生。

整理 Zigbee 的主要優點有低耗電、可靠性高、安全保密性好、抗干擾力強、組網狀網路能力佳與價格低等。在實際物聯網情境應用中，如果應用情境有符合以下幾項情況，則可以考慮應用 ZigBee 無線通訊技術：(1) 資訊採集或監控點多，(2) 傳遞資訊量不大，(3) 設備成本低，(4) 資訊傳遞可靠性高，安全性高，(5) 設備體積很小，可用鈕扣電池供電，(6) 地形複雜，監測點多，需要較大的網絡覆蓋，(7) 對於那些現有的行動網路的盲區進行訊號覆蓋，(8) 已經使用了現存行動網路進行低數據量傳輸的遙測遙控系統。以上條件情況涵蓋了現今許多物聯網情境應用，Zigbee 通訊技術是除了 WiFi 與藍牙通訊技術之外，目前在物聯網應用上很重要的無線通信技術之一。

4. RFID 與 NFC 無線通訊技術簡介

　　RFID(Radio Frequency IDentification) 通訊技術本意就是無線射頻身份識別系統，利用微波射頻通訊技術進行辨識的工作，這技術追朔在二次世界大戰時期被開發出來，英國空軍首度應用在飛航安全領域，進行分辨飛機是敵是友，避免友方軍機被誤擊。這項技術是利用射頻訊號以無線方式傳遞及接收訊號，和其他無線通訊技術不同的地方，是此技術利用射頻發射訊號不只是傳遞訊號，同時也以無線方式傳遞電磁能量到標籤 (Tag)，如圖 2-7，因此標籤本身不需使用額外的電力或電池，標籤就可以永久工作，所以當標籤與讀取器靠近即可做資料的交換。這不需要額外電力的標籤我們稱作被動式標籤，還有另一種帶有電池的標籤稱作主動標籤，這主動標籤的優點是容許讀取的距離遠，目前被動式標籤應用佔多數，主動式標籤應用比較少見。

　　因此 RFID 通訊技術開發的初衷就是設定在利用標籤之進行身分辨識，因此此技術多應用在物品或身分辨識，而辨識工作在物聯網中應用上扮演非常重要的角色，如需要資產管理 (Asset Management)、物件追蹤 (Tracking)、信賴驗證 (Authenticity Vrification)、物件或人物配對確認 (Matching)、流程控制 (Process Control)、存取控制 (Access Control)、自動付款 (Automated Payment) 或供應鏈管理 (Supply Chain Management) 等都可以使用 RFID 技術增加管理效率，在實際案例上例如動物晶片、悠遊卡支付系統、門禁的管制、汽車晶片防盜器、航空包裹及行李的識別、感應式電子標籤、生產線自動化、高速公路 ETC 收費系統、賣場或商場的盤點與收費，後勤管理，移動商務，產品防偽與物料管理，也有利用此技術在賽跑選手的計時系統等，用途非常廣。

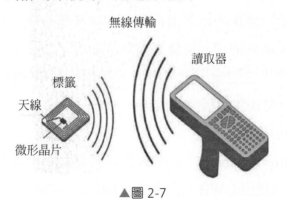

▲ 圖 2-7

近場通訊技術 (Near-Field Communication，NFC) 是從 RFID 通訊技術為基礎演變而來的短距離無線通訊技術，通訊距離僅幾公分之內，是所有技術中無線通訊應用中最短的距離，此技術是由恩智浦 (NXP)、Nokia 和 Sony 共同研發，主要應用在行動裝置上，如智慧型手機的電子支付應用。相較 RFID 通訊技術最大不同處是連接方式，RFID 通信技術的通訊雙方設備有主從關係，讀取器是主標籤是從的角色。NFC 最大的特點是將讀取器與標籤整合到同一個晶片中，因此裝置的角色沒有主與從，當裝置彼此靠近時，NFC 設備彼此自動尋找對方並建立通信連接，裝置彼此可以讀取各自標籤資訊。

NFC 通訊技術通訊距離設定僅幾公分之內 (通常在 10cm 之內)，目的是為了資訊安全性與方便性考量。物聯網許多應用中，如員工識別證、上下班打卡、門禁管理、電子票證、會員卡集點、電腦安全登入、大眾運輸票券、行動 / 電子支付等，在應用上都是要確認兩裝置在非常靠近的距離時，裝置自動連接通訊並進行資訊交換，使用者才能得到應用上的資訊交換的安全保障。

RFID 與 NFC 無線通訊技術和其他無線通訊技術最大差別就是不需經過驗證就進行資訊交換的動作，以藍牙或 WiFi 無線通訊技術，因為這兩者技術傳遞距離夠遠，裝置傳送資訊前無法確認對方裝置身分，因此裝置間進行連接之前，都是需要進行「配對」(bounding/pairing) 確認身分才能互通，這「配對」過程會有安全機制，如進行密碼的認證，確認後才能進行連線並資訊交換，這是為了保障資訊能被安全並正確的進行傳送到目的地，而不是將資訊送到陌生人手上。雖然這「配對」的過程多了安全，但卻少了方便與連接效率。RFID 與 NFC 無線通訊技術沒有「配對」的過程，因次連線效率很高，這在許多應用上得到非常的方便，但安全性就必須靠短距離讓使用者進行確認，或者是資訊交換後，讀取對方裝置的標籤資訊後，進行身分確認。目前臺灣有許多電子支付應用，創造了許多新型的商業模式，創造龐大的商機與就業機會，這就是利用 NFC 通訊技術為基礎，搭配政府法令與營運模式才能構成的成果。

5. UWB 無線通訊技術簡介

早期超寬頻 (Ultra-wideband，UWB) 無線通訊技術開發是應用在軍事單位，在 1989 年美國國防部提出 UWB 名詞並在 1990 年正式成立 UWB 技術發展計畫，在軍事雷達、定位系統與通訊技術等重點進行研發。美國聯邦通訊委員會 (Federal Communications Commission，FCC) 在 2002 年核准 UWB 通訊裝置的使用頻帶和功率限制，開啟讓 UWB 通訊技術可以應用在商業化產品的機會。但隨時間的過去，鮮少有 UWB 通訊技術的商業化產品。直到 2019 年美國智慧手機製造龍頭美商蘋果公司 (Apple Inc.)，發布智慧型手機 iPhone 11，該手機引入 UWB 晶片，並透過 UWB 通訊技術來確定附近是否還有其他同類型手機之應用，蘋果未來在追蹤和定位方面應用將更加利用 UWB 技術達成，讓 UWB 通訊技術真正開始引起大眾高度的注意。

UWB 無線通訊技術與其他無線通訊系統相比無線傳遞訊號工作原理差距很大，大部分無線通訊系統使用載波訊號 (Carrier) 傳遞訊號，而 UWB 技術是利用極短時間的脈衝訊號 (Impulse) 傳遞訊號，利用脈衝方式傳遞訊號讓 UWB 技術具有系統架構特點的實現比較簡單、高容量的數據傳輸、安全性極高、消耗功率低、訊號傳遞衰減性低 (抗多重路徑干擾較佳)、訊號極強的穿透能力 (訊號穿牆能力強)、非常適用於定位系統、生產製造成本較低等，值得強調的是 UWB 技術應用在室內定位系統的精準度達到公分級，其精準度高於其他無線通訊技術。

2-3-4 伺服器技術

上述主要是介紹物聯網網路層常被使用傳遞資訊的媒介，包含有線與無線網路技術。網路層另一個重要基礎設備，那就是伺服器 (Sever)。事實上日常生活中，電腦、智慧型手機或平板連上網路，使用 Google 搜尋、Google 地圖、Gmail 郵件、Google/Yahoo 新聞、雲端硬碟、臉書 (Facebook) 或 Instagram(IG) 社群網站、Youtube 影音等服務，就都是使用伺服器的技術。那會問到底甚麼是伺服器？伺服器是指能提供網路使用者一種或多種的特定服務，這特定服務通常是以資訊傳遞或資訊分享為基礎而衍生服務，伺服器是由硬體 (Hardware) 和軟體 (Software) 整合建構，這硬體通常是由高階電腦 (運算處理速度快的電腦) 以及存取資料速度快又具備資料容量龐大的儲存設備。軟體是包含作業系統 (Operating System，

OS) 與應用程式 (Application Program，App)，這應用程式會依照提供服務的不同而編寫設計。其實伺服器和我們平常使用的個人電腦最大的差別，是伺服器通常提供給數千人使用，因此作業系統與應用程式需要可以支持多使用者 (Multi user) 以及處理多項工作 (Multi task) 的能力，個人電腦的作業系統與應用程式僅須對個人或少數人服務，故伺服器和個人電腦最大的差別是其 RASUM 特性，RASUM 中的 R 是可靠性 (Reliability)，A 是可用性 (Availability)，S 是可擴展性 (Scalability)，U 是易用性 (Usability)，M 是可管理性 (Manageability)，也就是當要判斷伺服器能力或好壞就是用 RASUM 方式衡量。伺服器同時在處理數千人使用者的工作必須保持穩定與可靠，伺服器使用的硬體和軟體的各項能力遠遠大於個人電腦，當然其費用成本也是遠遠大於電腦。

　　伺服器通常會以提供的服務來命名伺服器，如提供文件共用服務的伺服器稱為文件伺服器，提供列印隊列共用服務的伺服器稱為列印伺服器等，同時伺服器會依照提供的服務而選擇適當的軟體和硬體，特定的服務程式需要運行在搭配的硬體方能達到服務功能，如文件服務搭配大容量硬碟，列印服務需要選擇高速印表機。常見的伺服器與應用程式名稱包括：

1. 動態主機組態協定伺服器 (DHCP server)：ISC DHCP4。
2. 網域名稱系統伺服器 (DNS server)：Bind9。
3. 網頁伺服器 (Web server)：Apache、thttpd、Windows Server IIS 等。
4. 郵件伺服器 (Mail server)：Lotus Domino、Microsoft Exchange、Sendmail、Postfix、Qmail 等。
5. 網路位址轉譯伺服器 (NAT server)：Microsoft WINS。
6. 代理伺服器 (Proxy server)：Squid。
7. 檔案傳輸協定伺服器 (FTP server)：Pureftpd、Proftpd、WU-ftpd、Serv-U 等。
8. 資料庫伺服器 (Database server)：Oracle Database、MySQL、PostgreSQL、Microsoft SQL Server 等。
9. 檔案伺服器 (File server)：Novell NetWare。
10. 應用伺服器 (Application server)：Bea WebLogic、JBoss、Sun GlassFish 等。

現在伺服器的應用與使用非常廣泛，許多家庭會建立私有的檔案伺服器，如網路儲存設備 (Network Attached Storage，NAS)，許多中型或大型企業，會根據企業需求投入資本建立各類型的伺服器，方便企業的各方面的管理。另一方面，現代人使用網路的時間機會增加，藉由聯網下載或上傳文字、圖片與影片進行學習、娛樂、社交等活動，進而產生了雲端伺服器與雲端計算等技術，這些技術在物聯網應用中扮演著重要角色，下面章節介紹這些雲端技術。

2-3-5 雲端伺服器技術

隨著網路技術與伺服器技術的進步，雲端伺服器 (Cloud Server) 的技術與服務也隨之誕生，同時雲端伺服器技術在物聯網應用也扮演著重要角色。首先介紹甚麼是雲端伺服器，雲端伺服器是由許多的伺服器在不同的地方位置組成建立的網絡架構，每個伺服器能彼此交互資源承載，如果某台伺服器意外停機，系統會自動找其他的伺服器頂替。因此從使用者的角度來看雲端伺服器，雲端伺服器是提供使用者所需要的資訊與服務，但使用者不會知道是確切使用哪個位置哪台伺服器運作提供的資訊服務，也不會知道哪台伺服器發生故障。

進一步說明雲端伺服器與一般伺服器的主要差別。先舉一個簡單例子說明，過去個人的電子郵件 (Email) 帳戶都是由隸屬單位提供，如學校單位、服務公司的單位提供，這電子郵件伺服器就是由隸屬單位架設管理以提供使用者使用，使用者可以藉著此電子帳戶與其他人的電子帳戶進行資訊交換與分享，可是一旦畢業了或者離開所屬服務的公司，則該電子郵件帳戶就會被收回。使用者明確知道此隸屬單位的電子郵件伺服器相關資訊，如伺服器網址、網際協議 (Internet Protocol，IP) 位址，設定後才可以使用。如今的個人的電子郵件帳戶可以免費或自費申請，如 Google 郵件、Yahoo 郵件等，使用者不需要知道伺服器相關資訊，只要使用網路瀏覽器到官方網站填寫基本資料申請，就會得到使用者個人所屬的電子郵件帳戶，同時這帳戶在規範下可以終生持續使用，這 Google 郵件或Yahoo 郵件提供的伺服器服務就是利用雲端伺服器技術所支持提供。目前雲端伺服器提供的服務不只郵件服務，還有許多其他服務，如社交、檔案管理、新聞資訊、商業文書、行程備忘等等。

因此可看出雲端伺服器與一般伺服器有些主要差別，雲端伺服器可看成提供網路虛擬服務，沒有實質上的產權，一般伺服器是利用真實的物理設備給特定使用者提供特定服務，是有產權的。雲端伺服器有資訊自動同步備份功能，確保使用者資料完整性，一般伺服器是通常是企業人員固定週期性備份。雲端伺服器服務可依照需求申請或購買，成本控制更加靈活，一般伺服器需搭配的硬體與管理人員費用，成本相對高一些。雲端伺服器相較一般伺服器，雲端伺服器的效率更高、靈活性更高、安全性也更好。雲端伺服器是利用先進技術結合群組伺服器組成強大的整合性平台，提供的空間以共用的基礎架構提供服務，可支援無限量的大規模擴充以便配合日後加入的各項大型先進設備。

2-3-6 雲端運算技術

雲端伺服器由伺服器硬體搭配軟體運作提供使用者服務，硬體的部份統稱為伺服器基礎建設或基礎架構 (Infrastructure)，軟體可分成兩部分，一部分是作業系統或統稱平台 (Platform)，另一部分是應用程式或統稱軟體 (Software)，當應用軟體運作時統稱雲端運算 (Cloud Computing)，雲端運算的名詞最早是由 Google 提出，但雲端計算並非由 Google 獨創，雲端運算技術是由過去伺服器運算技術如網格運算、公用運算等技術逐漸累積演化而成的。

雲端計算目的就是使用者提供服務 (Service)，針對三種不同的使用者，雲端計算提供的服務也分為三種架構，如圖 2-8。第一種是針對資訊科技 (Information Technology，IT) 硬體網路管人員提供的服務，稱為基礎架構即服務 (Infrastructure as a service，IaaS)，此服務目的是可提供能實現機動性的軟硬資源搭配與設置優化的理想環境，有效提高各項資源的使用效率從而降低成本。第二種是針對應用軟體開發人員所提的服務，稱作平台即服務 (Platform as a service，PaaS)，此服務目的是提供一個穩定的作業平台環境，讓使用者線上完成創建、測試與佈署服務系統的開發工作。第三種是針對終端使用者 (通常是指一般使用者) 的服務，稱作軟體即服務 (Software as a service，SaaS)，此服務目的是提供完善的應用軟體供使用者選擇使用。此三種服務與特性整理在表 2-3。

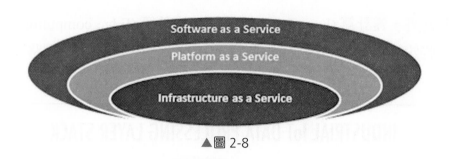

▲圖 2-8

▼表 2-3

	IaaS 基礎架構即服務	SaaS 軟體即服務	PaaS 平台即服務
提供服務	基礎建設	軟體	平台
服務項目	伺服器 網路頻寬 硬體管理	各種線上應用軟體	提供軟體開發測試環境
服務對象	IT 管理人員	終端使用者	軟體開發人員
服務提供者	Oracle Compute Cloud IBM CloudBrust Amazon EC2	iCloud Google Apps Office 365	Google App Engine Salesforce.com Microsoft Azure Amazon EC2

　　未來物聯網世界會連接上百億台連網裝置，利用感測器與各種資料採集技術收集資料會產生龐大的數據，並持續累積高達百萬兆的等級數據。因此物聯網世界裡，儲存、分析大量數據的技術將扮演非常具有價值的腳色，同時要處理這龐大的數據資料，其軟體與硬體設備所需要費用也是非常龐大，以及支持軟硬體運作的電力經費也是非常高，都不是一般企業能夠支持的，都是像國際級大企業如 Amazon、IBM、Google 和 Microsoft 等才能提供相關服務。

　　事實上所謂的雲端運算、雲端計算 (Cloud Computing) 指的，就是網路運算 (Internet Computing)，利用各種網路技術將伺服器與用戶端任何裝置，如智慧型手機、平板、桌上個人電腦、筆記型電腦等，提供任何的服務所用的各種計算，都可以稱為雲端運算。自從 2006 年 Google 的執行長 Eric Emerson Schmidt 首次提出雲端計算這新名詞與其概念，隨著應用產業與情境需求不同，產生對應的三種規模雲端運算，建構三層的結構，如圖 2-9，由上到下分別為為 "雲 (cloud layer)- 霧 (fog layer)- 邊緣 (edge layer)" 三層，三層各負責各層計算。因此除了雲端計算之外，霧計算 (Fog Computing)、邊緣計算 (Edge computing) 等網路數據計算。此外，最後也會介紹特殊的霾計算，以下文章針對各種網路計算做簡單介紹。

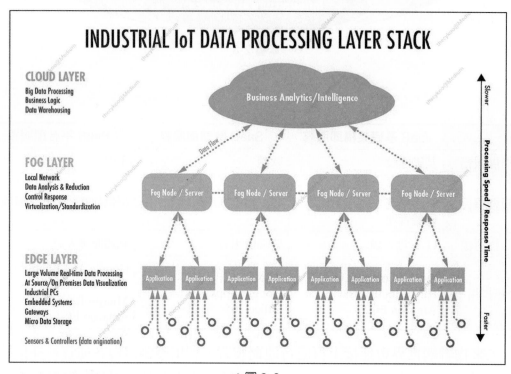

▲圖 2-9

一、雲端計算

雲端計算是一種藉由行動裝置 (如智慧型手機、平板與筆記型電腦) 利用網際網路連線至各種雲端伺服器，實現隨時隨地、按需求、便捷地使用共享計算設施、存儲設備、應用程式等資源的網路計算模式。雲端計算儲存資料通常比較龐大，其運算比較複雜，成本比較龐大，整體服務與架構相對完整的運算。

雲端計算系統由雲端平台、雲端存儲、雲端終端、雲端安全四個基本部分組成。雲端平台為提供雲端計算服務的基礎，管理運算處理能力強、數量龐大的 CPU、存儲器、交換機等硬體資源，將分散各處的硬體整合一個數據中心或多個數據中，藉由網路建立虛擬化的方式向用戶提供計算環境、開發平台、軟體應用等在內的多種服務。

　　雲端計算的數據處理和應用程式集中在網絡中央的強大伺服器，雲端計算數據與運算幾乎全部保存在雲端中伺服器，架構屬於中心化的架構。雖然雲端計算的運算儲存與服務完整性都很優秀，由於雲端計算所需費用太高，造成中小型數據中心沒有足夠的預算使用雲端計算的服務。另一方面，雲端計算都是建在大型數據中心上，數據中心在世界各地都有分支機構，因此數據傳輸之間必然有些延遲。上述原因造就了其他運數據計算的需求空間，如霧計算、霾計算與邊緣計算。

二、霧計算

　　雲是水分子聚集高空中自然現象，霧是接近地面形成的雲。顧名思義，雲端計算不管設備規模、架設費用等對一般企業都是高不可攀，霧計算則為貼近地面親近人民。霧計算是由美國紐約哥倫比亞大學的斯特爾佛教授起的名詞，當時的目的是用「霧」計算來阻擋黑客入侵的手段，後來美商思科公司 2011 年提出霧計算並給予定義。霧計算是一種分布式計算基礎設施，可將計算能力和數據分析應用擴展並佈滿至網絡邊緣各處，使用者能在所屬位置進行分析管理數據或各項應用。由上述可知霧計算是雲端計算概念的延伸，霧計算使用的是邊緣網絡的設備，因此分析數據傳遞有極低延時。霧計算應用上，通常帶有大量網絡各處節點的模傳感器網絡資訊。同時霧計算移動性佳，手機和其他移動設備可以互相之間直接通信，信號不必先到雲端再到終端，支持很高的移動性。因為霧計算使用的是邊緣網絡的設備，故並非是些性能強大的伺服器，而是由性能較弱、更為分散的各種功能計算機組成，硬體規模介於雲端計算和個人計算之間的，屬於半虛擬化的服務計算架構模型，架構是利用數量與分散計算運作，強調每個單點都可以發揮其作用，不論單點計算能力弱，都可以發揮作用。

　　霧計算所採用的架構更呈分布式，將數據、數據處理和應用程式集中在網絡邊緣的設備中，數據的存儲及處理更依賴本地設備。霧計算是新一代分布式計算，是網際網路的「去中心化」架構。

三、邊緣計算

　　邊緣計算是一種分散式運算的架構，將應用程式、數據資料與服務的運算，由網路中心節點，移往網路邏輯上的邊緣節點來處理。邊緣運算將原本完全由中心節點處理大型服務加以分解，切割成更小與更容易管理的部份，分散到邊緣節點去處理。邊緣節點更接近於用戶終端裝置，可以加快資料的處理與傳送速度，減少延遲。但這樣的分散式架構運算，就跟霧運算一樣。其實不然，如圖 2-9，霧計算和邊緣計算的區別在，霧計算在節點之間具有對等互連能力，針對不同的應用可以分享資訊。邊緣計算針對單一應用運作，收集採集資訊並儲存進行初步分析，不會和其他應用互相連結與分享資訊，如果分享應用資訊需求，需要通過霧層或雲層進行對等流量傳輸。

邊緣層負責運行所有終端的應用程式，如圖 2-9，在雲層進行雲端計算並計算出結果，會透過霧層，將算出結果發送到邊緣層的應用程式執行，同時邊緣層應用程式收到感測或採集數據後，會先簡單初步進行數據處理，再傳送送到雲層作計算分析。邊緣計算則可以想像為整體系統給予邊緣層一定程度的獨立運作，賦予簡單的存儲和計算能力，並根據環境數據作出回應。

2-4 應用層 (Application Layer)

物聯網應用層位在物聯網網架構中最上層，將在網路層收集儲存的資訊，依照各種情境需求，進行進一步的分析、處理、學習、分享後進行應用，在這應用層中所進行的分析、處理、學習、分享過程整合，就是將收集資訊與數據創造出各種情境應用的智慧化或智能化。如果我們把物聯網系統比擬人類具有自主行動的能力，那應用層的角色將是大腦中樞的部分。

物聯網應用層是為了改善人類生活中面對所有的事物，規劃出許多應用情境提供智慧化服務，如智慧城市、智慧工廠、智慧居家、智慧車載、智慧物流、健康照護與智慧節能等多項領域，各領域可分享資訊進行跨領域整合服務，各情境建立各種感知設備採集資訊，並將設備聯網將資訊上傳儲存，利用雲端計算與機器學習分析的技術，將實體世界中眾多的設備物件聯結成一巨大的物聯網系統，建立具學習能力之智慧化物聯網情境，達到改善人類生活與提供智慧方便服務目的。

規劃應用層的情境過程中，先將服務的族群服務的目的與項目進行確認，如果是營運單位策畫的物聯網服務，更重要的是要將商業模式制定完善，否則很容易因服務滿意度不高導制營運不善，最終造成資金虧損而失敗收場。當情境確認後，選擇對應適當的軟硬體技術來建構整體系統，從感測器與採集技術的選擇、各類網路架構選擇，資料數據分析演算法、學習演算法等，以及執行的設備、工具機、或執行單位的配置都是架構物聯網情境系統重要的環節。

應用層根據應用情境需求，根據採集資訊進行分析、演算與判斷，因此分析方法，是否智慧就很重要。目前人工智慧 (Artificial Intelligence) 發展迅速，許多物聯網技術與人工智慧技術整合成為人工智慧物聯網，簡稱智慧聯網，進一步衍生了智慧製造、智慧健康、智慧金融、智慧城市、智慧交通與智慧農業等應用技術，讓物聯網系統更具智慧而能輔助人進行更複雜更專業的工作。人工智慧是人類建立於機器上的類似大腦智慧的一種判斷機制。其目的以編寫程式的方式，模擬出人類大腦中的決策，並模仿、理解、學習等等特性，而形成類似人類的「智慧」。人工智慧隸屬於大範疇，包含了機器學習 (Machine Learning) 與深度學習 (Deep Learning)，如圖 2-10 所示，以下進一步介紹人工智慧技術的過去到現在的發展與應用。

▲ 圖 2-10　人工智慧、機器學習及深度學習關係示意圖

人工智慧是一門包括計算機科學、控制學、信息論、語言論、神經生理學、心理學、數學、哲學等多種學科相互滲透發展起來的學科，人工智慧發展是往實現人的思維、感知、行為三個層次而努力，要模擬人的眼神、擴展人的智慧。目前，人工智慧的研究是與具體領域相結合進行的。

　　如圖 2-11，回顧人工智慧技術的發展，人工智慧經歷過兩次低峰、三次高峰，而這兩次低峰是因為演算法、計算機運算能力以及數據缺乏所造成。現在則因為伺服器與大數據技術的成熟，加上 AlphaGo 棋賽的獲勝，讓人工智慧技術再次受人矚目創造第三個高峰期。

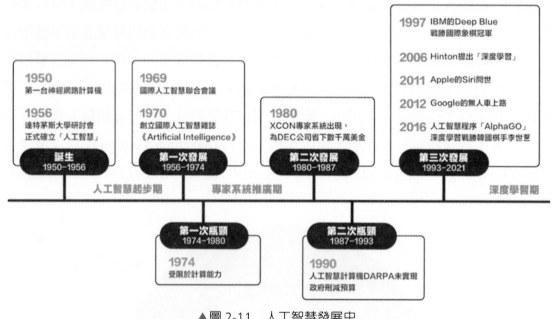

▲圖 2-11　人工智慧發展史

　　圖 2-12 是目前利用人工智慧相關技術並應用在各領域的設備裝置，概括來說當前 AI 技術原理是：將大量數據、超強的運算處理能力(硬體)和智慧演算法(軟體)三者相結合起來，建立一個解決特定問題的模型，使程序能夠自動地從數據中學習潛在的模式或特徵，從而實現接近人類的思考方式。目前人工智慧技術研究的分類與應用大致有分為早期的專家系統與最近的機器學習技術。針對人工智慧各項技術以下簡單介紹。

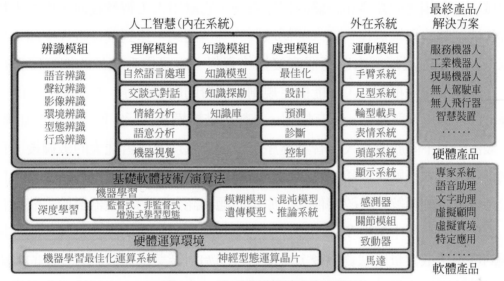

▲圖 2-12　人工智慧相關技術的應用

　　專家系統是早期人工智慧的一個重要分支技術，它可以看作是一類具有專門知識和經驗的計算機智慧程序系統，一般採用人工智慧中的知識表示和知識推理技術來模擬通常由領域專家才能解決的複雜問題。自 1968 年費根鮑姆等人研製成功第一個專家系統 DENDEL 以來，專家系統獲得飛速的發展、應用最廣、成效最多的領域，並且運用於醫療、軍事、地質勘探、教學、化工等領域，產生巨大的經濟效益和社會效益。現在，專家系統已成為人工智慧領域中最活躍、最受重視的領域。

專家系統的基本結構由人機交互界面、知識庫、推理機、解釋器、綜合資料庫、知識獲取等 6 個部分構成。知識庫用來存放專家提供的知識。專家系統的問題求解過程是通過知識庫中的知識來模擬專家的思維方式的，因此，知識庫是專家系統質量是否優越的關鍵所在，即知識庫中知識的質量和數量決定著專家系統的質量水平。一般來說，專家系統中的知識庫與專家系統程式是相互獨立的，用戶可以通過改變、完善知識庫中的知識內容來提高專家系統的性能。它是在特定的領域內具有相應的知識和經驗的程序系統，它應用人工智慧技術、模擬人類專家解決問題時的思維過程，來求解領域內的各種問題，達到或接近專家的水平。專家系統未來發展能經由感應器直接採集資料，也可由系統外的知識庫獲得資料，在推理機中除推理外，上能擬定規劃，模擬問題狀況等。知識庫所存的不只是靜態的推論規則與事實，更有規劃、分類、結構模式及行為模式等動態知識。

機器學習不同於傳統人工智慧程序，是通過處理並學習龐大的數據後，利用歸納推理的方式來解決問題，所以當新的數據出現，機器學習模型即能更新自己對於這個世界的理解，並改變他對於原本問題的認知。例如機器對於美醜沒有概念，那麼在資料庫中有很多人的照片，並標註那些照片是美那些是醜，原本無審美觀的機器讀取大量美醜資訊後，機器也會開始對審美這個觀念有一定的判斷。而關鍵在於數據的量一定要足夠大且數據的質一定要好，才能讓機器學習模型更好的判斷問題的答案。

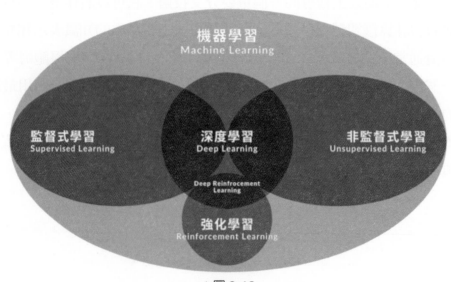

▲圖 2-13

　　圖 2-13 表示機器學習包含有強化學習、監督式學習與非監督式學習，最後就是更進一步的深度學習。強化學習是電腦透過與一個動態環境相關資訊不斷重複地互動，來學習正確地執行一項任務。這是種不斷嘗試錯誤並修正的學習方法，使計算機在沒有人類干預以及沒有被寫入明確的執行任務程式下，就能夠做出一系列的決策。強化學習的運作主要是仰賴動態環境中的資料，也就是會隨著外部條件變化而改變的資料，像是天氣或交通流量。強化學習演算法的目標，即是於找出能夠產生最佳結果的策略。強化學習之所以能達成目標，是藉著軟體當中被稱為主體 (agent) 的部分在環境中進行探索、互動和學習的方法。最著名的強化學習案例就是 AlphaGo，是第一套打敗人類圍棋比賽世界冠軍的演算法，在比賽過程中，電腦得到比賽對手的棋路，連結到已經儲存大量棋譜，根據過去的棋譜內容計算最大可贏對手的下棋手段，並且隨時根據對手的棋路變化，計算並改變下棋的方式，取得獲勝的最大機會。另外案例就是汽車導航，計算機採集衛星資訊得到汽車本身的位置，並連結地圖資料庫，計算出最佳的行駛路徑，根據駕駛的行駛路線以及交通路況，計算得到最佳的路徑。

　　監督式學習是需要我們告訴機器特定輸入的正確學習目標或標準，如讓機器學習一幅汽車的圖像，透過修正學習方式直到正確學習結果是「汽車」。監督學習特色是帶標籤數據學習的算法。這個過程類似於成年人向年幼的孩子展示圖畫本，小孩透過圖畫認知了畫本內容，當小孩從別處看到圖畫，會聯想辨識從書本學習到的內容，並推測眼前的是何種圖畫。這是訓練神經網絡和其他機器學習體系結構最常用的技術。

非監督式學習的出現，因為在學習解決許多實務上的問題時，乾淨又標記完整的數據並非如此容易取得，而研究團隊時常問出自己也不知答案方向的問題，也就是說，當不知如何分類數據，或是需要演算法去尋找同樣模式時，非監督式學習將可以提供很大的幫助。非監督式學習接收未被標記的數據，需先通過演算法根據常見的模式、特色、或是其他因素將數據分類。例如，可能團隊手上有一大組的小狗圖片，然而這些圖片都沒有標記出各個小狗是什麼種類，這時即可帶入非監督式學習的演算法來做分類，輸出則是演算法根據不同特色的小狗所做的分類。其他常見的實務案例包括，顧客旅程分析 (利用消費者在網頁上的顧顧客旅程做行為分析，並以此歸納出不同購買模式的消費者)、或是尋找異常值 (銀行透過信用卡使用紀錄來判斷是否某筆交易為詐欺)。

　　圖 2-14 表示機器學習中不同分類常見的演算法，監督式學習常見演算法有線性迴歸演算法常見應用的情境決策有預測未來機會以及風險 (如需求分析、轉換率分析)；優化營運效能，將數據驅動的決策能力導入組織文化當中；優化定價策略、預估價格彈性及市場動態；通過迴歸分析發現新的市場趨勢。

　　邏輯迴歸演算法常應用於基於客戶償還貸款的可能性做客群分類；通過交易行為模式判斷是否詐欺；通過多項數據點判斷腫瘤是否為惡性；通過消費行為以及旅程分析判斷顧客是否會轉換。

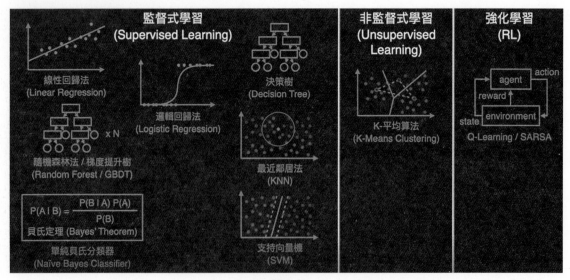

▲圖 2-14

單純貝氏分類器是一種機器學習分類演算法，常見應用於通過社群媒體做語法分析來判斷市場對於產品的感知爲何；建立垃圾郵件的分類器；通過資料採礦來建立推薦系統以判斷用戶是否會喜歡某種類型的產品。

決策樹演算法常見的應用有提供決策框架，讓管理階層能夠利用數據驅動的分法做決策；挖掘消費者意向趨勢，了解消費者購買 (或不購買) 背後的動機；幫助組織評估替代方案的可行性與風險。

隨機森林演算法是利用建立多個不同的決策樹，並賦予每一顆不同的決策樹其分類選項，並讓各個決策樹自己產生答案，以提高準確性。常見應用有預測整個電網的用量；優化都市計畫的效能；預先判斷產品品質是否支援向量演算法常見應用有判斷照片中臉的位置；預測網站、廣告、以及其他渠道的轉換率；識別字體。

非監督式學習常見演算法有 K 平均算法，常見應用有分類消費者以優化行銷活動或是避免客戶流失；判斷信用交易、保險金融等活動是否異常 (詐欺)；幫助歸類 IT 技術建設內不同的警訊。

深度學習利用多層次的人工神經網路透過數據學習，人工神經網絡是在研究人腦的奧秘中得到啓發，試圖用大量的處理單元 (人工神經元、處理元件、電子元件等) 模仿人腦神經系統工程結構和工作機理。在人工神經網絡中，信息的處理是由神經元之間的相互作用來實現的，知識與信息的存儲表現爲網絡元件互連間分布式的物理聯繫，網絡的學習和識別取決於和神經元連接權值的動態演化過程。其中兩種最爲主要的類別爲卷積神經網路 (CNN) 以及遞歸神經網路 (RNN)。卷積神經網路較適合如圖片、影片等的空間數據類型，如圖 2-15，透過不同階級的特色來識別圖像，例如從一個鼻子的特徵、眼睛的特徵、嘴巴的特徵、三者彼此的關係爲何、再到最後判斷成一張狗照片。卷積神經網路的發展對於需要快速識別周圍環境的自動駕駛至關重要，同時圖像識別的技術，也是工業 4.0 的核心技術之一。遞歸神經網路則較適合如語音、文字等的序列型數據，不同於其他的神經網路，對於遞歸神經網路，所有的輸入都是相連的，所有處理過的資訊都會在訓練的過程中被記住，而也是這特色，讓它非常適合處理自然語言。

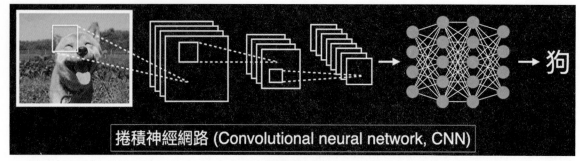

▲圖 2-15

　　人工智慧的發展是根據開發目的不同或應用目的不同，衍生出不同的研究領域，以及重要的理論方法和技術。以下進一步介紹機器學習自動化分析建模、深度學習領域與認知計算。

　　機器學習自動化分析建模是來自神經網絡、統計、數學和物理學的方法來發現數據中的隱藏模型，並且無需明確編程查找具體目標和範圍。其理論基礎是假如我們為了研究某個複雜的科學問題，需要創建海量的機器學習模型、使用大量的算法、使用不同的參數配置，在這種情況下，我們就可以使用自動化的方式進行建模。發展自動化機器學習是為了向科學家提供幫助，而不是代替他們。這些方法使數據科學家擺脫了令人厭煩和複雜耗時的任務（比如詳細的參數優化和調試），機器可以更好地解決這些任務。而後面的數據分析與結論的工作仍然需要人類專家來完成。在未來，理解行業應用領域的數據科學家，也就是數據業務架構師，仍然極其的重要。而這一項人工智慧技術，將會輔助數據科學家建立模型並且加速驗證的速度，從而減輕科學家的壓力，讓他們將精力放在那些機器無法完成的任務上面，通過更加合理的分工協作，大大加快科學技術研發速度。

　　深度學習領域是應用非常廣的技術，它使用具有多層處理單元的巨大神經網絡，利用強大計算能力和改進的訓練技術來學習大量數據中的複雜模式。原理是計算機在學習特定問題時，需要大量輸入這個問題相關的學習材料也就是數據，然後在計算機通過算法和模型來構建對這個具體問題的認知，也就是總結出一個規律，那麼在以後遇到相似問題時，計算機會把收集的數據轉成特徵值，如果這個特徵值符合這前面規律裡面的特徵值，那麼這個事物、行為或者模式，就可以被識別出來。常見的應用很多，常見的應用有計算機視覺、語音識別技術、情感識別與醫療診斷。

計算機視覺，這就像是機器的「眼睛」。依賴於模式識別和深度學習來識別圖片或視頻中的內容。當機器可以分析和理解圖像時，他們可以實時捕捉圖像或視頻並解讀周圍環境。感知周圍環境、識別可行駛區域以及識別行駛路徑，這也是無人駕駛的基礎技術。其中圖像識別原理是通過識別圖片中的對象，然後建立標籤，實現對海量圖片進行分類，也可以對圖像中的人臉或者其他目標進行識別，運用在安防監控等領域。

自然語言處理中語音識別技術就像是機器的「耳朵」，這是計算機分析、理解和生成人類語言和語音的能力。運用語音採集的技術和方法，對音頻中的語言內容進行提取和識別，實現語音轉文字的功能；下一階段將會是自然語言交互，人們將可以使用普通的日常語言與計算機進行交流和執行任務。這也是 AI 語音助手和語音控制交互技術的基礎。機器翻譯是模仿人腦理解語言的過程，形成更加符合語法規則同時更加容易被人理解的翻譯，谷歌在線翻譯功能就是運用深度學習技術，讓機器的翻譯水平大大提升。

情感識別是通過識別新聞、社交媒體、論壇等文本內容中所包含的情感因素，及時了解網絡輿論對新聞事件的反應情況。醫療診斷是通過對各個階段的腫瘤診斷這類醫療圖像數據進行學習，總結出惡性腫瘤形狀、紋理、結構等「特徵」模型，從而使機器可以進行判斷。

可以看到深度學習在神經元網絡的基礎上，發展出非常多的應用案例，並且當下各個行業的人工智慧輔助工具和軟體都在大力開發中，各種數據都在被大量採集、清洗、輸入模型訓練，一旦訓練成功就可以大規模部署，帶來巨大的商業價值。

認知計算是人工智慧的子領域，目標是與機器進行自然的、類似人類的交流。使用人工智慧和認知計算，最終目標是讓機器獲得理解圖像和語音的能力，模擬人類交流過程，從而實現與人類的自然對話。也是根據神經網絡和深度學習來構建的，應用來自認知科學的知識來構建模擬人類思維過程的系統。它涵蓋多個學科，包括機器學習、自然語言處理、視覺和人機互動。IBM Watson 就是認知計算的一個例子，在美國答題競賽節目上 Watson 展現它先進的問答交互能力，並且打敗人類。與此，同時 Watson 這些服務應用接口也進行了開放，可提供其他組織用於視覺識別、語音識別、語言翻譯及對話引擎等。

人工智慧技術可以應用在工業自動處理工作項目、分辨潛在問題，還能打造速度更快的流程。根據 Deloitte Insights 的報告，採用最新科技配備的智慧工廠，不但在運作、產量及品質方面均有所提升，還能降低成本並減少浪費，全球著名的資訊科技、電信行業和消費科技諮詢、顧問和活動服務專業提供商 IDC 指出，到 2027 年之前，AI 系統將能因為機器學習的進步而得以感應週遭環境、自行學習，也能做決策或提供決策相關建議。企業的工廠可以將 AI 技術融入製造流程，將廠務轉型進一步轉型，達到以下功能。

1. 預測工具機台維護需求

為讓機器和廠務保持正常運作，工廠向來習於安排例行維護時間表。不過，AI 技術可以運用感應器採集到的數據，經過人工智慧分析得到預估資訊，在生產出現錯誤停擺之前找出潛在問題。這項資訊稱為「預防維護」資訊，生產管理專業人員可以運用這項資訊預估需要保養設備的時間點，以利即時解決問題。預防維護可以讓廠商省下時間和資源。

2. 提高生產力

某些產業的員工擔心人工智慧的發展會讓他們飯碗不保，但製造業團隊成員與機器人合作的情形行之有年，他們知道科技確實能夠減輕他們的工作負擔。近期的 Epicor 調查指出，34% 的人同意機器人在工作場所比人類更有效率。

人工智慧可以協助製造業公司行號提升員工的工作表現。例如，AI 可以讓工程師知道該用哪一種材料才能製作出更好的產品。此外，廠商可以運用 AI 報告進一步預測產品訂單，從而避免浪費材料和時間。

根據設備廠商協會 (Association of Equipment Manufacturers) 的說法，善用機器學習能提升設計、生產、品管以及供應鏈部門之間合作共事的表現。Accenture 也指出，2023 年之前，在工廠中採用 AI 工具的廠商，其生產力至少可以提高 40%。

3. 加強工廠應變敏捷度

客戶需求不斷改變，越來越多公司嘗試加強其因應客戶需求的產線應變能力。工廠利用人工智慧技術分析處最有效率的排程，輕鬆就能照表更改產線作業及實施產品變更。Deloitte Insights 預測指出，利用人工智慧技術的協助，工廠會具備自行根據時間表或產品變更規畫，更改設備與物料流程的能力。這樣能夠縮短變更階段常見的停機時間。

4. 人工智慧機器人提升工廠安全

　　具有人工智慧技術的機器人是有助於打造更安全的工廠工作環境，人工智慧機器人可以讓產線簡化並自動處理流程，對於自動處理具有重複性質的工作項目，人工智慧機器人能夠避免人力勞工長時間工作疲勞而導致受傷，尤其對於重物品的產線使用機器人更可以協助降低因人為造成出錯意外和工傷事故風險。調查發現，54% 的工廠勞工認為機器人能夠自動處理過去必須由他們處理的單調工作項目。利用機器人，員工就有更多時間處理及控管工作需要判斷及謹慎行事的工作項目，這樣有助於提升工作滿意度並降低人員流動率。

　　企業可以使用人工智慧來自動化複雜的內部流程。基於人工智慧的過程自動化不同於更簡單的自動化工具，因為它需要更高的智慧。這方面的例子包括通過語言處理查看法律文件，或者通過查看系統中的數據檢測未付發票。您的數據是當今最常見和最重要的人工智慧業務類型。

　　另外具有認知洞察力人工智慧技術，這種類型的人工智慧不僅可以檢測數據，還可以對其進行分析，從而得出未來的預測或建議。人工智慧可以研究消費者的行為，比如在亞馬遜上購物或瀏覽歷史記錄，以提出類似的建議。數據越多，預測就越準確。公司不僅可以利用這項技術為營銷目的學習客戶行為，還可以仔細閱讀大量的法律文件以提取條款或匹配數據，從而在這一過程中節省大量的時間和金錢。

2-5 物聯網系統整合介面

　　現今我們利用聯網技術彼此聯繫分享資訊，也可以藉由手機操作，網路訂購商品，除了網路技術，還有應用程式彼此之間可以溝通傳遞，這軟硬體之間的溝通，都是需要介面才能傳遞，就如同我們人溝通，通常要同一種語言，才能溝通無礙，這語言就是一種溝通介面。

目前物聯網情境應用是利用許多過去成熟的技術，如感測技術、網通技術或雲端計算技術等整合建構出的創新服務。建構物聯網情境系統，整合各種的硬體、軟體過程中，就好像拼圖，各種硬體模組、各種軟體，就像一塊塊拼圖，都各自圖案，有各自的特殊形狀，彼此要依照形狀拼接，才能拼出完整漂亮的圖形。每塊拼圖的圖案，就像每個硬體模組、每個應用軟體各自有獨特的功能，每塊拼圖的形狀，就像每個硬體模組、每個應用軟體都有各自溝通的輸入／輸出介面，彼此對應上了，才能彼此傳遞訊號，各自分工，讓系統順利操作。因此可以看出，物聯網情境系統要順利運作，需要各軟硬體技術的支持，同時要重視確認軟硬體彼此之間的溝通整合介面，才能順利整合。此章節我們簡單介紹各種軟硬體整合介面。以智慧化工廠系統為例，如圖 2-16，每個方塊都是一個模組，每個模組包含軟硬體，每個方塊之間進行資訊傳遞、資訊分享與溝通都需要介面，如圖中企業管理系統和生產管理流程之間需要進行溝通，這兩個模組之間需要有溝通介面，才能進行整合。以下我們將每個模組的溝通介面進行簡單說明。

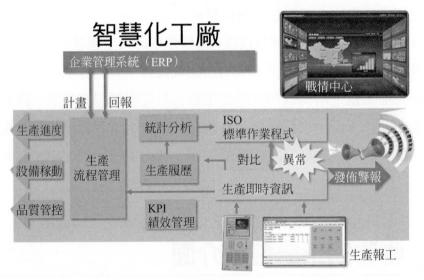

▲圖 2-16

　　圖 2-17 是整模組、設備或裝置中體軟硬體溝通介面簡易架構示意圖，這模組或設備可能是伺服器、個人電腦、單晶片處理器 (single-chip microcomputer) 或微控制器 (microcontroller) 等，圖中設備區右邊區塊是硬體資源，是指設備的各種硬體設備，如處理器晶片、記憶體晶片、儲存設備、電路板、麥克風、喇叭等，

硬體中也包含連接埠與輸入 / 輸出介面，提供與其他硬體設備之間進行有線或無線的資訊傳遞。使用者也可以透過人機介面，如鍵盤、滑鼠、觸控螢幕與手寫筆等，和設備進行資訊傳遞與操作。遠方設備也可以透過連接埠介面進行資訊傳遞與交換。

　　圖中間區塊是作業系統 (Operating system，OS)，作業系統的功能主要有兩項，第一項是控制、管理或執行硬體資源，第二項是提供各應用軟體執行平台，此平台是可以提供計算處裡、儲存與傳送資訊等服務的一套軟體程式。作業系統可以說是硬體資源與應用軟體之間的運作橋樑，也可以將作業系統視為一個執行應用軟體的系統平台，作業系統中包含各項硬體驅動程式 (Hardware Driver)，以及系統級應用程式介面 (System Application Programming Interface，SAPI)，SAPI 就像應用軟體與作業系統的一道門，提供應用軟體可以進入作業系統核心運作執行，硬體驅動程式是作業系統控制各項硬體資源的指揮棒，作業系統提供應用軟體權限，藉由硬體驅動程式控制各項硬體資源的運行操作。最左邊即是應用軟體，作業系統可執行多種應用軟體，應用軟體通常是針對某項服務或應用所設計，同時應用軟體可以建立專屬應用程式介面 (Application Programming Interface，API)，這程式介面提供對內模組其他應用程式的溝通介面，同時也提供對其他模組的應用或服務的溝通介面。

　　上述是描述軟體各部分的應用程式介面，另一方面，模組設備物件與其他模組設備物件溝通傳遞資訊，是透過各種硬體連接埠或通用輸入 / 輸出介面，進行實體有線或無線通訊進行資訊傳遞。以下就各種常見的軟硬體介面進行介紹。

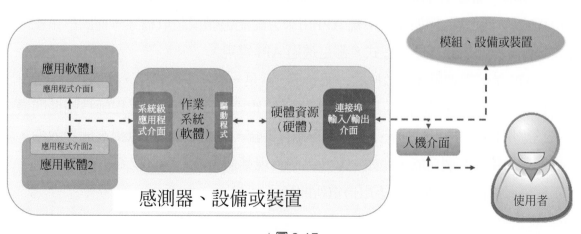

▲圖 2-17

一、應用程式介面 (API)

應用程式介面就是個銜接不同應用程式系統的介面或協定，是由大量的函數與副程式所組成，協助各應用程式進行交換資料、執行各項指令時，達到順利傳遞溝通並確保資料完整傳送，沒有錯誤。因此 API 角色非常重要，具有提高應用系統的實用或可用性 (Availability)，更重要的是可擴充性 (Scalability)，讓各模組系統整合更容易與更具效率。

軟體開發中，API 通常是軟體開發套件 (Software Development Kit，SDK) 的一部分，SDK 是被軟體工程師用於為特定的軟體套件、軟體框架、硬體平台、作業系統等建立應用軟體的開發工具的集合或開發環境。通常是指由第三方服務商提供的實現軟體產品某項功能的工具套件。例如 Google 提供安卓 (Android) 系統開發工具、或者基於硬體開發的服務等。也有針對某項軟體功能的 SDK，如推送技術、圖像識別技術、移動支付技術、語音識別分析技術等，在網際網路開放的大趨勢下，一些功能性的 SDK 已經被當作一個產品來運營。

舉例來說，有一位工程師在開發一個餐廳網頁，希望使用者在查看餐廳資訊時，同時能看見在地圖上看見餐廳的位置，因此他規劃在餐廳網頁裡加入 Google Maps 服務，這時候，他就可以使用 Google 公司的開放 Google Maps API 來完成這項功能。由上述可了解 SDK 與 API 的關係，SDK 是開發集成工具環境，API 就是此開發工具環境的數據交換介面。API 中有許多函數、常量、變數與資料結構。應用程式在呼叫作業系統與程式函式庫時，是利用 API 作為其程式碼取代底層原始碼，加速工程師開發應用程式流程。API 本身只作為溝通中介，不干涉應用程式執行動作。例如作業系統 API 用來分配記憶體或讀取檔案，而圖形系統、資料庫、網路服務等應用程式，都是透過 API 實現。

API 是前端調用後端數據的一個通道，就是一般常說的接口，通過這個通道，可以訪問到後端的數據，但是又無需調用原始碼；而 SDK 是工程師為輔助開發某類應用軟體的相關文檔、範例和工具的集合，使用 SDK 可以提高開發效率，更簡單的接入某個功能，比如一個產品想實現某個功能，可以找到相關的 SDK，工程師直接接入 SDK，就不用再重新開發了。

　　在網路應用 (Web Application) 的環境下開發使用的 API 被稱為 Web API，在 Web API 作用下，讓客戶端和伺服器端會藉由透過網路通訊協定與 API 進行溝通，執行進行請求與回應。常見的 Web API 的像是 Google Maps、Facebook Graph、Instagram、LINE Messaging API 等平台，開發許多社交功能，方便傳遞社交相關訊息給朋友，方便能與社交平台連結，並共享資訊的 API 相關功能。其中以社交網站的訊息、影音相關媒體應用最為常見，讓一般網站可以跟大平台有所連結，也令使用者在資訊接收應用上更為豐富，因此成為了目前社交平台主流的 API 應用。

　　因為近年來 Web API 發展盛行，許多政府單位或企業會將自身的資料與服務包裝成 Web API，提供給使用者進行創新服務或相關應用軟體開發。面對眾多功能複雜的 API，市面上已有多個 API 目錄服務或搜尋引擎系統，如 Mashape、API Harmony、ProgrammableWeb。這些系統大多能幫助使用者快速搜尋符合自己需求的 API，內容僅初步介紹 API 基本功能資訊，但尚未能未提供實際使用範例以供使用者快速上手。

　　另外物聯網整合的需求，市場也提供了針對物聯網相關應的 API，以下是物聯網應用比較常看到的 Web API，以下簡單介紹。

1. Apple HomeKit API：蘋果的 HomeKit API 為蘋果公司的設備、應用程式和服務進行交流提供一個平臺。通過使用 Siri 智慧型助理，iPhone 智慧型手機用戶可以在家中控制支援的設備。包括燈光、溫控器、車庫門等都可以通過語音控制。

2. Google Assistant API：可以將 Google Assistant 嵌入到手機、平板或電腦等設備中，以啟用語音控制、熱門詞彙檢測、自然語言理解及其他智慧服務。Google Assistant API 提供一種管理設備並與之對話的方法。Google Assistant 可以對手機應用程式、智慧音箱、智慧顯示器、汽車、手錶、筆記型電腦、電視和其他 Google Home 設備 (包括 Nest) 進行語音控制。用戶可以使用此 API 和 SDK 在 Google 上搜索有關天氣、體育、交通、新聞、航班等資訊，添加提醒、管理任務及控制智慧居家設備等。

3. Garmin Health API：開發人員能夠利用 Garmin Health API 的介面，將 Garmin 穿戴設備 (如手環、手錶等) 收集的健康和活動資料。包括活動步數、睡眠時間、卡路里消耗、心率、壓力、身體成分等的資料，並監視多達三十種活動，包括跑步、騎自行車、槳板衝浪、游泳等。

4. Withings API：Withings 是一家專業應用軟體開發公司，將健康資訊直接發送到物聯網相關的測量設備 (例如體重計和血壓計)。Withings 身體指標服務 API(WBS API) 是一組 Web 服務，允許開發人員和協力廠商有限地訪問用戶生理訊號，例如心臟 ECG(或 EKG)、睡眠週期等等資訊。

5. Home Assistant API：家庭助理 (Home Assistant) 是一個開源的家庭自動化平臺，可以跟蹤和控制家庭中的設備。Home Assistant 中提供 Representational State Transfer 網路架構，藉由 RESTful API 提供對 Home Assistant 控制服務資料的存取方法。它允許返回當前配置，返回有關 Home Assistant 應用的基本資訊，返回引導所需的所有資料，返回事件物件的陣列等等。Home Assistant 伺服器事件流 API 允許用戶使用伺服器發送的事件。

6. Unofficial Tesla Model S API：Tesla Model S JSON API 不是官方的 Tesla API，但是它基於 Tesla Model S，並提供 iOS 和 Android 應用程式使用的介面。該 API 可以幫助汽車行業的開發人員控制多輛汽車，因為登錄用戶可以一次添加多輛汽車。非官方的 Tesla Model S API 的工作原理就像手機上的遙控器一樣，其車輛控制裝置可為汽車充電、閃爍燈光、鳴喇叭，並獲取有關電池充電和開門的狀態報告。

7. Amazon Alexa Home Skills API：Amazon Alexa Smart Home Skills API 使開發人員能夠啟用 Alexa 語音智慧型秘書交互並將消息傳輸到支援雲端伺服器服務的設備。同時，該 API 使開發人員能夠啟用 Alexa 的技能，以控制電視、警報器、門鎖、燈及任意數量的其他智慧居家設備。

8. Wink API：Wink 是可以與家庭自動化設備同步實現調整照明、窗簾、氣候、鑰匙鎖等的應用。Wink 也銷售 Wink HUB 硬體元件，支援與多種網路通信協定的設備的通信，包括低功耗藍牙，WiFi、ZigBee、Z-Wave、Lutron

ClearConnect 及 Kidde。RESTful Wink API 通過 Apiary 託管，並允許 Wink 設備與使用者、其他應用及 Web 進行通信。

二、硬體連接埠與輸入／輸出介面

物聯網裝置設備物件上，當物件與物件間傳遞各種不同的訊號，如聲音、影像或資料等，就需要不同的連接埠 (或稱通訊埠) 來進行傳遞。硬體連接通訊接口介面，稱作連接埠，也稱通訊埠，這連接介面的種類通常可以區分為兩種，其一為並列傳輸式的通訊 (Parallel Communication)，另一種則為串列傳輸式的通訊 (Serial Communication)。所謂的並列通訊即是一次的傳輸量為多個位元，而串列通訊則是一次只傳輸一個位元 (也就是一個電壓準位狀態)，它們之間的資料傳輸量就相差了數倍之多；並列與串列通訊各有優缺點，以下進一步介紹。

並列通訊雖然可以在一次的資料傳輸中就傳輸了多個位元，但是因為資料電壓傳輸的過程中容易因線路的因素，而使得電壓準位發生變化 (最常見的是電壓衰減問題及訊號間互相干擾問題 (Cross Talk)，因而使得傳輸的資料發生錯誤，如果傳輸線比較長的話，電壓衰減效應及干擾問題會更加明顯，資料的錯誤也就會比較容易發生。相較之下，串列通訊一次只傳一個位元，處理的資料電壓只有一個準位，因此比較不容易把資料漏失，再加上一些防範措施後，要漏失就更不容易了。

由最早的串列通訊發展到現在，基於不同類型的需求，串列通訊的樣式也愈來愈多，而並列通訊的發展，其實也不曾間斷過，在傳輸距離較短的應用場合中，使用並列通訊的高傳輸率特性，可以讓資料的傳輸更快。在部分科學儀器、醫療診斷儀器，由於需要傳輸的資料量都相當大，因此使用並列傳輸介面 (如 GPIB、LPT)，就經常見到。

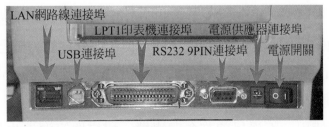

▲ 圖 2-18

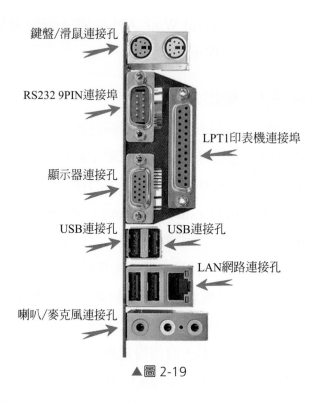

鍵盤/滑鼠連接孔

RS232 9PIN連接埠

LPT1印表機連接埠

顯示器連接孔

USB連接孔   USB連接孔

LAN網路連接孔

喇叭/麥克風連接孔

▲圖 2-19

　　圖 2-18 與圖 2-19 是工商業使用設備上，經常看到的連接埠介面。以下簡單介紹物聯網應用或工商業應用經常使用的連接埠。

　　PS/2 連接埠：PS/2 連接埠主要是用在早期個人電腦，針對鍵盤與滑鼠設備所設計的，其外觀為圓形接頭，接頭上會標示顏色，只要插入與接頭顏色相同的連接埠中即可。目前也有越來越多的鍵盤與滑鼠改用 USB 介面了。USB 介面將在後續介紹。

　　RS232 9PIN 序列埠 (Serial Port)：RS-232 是美國電子工業聯盟 (EIA) 制定的序列資料通訊的介面標準，原始編號全稱是 EIA-RS-232(簡稱 232，RS232)，又稱為通訊埠 (Communications Port，簡稱 COM Port)，早期個人電腦分為 COM1/COM2 二個埠，是用來連接滑鼠、手寫板或數據機等設備，不過目前滑鼠、手寫板或數據機等設備多設計為 USB 介面，所以使用序列埠的裝置已經很少了。

　　並列埠 (Parallel Port)：也有人稱為平行埠 (Line Printer Terminal, LPT port)，早期用於個人電腦的連接埠，主要連像是印表機、掃描器…等，只要有並列埠介面的機種都可以使用，不過目前許多印表機、掃描器等週邊也都幾乎改用 USB 介面了。

USB 連接埠：全名為 Universal Serial Bus(通用序列連接埠)，是目前使用最廣泛的週邊連接介面，而且幾乎所有的週邊裝置都已經改採這種連接介面，主要原因是有高傳輸速率，相較比其他連接埠更快，可以串接 127 項裝置，以及允許使用者在開機狀態下熱插拔 (不須執行中斷動作即可拆卸) 週邊裝置。

GPIB 連接埠：GPIB 介面最早是由美國企業惠普 (Hewlett-Packard) 公司所發展出來，為自己公司內部各項儀器間的連接介面，當時稱為 HPIB(Hewlett-Packard Interface Bus) 介面。1975 年美國電機電子工程協會 (IEEE) 依據 HPIB 為基礎，公佈了 ANSI/IEEE Std 488.1-1975，稱為可程式化儀器之 IEEE 標準數位介面 (IEEE Standard Digital Interface for Programmable Instrument，簡稱 IEEE 488-1975)，此規範了連接器 (Connector) 和電纜線 (Cable) 間的電氣特性與機械特性，也定義出匯流排間資料傳輸交握 (Handshaking) 協定。1978 年 IEEE 又對 1975 年所訂的標準做了第一次的修訂，稱為 IEEE 488-1978。根據以上所述，可以得知 HPIB、GPIB 及 IEEE 488 等，指的都是同樣的標準— IEEE 488-1978 標準。圖 2-20 是儀器上的 GPIB 連接埠位置圖。

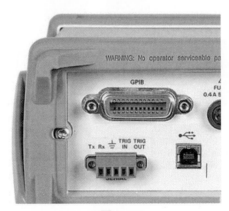

▲圖 2-20

以上介紹的連接埠，主要應用在設備、模組等物件上，在物聯網應用中，常常有感測器晶片和微處理器的整合，需要晶片和晶片之間連接，比較常見的晶片和晶片連接介面有 UART、I²C 與 SPI，以下簡單介紹。

UART 介面：UART 介面是晶片常用的介面，是通用非同步收發傳輸器 (Universal Asynchronous Receiver/Transmitter) 的縮寫，通常稱為 UART，是一種異步收發傳輸器，將數據透過串列通訊和平行通訊間作傳輸轉換。UART 通常用

在與其他通訊接口 (如 EIA RS-232) 的連接上。UART 介面只提供一個雛形基礎，以此基礎再加搭電路與軟體，可以實現不同的通訊介面，如 RS-232、RS-422、RS-485 等。

目前許多嵌入式系統晶片，如 Arduino 或 Raspberry Pi 開發版常用 UART/RS-232 來連接其他模組，如感測器、無線通訊模組等。這嵌入式系統開發版進行開發時，需要和電腦連接進行連接，進行韌體燒錄與測試，因近期電腦沒有 RS-232 串列埠，因此通常還要透過一個 UART 轉 USB 的轉接電路，才能讓開發版與電腦連接。

UART 好處是線路簡單，僅兩條線路，發射端 (Tx) 與接收端 (Rx)，如圖 2-21 下方的連接方式，連接上須留意元件發射端要連接到另一個元件的接收端，才能進行溝通。應用上缺點是只能一對一連接，以及速度不是很快，一般而言最高為 115.2kbps，雖有更高速版本但不太普及，不適合用在高速、大量傳輸上。

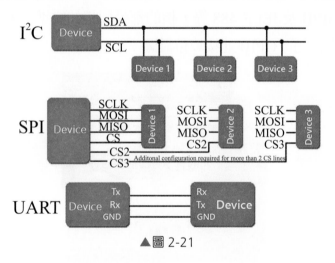

▲圖 2-21

I^2C 介面：I^2C(Inter － Integrated Circuit) 介面與 UART 介面連接方式一樣是兩條線路，最早是 PHILIPS(今日的 NXP) 提出來，用在晶片間的聯繫傳輸之用。I^2C 介面可以同時連接多個裝置，不似前述的 UART 僅能一對一。理論上 I^2C 介面可以連接 128 個裝置，甚至有更多數目的封包格式定義，但實務上無法接那麼多，但接 10 個元件左右連接運作上大致沒問題的。無論接幾個裝置，I^2C 介面都只用兩條線，這是 I^2C 介面的優點，另一優點是一般而言傳輸速度比 UART 快，最初版本為 100kbps，但之後就升級到 400kbps，後續甚至到 5Mbps。

I²C 介面本來是設計給晶片間溝通用的，原則上只能走在電路板上，以印刷電路板 (PCB) 上的銅箔線路來走，所以一般來說 I²C 介面連接走線長度不超過 30 公分 (即一片印刷電路板的面積內走繞)。另外 I²C 的兩條線路只有一條是數據傳輸線，另一條是時脈線路，如圖 2-21 上方連接圖，I²C 在接收數據時無法發送，反之發送時無法接收。

SPI 介面：SPI(由 Motorola 發明，即是之後的 Freescale，之後 NXP 購併 Freescale) 與 I²C 介面相同是可以接多個裝置的，而且傳輸速度比 I²C 更快，而且發送與接收可同時進行。如圖 2-22 是 SPI 介面的連接結構圖，SPI 介面隨著連接裝置數的增加，線路也是要增加的，每增加一個連接裝置，至少要增加一條，相較 I²C 介面可以一直維持只要兩條。而 SPI 介面在一對一連接時需要四條，一對二時要五條，一對三時要六條，即 N + 3 的概念。在實務應用上，I²C 介面較常用來連接感測器，而 SPI 介面比較常用來連接 EEPROM 記憶體、Flash 記憶體 (記憶卡)，或一些液晶顯示器。

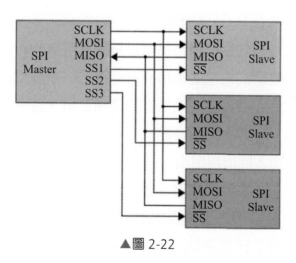

▲圖 2-22

2-6 物聯網技術整合與應用

　　本章介紹物聯網的架構是由底層的感測層，傳遞資訊的感測層，將感測層與網路層各項技術進行軟、硬體整合，藉由各種應用程式以提供客製化服務的應用層，同時也將系統整合時常見的軟、硬體介面進行概略介紹。

　　在感測層、網路層中介紹許多種感測技術與網路技術，每個感測技術與網路層技術都像是一片拼圖，而在應用層中進行系統整合過程就像拼圖，挑適當的技術來整合拼出適當的物聯網服務，如圖 2-23 是物聯網技術應用在工業情境之架構圖，圖中從原物料管理、設計與製造流程管理到客戶端銷售，進行系統整合並將採集資訊進行分析，途中將不同技術整合過程中，軟、硬體間的介面需要配合，才能讓系統整合並正常運作。

　　在物聯網主要三層架構，三層架構中的軟硬體互相配合運作，使物聯網情境順利運作。近幾年物聯網議題火紅，軟、硬體技術進步快速，讓越來越多的物聯網情境可以實現。許多企業看好物聯網市場紛紛投資研發，但如果企業是遵從過去從「產品面」切入，設計物聯網情境可以具備什麼樣的功能，而忽略了使用者的需求，那所設計的物聯網情境是冰冷沒有溫度的，最終將以失敗收場。物聯網情境設計強調客製化的，必須了解使用者的使用習慣、需求與可以協助使用者解決問題為出發，需要以人為本的思考模式，讓消使用者感受到其中的便利性，物聯網情境的商用的價值才能展現出來。

　　以使用者角度去設計物聯網情境，會發現應用層架構設計將是物聯網情境最重要也是具價值的一環。當整體物聯網情境與功能需求與使用者確認後，可以由上到下的設計方式進行系統規劃設計，將應用層分析或學習之所需資料確認，依照應用層的需求，可以進一步確認選擇網路層與感測層的硬體，利用感測層採集適當的資訊，藉網路層的訊號傳述到對應的資料庫，進行資訊分析與應用。

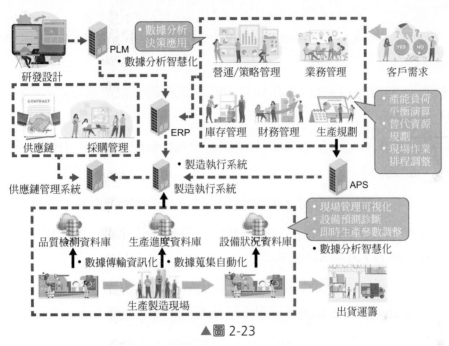 物聯網的架構與整合

物聯網情境所需的技術往往是跨領域整合，需要感測技術採集資訊、需要網路通訊技術傳遞資訊，需要伺服器雲端計算或人工智慧等技術進行資訊分析學習等，各項技術需要對接的介面進行整合。因此跨領域整合技術與人才是物聯網時代迫切需要的，但感測、網通、雲端計算等各領域專精人才也扮演重要的角色，才能將順利將整體物聯網情境的順利運作。

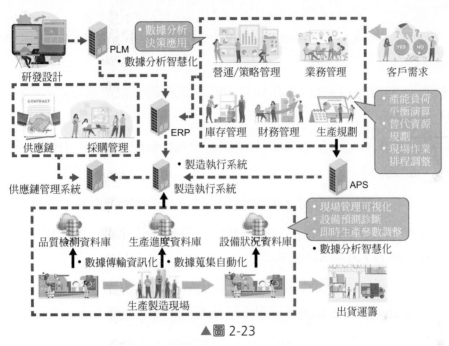

▲圖 2-23

相關影片 1　相關影片 2

1. 陳榮貴，"物聯網發展與應用"，第 27 屆近代工程技術討論會，2018/10/23。

2. ECG/PPG 量測解決方案，RICHTEK Application Note AN057，September 2018。
    https://www.richtek.com/Design%20Support/Technical%20Document/AN057?sc_lang=zh-TW

3. "一探究竟 Sigfox、LoRa、NB-IoT- 物聯網世代的無線傳輸技術"，建築科技，2022/7/30。
    https://www.ibtmag.com.tw/new_article_result.asp?secu_id=HCP011&search_security_id=25557

4. 張瑋容，"4G 通訊技術的多模技術解決方案"，DIGITIMES，2009/4/23。
    https://www.digitimes.com.tw/iot/article.asp?id=0000121533_REM4HEJA4D7YMZ2XDWNO5

5. "伺服器是什麼？有哪些種類？"，知識力，2022/5/31。
    https://www.stockfeel.com.tw/ 伺服器是什麼？有哪些種類？

6. "引爆資料中心革命：雲端運算"，股感知識庫，2016/12/26。
    https://www.stockfeel.com.tw/ 引爆資料中心革命：雲端運算

7. "Why you need the edge in packaging production operations", Packaging Digest, Feb 06, 2020.
    https://www.packagingdigest.com/sitemap/articlepermonth/2/2020?page=1

3 智慧居家應用

我們常說家是個可以遮風避雨的地方。家是一個有溫暖、有希望的地方。家是個讓我們停靠休息的港灣，休息後讓我們有再次出發航向未來。家對每個人說都是具有特別意義與感情的地方，會想把家按照自己的理想進行裝修布置，讓自己住的方便舒適。隨著科技發展進步，家庭引進物聯網技術，這種家中電器連上網路，讓家變得更智慧、更方便、享娛樂、更健康、更節能與更安全，甚至當家具備利用各種感測器記錄家人的生活習慣後，家會自主性的提供家人當下需要各方面的服務，這聽起來好像是科幻電影才有的情節，近期藉由物聯網技術，這電影情節已經逐漸實現在真實生活中。

3-1 什麼是智慧居家

智慧居家 (Smart Home) 也常稱作智慧家庭，首先介紹什麼是智慧居家，先參考維基百科的定義，家庭自動化 (Home automation)，是指家庭中的建築自動化，也被稱作智慧家庭 (smart home)。在英文中也有 Domotics 的稱呼。當家庭家電設備具有連上網路的功能，家庭自動化系統能利用網路控制連上網路的家電，如照明設備、窗簾、電視、音響等，也可以收集室內連上網路的感測器，如溫度、濕度、光、人體、一氧化碳、二氧化碳、空氣品質感測器等，控制系統結合控制與感測機制建立應用情境 (scenario)，達到居家具有健康、安全、方便、節能、娛樂等目的。

　　智慧居家概念起源於美國，追朔於 1984 年美國聯合科技公司 (United Technologies Building System) 將建築設備數位化、應用於美國康乃狄克州哈特佛市的城市建設中，實現首棟「智慧建築」。智慧居家通常都是以住宅為平台，利用先進的電腦技術、嵌入式技術、網路通訊技術、綜合佈線技術，將與居家生活有關的各種家庭應用設備，形成高效的住宅設施與家庭日常事務的管理系統。

　　過去的智慧家庭實現大多採取實體佈線施工，由於施工價格貴、系統擴充性能弱，有時需要破壞原有室內裝潢，造成施工期長的問題。另外設備維修困難造成維護成本高，以及系統封閉無法其他單位可以支援維護，智慧家庭的相關產品不相容，產品同質性高相對並不多樣，所以會影響到消費者的使用意願。隨著無線通訊晶片的快速進步，除了有安全的無線網路傳輸，具有更快速的計算能力以及低耗電的特性，使得上述的問題可以得到相當大的改善，有助於智慧家庭設備的普及化。近幾年許多家電與感測設備有無線連網功能，使用者可以利用牆壁上的終端控制面板、手持平板、智慧型電腦、智慧手機 APP 介面來當作控制系統，透過無線網路達到遠程觀看家裡監控畫面，還可以實時控制家裡的燈光、窗簾、電器等遠端 (Off-site) 操作。

 3-2 ## 智慧居家情境應用種類

相關影片

　　有些人可能時常長時間不在家，當家裡有銀髮族長輩，或者有嬰幼兒、寵物需要掌握狀況，或者希望防止陌生人侵入家中，提升保全機制。當在家時候，會希望提升居家環境的生活機能，讓生活更方便，想讓家裡節省用水用電，讓生活更節能，想添增控制環境燈光讓影音效果更沉浸，這時候針對使用者自身需求可選擇不同的智慧家庭設備的協助解決空間上的困境。智慧居家物聯網情境系統，可以涵蓋智慧家庭所需的各感測設備，通常有影像監看、環境監測、家電控制、情境照明控制、智慧門鎖等設備，各設備間通訊與系統採無線連接，所有設備透過平板或智慧手機應用軟體 App 連接進行偵測及控制如圖 3-1，根據目前主要智慧居家情應種類有以下幾種。

▲圖 3-1

3-2-1 提升安全性情境

相關影片

　　偶爾在各新聞媒體報導某個住家中電線走火釀成火災，或者瓦斯外洩造成一氧化碳中毒悲劇，另外就是門窗門沒有鎖好，外人侵入竊取財物等事件，造成生命財產損失，令人婉惜。如今可以利用物聯網智慧居家情境技術避免以上的憾事，提升居家安全，保護家人安全。利用物聯網智慧居家情境技術，能做的便是縮短家庭成員對危險的反應時間，甚至是提前預防災害的發生。以下介紹目前市場主要智慧居家設備。

一、智慧網路攝影機

　　智慧網路攝影機設備照片如圖 3-1(a)，智慧網路攝影機可讓使用者無論身在何處，利用筆電、手機或平板連上網路，開啓應用程式 App 就可看到家裡智慧網路攝影機拍攝情況，了解家人或者家中即時情況，同時也可以藉由攝影機與家人即時影音通訊了解家人情況，這功能非常適合外地子女即時關心家中長輩情況。智慧網路攝影機的簡易運作示意圖如圖 3-1(b) 所示。此外，智慧網路攝影機還有防竊的功能，可設定家中無人情況，若攝影機突然拍攝有人進入拍攝範圍中，手機的 APP 會觸發警告機制，提醒使用者即時觀看家中情況，是否有陌生人闖入家中，確保財產安全。

▲圖 3-1(a)

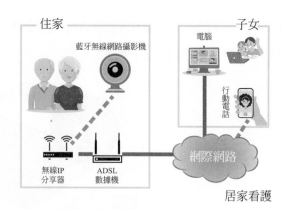

住家
藍牙無線網路攝影機
無線IP分享器
ADSL數據機
子女
電腦
行動電話
網際網路
居家看護

▲圖 3-1(b)

二、智慧門鎖

　　智慧門鎖設備如圖 3-2 所示，智慧門鎖是利用各類型電子式開關門機制取代了傳統鑰匙開關門方式，讓居家安全機制提升，同時也提升使用者方便性。智慧門鎖開門機制主要有悠遊卡式開鎖、指紋識別開鎖、密碼開鎖、手機 NFC 開鎖、手機遠程遙控開鎖等。智慧門鎖解決了忘帶鑰匙或丟了鑰匙無法開門的窘境，輕鬆用指紋、手機或悠遊卡的方式輕鬆開門。另外如果有親友拜訪而使用者不在家，使用者可以使用手機 APP 遠端開門，讓親友先入門休息。最重要是，智慧門鎖配備安防級防撬感應模組，一旦遇到非正常開啓及外暴力破壞，或者門鎖稍微偏離房門，觸發撬鎖感應，智慧門鎖會以高分貝警示報警長效響起，強烈的報警聲，可吸引周圍人的注意，有效防止盜賊的不法行為，同時手機 APP 也會發聲與訊息警告使用者，提醒立即關切家中有陌生人進行闖入的行為。

▲圖 3-2

三、智慧插座

　　智慧插座設備如圖 3-3(a) 所示，智慧插座功能是可以利用手機、平板或電腦應用軟體 APP 以無線的方式控制插座供電開關。使用方式如圖 3-3(b) 所示，將智慧插座插入傳統插座，再將電器插入智慧插座，即可遠端藉由應用軟體進行電器的開關控制。

▲圖 3-3(a)

▲圖 3-3(b)

　　使用者利用應用軟體可以操控智慧插座，進行省電控制、預約控制、情境設定控制以及安全控制。如當父母上班小孩上課後，家中沒人情況下，可以設定此時段將家中電視、電鍋、電水瓶等家電進行斷電，在下班下課家人回家前進行覆電，在不影響家人生活情況之下可以進行節電節能的控制。也可以藉由智慧插座進行預約電鍋煮飯、燉湯等預約控制。另外可利用智慧插座控制群組的燈具，可以藉由吃飯、看電視、閱讀等情境進行燈具與家電等控制，達到方便生活的功能。有時候匆忙外出，會忘記關閉電風扇、燈具等電器，這時可以藉由手機應用軟體進行遠端關閉的動作，避免長時間使用情況下電線走火，達到居家財產安全的功能。

四、一氧化碳（瓦斯）感測警報器

　　智慧一氧化碳（瓦斯）感測警報器設備如圖 3-4(a) 所示，一氧化碳是一種無色、無味、無臭、無刺激性的氣體，它的產生並沒有特殊的警示訊號，所以一般人常在無意中發生中毒而不自知，它會對人產生頭痛、頭昏、噁心、嘔吐、心悸、眼花、四肢無力、嗜睡、心肌梗塞、心律不整、昏迷、抽搐及死亡等，尤其是嗜睡，一氧化碳會使人進入沉睡狀態，因此過去許多吸入一氧化碳中毒產生的悲劇時有所聞。可以將此感測警報器裝設在有產生一氧化碳濃度潛在環境（浴室、陽台、停車場、廚房、工業場所)，圖 3-4(b) 是裝設在戶外瓦斯管旁之示意圖。如設備感測到一氧化碳時會啟動警鈴，同時將警報資訊傳到手機提醒使用者盡快進行逃離以及後續處裡動作。

▲圖 3-4(a)

▲圖 3-4(b)

相關影片

3-2-2 提升生活品質與娛樂情境

都市叢林，工作壓力大，生活節奏緊湊，許多人回到家都希望能夠休息，沉浸在看影視聽音樂等休閒活動得到身心紓壓。除此，若是家中電器，能夠智慧的協助打理生活瑣事，比如打掃，或者能提前協助準備飯菜，或者依照看書、看電影聽音樂、休息等情境會自動調整燈光顏色情調與亮度，隨意說出自己的需求，家電依照自己的意思自動執行，甚至能夠記住使用者過去使用家電習慣，依照使用者習慣，在某個時間點自動執行。家中的智慧家電能依照使用者的需求而進行協助，便能讓使用者能爭取時間，享受自己或與家人的珍貴時光。

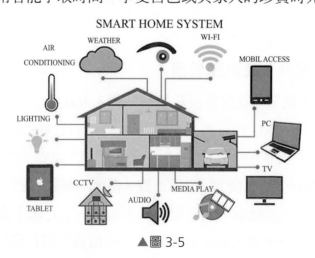

▲圖 3-5

日常生活中，目前智慧家庭產品帶給使用者最明顯也最有感的即是便利，如圖 3-5 所示智慧居家系統能串連家中智慧家電，如圖 3-6 利用控制裝置無線通訊方式將各智慧家電進行無線控制，採集使用者的使用習慣並學習，讓裝置能根據使用習慣之數據做出反應，不僅如此，還可讓裝置於特定時間開啓，智慧家電還能運用機器學習來學習使用者的生活習慣來自動做出決策與執行。

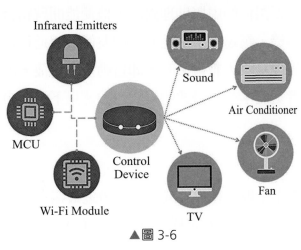

▲圖 3-6

使用者能利用語音助理裝置 (語音助理後續章節會介紹)，只需口語就可下達能控制訊號，將所有聯網智慧居家裝置進行遙控的功能。物聯網智慧居家創新技術，已經漸漸在改變未來的生活方式，並且驅動相關業者不斷研發創新產品與服務情境，創造智慧家電廣大需求市場，更重要的事，可以採集使用者無時無刻都在產生的數據，這些數據都是具有分析價值，可藉由這些數據的蛛絲馬跡找到有價值的資訊，這可能是下一個廣受歡迎需求產品的資訊，創造下一波受廣大歡迎熱銷的產品。

在目前智慧家庭的市場中，娛樂需求或情境所創造的產品線最爲受歡迎，不僅包含音響影音或遊戲機，甚至穿戴式與其他相關行動裝置也都能提供用戶娛樂的價值。因娛樂價值是很主觀的，極具客製化，消費者享受娛樂的方式皆不盡相同，在此條件下，一個產品倘若具備如此兼容性，將是吸引消費者是否購買的要素之一，這也是開發業者極需分析使用者習慣相關數據重要原因之一。

爲了達到更智慧更親近使用者習慣，許多技術必須具備，如人工智慧技術，隨著人工智慧發展越來越成熟，智慧家電相關的產品，或者家庭語音助理也越加實用，也逐漸的成爲主導智慧家庭的核心，使用者能透過與音響設備溝通，來完成各式各樣的任務。人工智慧技術成熟造就語音處理技術的進步神速，不論使用者的種族以及使用何種語言，語音助理的能力都能分辨判斷，讓口語下達的控制都可以達成。今天只要跟你的虛擬助理對話，他便能開啓結合各大串流媒體的智慧電視，再串連至手機，讓遠在不同地方的朋友能一起進行遊戲對戰，還能設定不同情境，例如在播放星際大戰電影時，即自動拉起窗簾，調整室內燈光，如同置身宇宙，讓使用者更能享受沈浸式的娛樂體驗。以下介紹市場受歡迎的智慧居家的產品。

一、掃地機器人

　　掃地機器人近 2 年呈現以爆炸性成長，是最近最暢銷的智慧家電，照片如圖 3-7。掃地機器人可以客製化的制定掃地時間，具有 WiFi 連網功能，使用者可使用手機以無線連網方式遙控機器人協助打掃居家，也可設定時間方式進行打掃，此設備尤其像是雙薪家庭，或是家中有嬰幼兒，抑或者有小寵物的家庭幫助特別明顯，因此多數都市家庭都至少擁有 1 台，不僅省去打掃時間，也騰出時間能陪伴家人與更多的生活規劃。

▲圖 3-7

　　目前市面上銷售的掃地機器人的功能，不只能透過手機應用軟體 APP，或者平板等 3C 產品遠端遙控，而且掃地機器人具有光學雷達模組 (LiDAR)，這功能就像人的「眼睛」，可以事先掃描記住居家的空間與布置描繪，描繪後機器人就會記住居家布局，讓機器人可事先智慧規劃清掃路線，有效率打掃居家，不像傳統掃地機器人盲目的重複打掃同一塊區域。同時可以智慧辨識清掃環境、偵測障礙物，像是有沒有地毯、玩具或者電線等。

二、智慧音箱

如果智慧居家系統比喻是一個強大的智慧居家助手，而這位助手的耳朵和嘴巴就是智慧音箱。智慧音箱是未來智慧居家系統的重要核心裝置之一，智慧音箱照片如圖 3-8。美國電商亞馬遜 (Amazon) 在 2014 年推出智慧音箱，起初大家以為主要單純可以連網播且可以放音樂的藍牙音箱，經過兩年後發現他僅只是音箱，開始注意他在智慧居家系統的重要性，因此引發一股智慧家庭商機，除了 Amazon，包括 Google、Microsoft、Apple、Samsung、Sony、Line，還有大陸的京東、聯想、阿里巴巴、小米等大廠都陸續推出智慧音箱，估計目前市場上應該有數十款以上智慧音箱品牌，積極布局智慧語音應用背後帶動的龐大商機。

▲圖 3-8

智慧音箱具有許多值得注意的特點，首先人機介面操作方法，傳統上我們與電子設備的操作從開關、按鈕，一直到鍵盤、滑鼠與手寫筆，但上述的操作仍然不如用語音操作更加方便，雖然語音操作最方便，但背後需要許多新穎軟硬體技術的支持才能實現。其硬體規格大致包括開關、燈光、語音處理晶片、麥克風陣列、喇叭、電池、Wi-Fi/ 藍牙無線通訊模組、顯示面板等，其中語音處理器與麥克風陣列攸關語音輸入品質，也是這波發展過程中較受矚目的關鍵零組件。而軟體則是智慧語音助理，結合雲端伺服器與人工智慧的系統平台，快速理解使用者透過語音操作，了解使用者的目的與需求，並加以記錄與正確的反饋操作。更重要的是需利用許多連接使用者生活需求之應用程式與平台，形成一個完整的產業生態系，以帶動後續的商業模式。

　　智慧音箱中通常有一位智慧電子助理，如 Apple 的 Siri、Amazon 的 Alexa、小米的小愛同學等，應用在智慧音箱中的「語音助理」可以幫使用者播放音樂、查詢資料、控制家電，甚至購物，讓智慧音箱可以達到上述功能都是靠人工智慧 (AI) 加上語音辨識技術。AI 結合聲控，除了精準的語音辨識之外，還能熟悉使用者的生活模式及操作習慣來建立使用者對其的倚賴性，使得邁向個人化的智慧音箱市場蓬勃發展，同時也成了各大電商與電子產品開發商兵家必爭之地，也讓各大科技業者看見人工智慧結合物聯網 (AI + IoT) 有更多應用及未來的可能性。

　　觀察智慧音箱發展軌跡，智慧音箱硬體本身並不是最重要的，Amazon Echo 最早就定位是中低價產品，99 美元的售價到後來衍生的多種產品都不走高價路線，以其現階段市場領導者的身分，也發揮市場帶動的效果，Amazon 以電商的角色，不斷擴展產業生態體系，並成為多數廠商仿效的對象。根據 2020 年調查，如圖 3-9，美國擁有智慧音箱使用者中，百分之 81 是用來聽音樂，但值得注意事 28.5% 是用來控制智慧居家設備，26% 的使用者是用來購物，也就是到 2020 年底，約有 2160 萬人使用智慧音箱進行購物，可看出智慧音箱改變使用者的購物的方式，帶動消費。由此可知，智慧音箱擁有多少應用功能帶動使用者需求，能否帶動商業模式的發展，如串連開發者社群、汽車服務業、智慧裝置、日用品服務、共享／外送服務業、音樂串流服務業等才是其成功的關鍵，這些品牌大廠自然深知要努力將自己的商業模式，轉換延伸到語音應用，並能提供更新、更多的價值才是發展重點。明顯觀察到使用者藉由智慧音箱利用語音指令連網搜尋，顯然比現有的文字輸入便利，跟據市調機構研究，未來 50% 的各類搜尋，將會利用語音指令的方式呈現。這改變過去使用者在電腦網頁搜尋習慣，改變為利用智慧音箱進行語音搜尋，讓搜尋更便利更有效率。

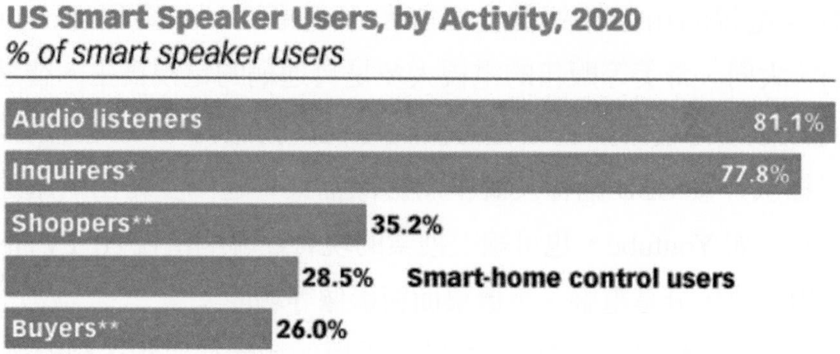

US Smart Speaker Users, by Activity, 2020
% of smart speaker users

Audio listeners	81.1%
Inquirers*	77.8%
Shoppers**	35.2%
	28.5% **Smart-home control users**
Buyers**	26.0%

▲圖 3-9

　　未來智慧音箱的開發商將重點放在智慧居家設備控制介面，在 2021 年三大智慧音箱的開發商巨頭亞馬遜、蘋果和 Google 共聚一堂，要聯手支援能確保智慧居家裝置功能相容性與安全連接的「Matter」標準，這標準可讓使用者透過語音利用智慧音箱得到與控制支持 Matter 標準的居家智慧連網設備，包含智慧門鎖、智慧門鈴、智慧燈泡、智慧電視、智慧恆溫器與偵煙器等，強化使用者對智慧音箱的黏著度，提升智慧音箱使用率，擴大智慧居家市場。

三、智慧電視

　　智慧電視 (Smart TV) 外觀上與一般電視大同小異，如圖 3-10，主要差別在於智慧電視具搭載作業系統的網路電視 (Internet TV)，常見的作業系統如 Google 的 Android 及 Apple 的 iOS，網路電視除具備上網功能，同時具有網路影音服務平台，即為智慧型電視。

▲圖 3-10

目前智慧電視的市場快速提升，許多家電廠商，如索尼 (Sony)、國際牌 (Panasonic)、大同、奇美等販售的電視大多是具連網的電視為主。智慧電視主要功能除了可以觀看傳統第四台業者提供的電視訊號服務，以及無線數位電視訊號，也可以播放外接 USB 儲存裝置中的影像檔案，進一步藉由網路連線，觀看網路影音服務，如 Youtube，也可線上搜索的現有互聯網電視 (IPTV) 的功能，也可以下載應用程式，分享電腦、手機桌面與影像等功能。

目前 Google 與 Apple 佈局已由電腦、手機領域轉往電視，相繼發表 Google TV 與 Apple TV，並提供影音串流服務，不受電視節目時間表的限制，讓使用者可以依照自己的時間選擇想觀看的節目。Google 聯合 Intel、Sony 及羅技合作開發 Google TV 平台，作業系統和軟體由 Google 提供，Logitech 公司負責開發取代電視機遙控器的鍵盤，英特爾提供 AtomCE4100 處理器，並且融入藍光播放器和機上盒，兼具電視機和電腦功能。除此之外，使用者也可藉由智慧電視，觀賞世界著名影音串流平台公司如 Netflix、HBO 與迪士尼 (Disney+) 等自製的節目。

另外韓國家電大廠 LG 公司生產的智慧電視，具有提供最完整的操控介面，透過螢幕可即時查看所有自家生產的智慧家電的狀態，例如可知智慧洗衣機內衣服還要多久、當前家中溫度，也可以控制設定操作掃地機器人執行任務。使用者可以透過 LG 電視遙控器的滑鼠模式操作方式，於電視螢幕上點擊相關家電的選單，對其下達非常細節的指令，遙控器也具備麥克風，支援語音辨識技術，讓使用者可以口語方式控制家電。

四、智慧照明

智慧照明大致可以分為智慧戶外照明和智慧室內照明，這兩種照明應用情境與目的不盡相同，所用燈具也有非常大差異，在這我們針對智慧居家室內照明做介紹。

目前市場主要智慧燈泡如圖 3-11 所示，智慧燈泡簡單說明就是一款具連網功能以及可變色功能的電燈泡。利用智慧燈泡搭配智慧手機、智慧音箱或智慧電視的 APP 軟體配對連動使用，使用者能隨著生活情境與需求改變燈泡色溫、亮度與色彩。與傳統燈泡相比，智慧燈泡可以為生活帶來許多方便與樂趣。例如智慧燈泡與 HomeKit 或 Google Home 等智慧音箱配對，就可以透過語音助理 Siri 或

Google Assistant 聲控，想調暗燈泡亮度或是開關燈泡都只需要動一張嘴這麼簡單。你還可以將多個燈泡組合在一起設定"情境"，像是設定電影情境、睡覺情境、閱讀情境等，燈泡就會依照各種情境調整至情境對應的色溫、亮度與色彩，輕鬆營造舒適的各種情境的氣氛。

另一個智慧燈泡功用是它能讓居家生活變智慧與自動化，例如使用者依照自己生活習慣，設定平日上下班或上下課時間，燈泡在使用者出門後就自動關掉，避免忘了關燈的多餘耗電。更進一步的應用是搭配智慧感應器，例如搭配光感測器、人體感測器、門窗感測器等裝置，可設定當大門打開時(觸動門窗感測器)就開啟玄關燈泡，或是偵測到廚房有人(觸動人體感測器)便開啟燈泡的狀態，或當燈光太暗(觸動光感測器)便開啟燈泡並且調節燈泡適當亮度。

品牌 (記得往右滑)	Phillps Hue	LIFX	Ikea Tradfri	米家 Yeelight	Sengled
連接方式	ZigBee(須網關) Bluetooth(部分)	WiFi	ZigBee(須網關)	WiFi	ZigBee(須網關) WiFi(部分)
第三方支援	HomeKit Google Home Amazon Alexa SmartThings IFTTT	HomeKit Google Home Amazon Alexa IFTTT	HomeKit Google Home Amazon Alexa	HomeKit(部分) Google Home Amazon Alexa SmartThings IFTTT 米家	Google Home Amazon Alexa SmartThings IFTTT
照片					

▲圖 3-11

相關影片

3-3 智慧居家建構方式

對於消費者角度，想要擁有智慧家庭所帶來的生活品質與樂趣，目前有三種方法建構，第一是直接選擇建商或代銷公司銷售的智慧居家房屋，第二是尋找廠商規劃安裝智慧居家系統，第三是後裝市場或 DIY 方式，基礎建構方式分類圖如圖 3-12。

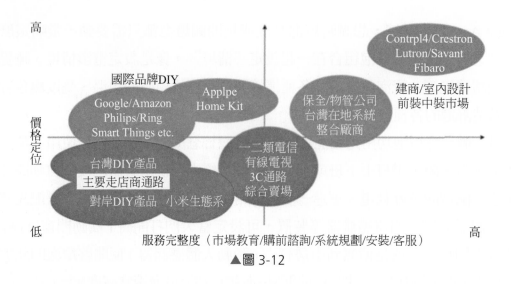

▲圖 3-12

　　使用者選擇建商或代銷公司銷售的智慧居家房屋，也就是直接選購入住智慧居家方屋，此選購方式屬於前裝市場，在預售屋或者新成屋銷售時，會展示智慧家庭服務增加房屋銷售賣點，在美國不論是蘋果或亞馬遜，都已經跟不少地產商合作預銷內置智慧家庭系統，這類系統通常將智慧家庭情境功能預先與房屋設計時同時規劃，優點是智慧家庭系統與房屋空間結構、內裝與家電整體規劃，整體情境運作搭配完整。缺點是客製化的程度範圍有限，另外如果舉家需要搬遷，整體系統、設備與家電無法進行搬遷。目前此選購方式是針對金字塔頂端消費者市場，在臺灣目前這市場規模不大，從智慧居家未來的發展，智慧建築與智慧家庭的整合銷售，是建商未來發展的重心所在。

　　第二建構方式是使用者先購一般房屋後，再尋找廠商規劃安裝智慧居家系統，市場也有保全公司提供了智慧居家系統服務，此選購方式屬於中裝市場，此方式通常有類以室內設計師為設計核心，依照使用者的生活習慣與情境需求，將智慧家庭服務融入室內設計，近年來已經有越來越多的室內設計師，開始與智慧家庭服務商配合設計，臺灣這中裝市場近年逐步增加，消費者大多集中青壯年首購屋市場，剛買房裝潢房屋時，非常最適合導入智慧家庭系統的時間點。

　　第三建構方式是使用者自行採購所需要的智慧居家裝置，以自行 DIY 方式裝設自己的原有的房屋，是屬於後裝市場，這使用者大多屬於青年或學生族群為主，也是目前臺灣最大的智慧居家市場。目前智慧居家裝置市場中，少部分是臺灣自主設計生產的品牌，絕大部分是大陸品牌居多，其中最大廠商是手機廠商小米公司，以及小米生態鏈相關智慧居家產品，產品種類繁多，在臺灣又有實體店面展示，成為很多米粉心目中的首選，再來也有很多 DIY 愛好者會去臺灣或大陸電商網購，主要是大陸製智慧居家產品來自行安裝。這種建構方完全自主客製化，優點是依照自己的情境需求自行架構，必須自行配對裝置、設置安裝裝置角度調適以及連 WiFi 網路、場景佈建等，這建構方面的成本是最低。但缺乏較完整的售後服務，因此缺點是當發生架設與設定裝置問題時，或者維護裝置時，需要想辦法自己詢問或上網找答案解決。因此這些使用者通常是有基礎的資通訊技術知識為主。

3-4 未來智慧居家情境可能發展趨勢

　　居家環境是每個人在生命中重要的場所，每個人的理想居家環境不盡相同，有些人是希望讓居家環境具有方便、舒適性。有的是希望家中具有智慧居家設備協助生活中必須且繁瑣的事情，讓自己有更自由的時間享受生活。銀髮族群主要希望擁有安全與健康居家環境，年輕族群偏向工作之餘在家中可以得到休閒娛樂，讓工作後的疲累身心得到休息與慰藉。從綠色能源與環境保護考量上，智慧居家可在不影響使用者生活情況下，自動的幫助使用者節省電能，降低使用水量。智慧居家系統是非常客製化的設備，不同族群不同考量與需求，為滿足與實現這些需求，智慧裝置的功能必須變得更容易使用，而越成功的智慧家庭環境，幾乎越讓人感受不到它的存在。以下介紹未來智慧居家的發展技術趨勢。

一、智慧家電具人工智慧技術與機器學習技術應用發展趨勢

　　人工智慧 (Artificial intelligence, AI) 和機器學習 (Machine learning, ML) 技術主要是經由累積各方面偵測基礎進一步分析得到適當的決策能力，為使用者帶來各方面的價值。如可以記錄分析使用者的習慣，進行適當的協助，讓使用者在生活上各方面得到便利與協助。隨著人工智慧技術與應用快速發展，國際大廠紛紛推出結合人工智慧和機器學習技術之智慧家電產品，包含智慧冰箱、洗衣機、烤箱、乾衣機等。除了功能精進之外，在產品外型上，投入更多設計元素，將家電

融入室內設計中，呈現時尚與整體感的智慧家庭。圖 3-13 描述未來發展概念圖，未來的智慧居家發展，甚至到整體物聯網發展，勢必都會需要 AI、ML 等技術緊密的結合在一起。

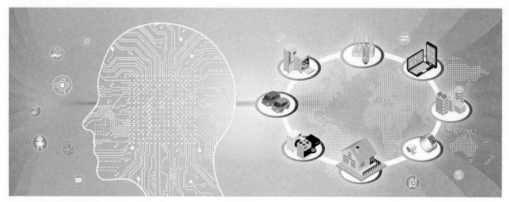

▲圖 3-13

　　韓國大廠三星於國際大展中演示智慧家電產品，包含電視、冰箱、洗衣機、烤爐、乾衣機等智慧居家產品，結合感測器、智慧音箱及手機 APP，方便下達使用者指令與需求，滿足使用者在生活上的便利最佳模式，例如根據衣服材質建議烘衣時間，或自動掃描和辨識冰箱內的所有食材。另外大陸廠商如海爾、TCL 等也展示一系列智慧家電產品，品項包含智慧門鎖、冰箱、洗衣機等。另外智慧廚房也視廠商展出亮點，智慧冰箱根據冰箱內食材推薦食譜，智慧烤箱可支援語音控制，根據食材自動調整最佳烘焙時間及溫度。大陸廠商長虹則推出內建人工智慧技術的智慧冷氣，運用聲控技術提供聽聲識人、聽聲定位等功能，聽聲識人可識別用戶，開啟個人客製模式。聽聲定位功能，則可根據聲音定位，實現風隨聲動的功能。這些功能都是利用人工智慧技術應用基礎得到的成果。

二、多元化家用機器人發展趨勢

　　目前居家最多使用的機器人是提供掃地服務地機器人，未來多元化家用機器人逐漸進入智慧居家情境應用，機器人平台結合影像感測技術搭配人工智慧技術，目的在提供陪伴、照護服務與智慧家電控制中心等功能。在國際會展中，韓國廠商三星公司展出「Ballie」球型機器人，具有滾輪可自由移動，配備感測器與攝影機，除了可與人互動外，還可運用語音操控智慧窗簾、掃地機器人及自動空氣清淨機器人等設備。日系廠商是目前最積極開發機器人產品，如 Sony 公司推出的 Aibo 機器狗。

　　隨著人工智慧技術導入，未來家用機器人將提供更多功能，包含居家清潔 (掃地機器人)、環境監測與清淨 (自動空氣清淨機器人)、陪伴及照護等。除了擴增許多聽覺、視覺、觸覺等感官功能外，強調與人陪伴增加親密感，並模仿寵物及小孩等互動情境，提供模仿情感的回饋。

三、具人工智慧強化高畫質影音娛樂發展趨勢

　　影音娛樂為居家生活重心之一，而電視是為家庭娛樂的主要平台。韓國公司 LG 推出 88 吋與 77 吋的 OLED 8K 電視，電視內建人工智慧處理器，透過機器學習辨識與分析個別像素來強化聲音及影像整體表現。同時為解決 8K 電視節目內容不足的問題，廠商強調利用內建人工智慧處理器，當播放非 8K 影像時，人工智慧處理器透過機器學習分析、識別像素特徵，能將原本的影片「模擬」成 8K 畫質；當環境出現雜音時，系統會調高音量、強化聲音清晰度，來減少觀看過程中所受到的噪音干擾。

　　電視硬體除了上述提到電視畫質與音效部分，電視遙控器內建支援語音控制技術，讓使用者操作更貼近人性化，是目前各大電視廠商行銷重點，系統結合美商 Google 旗下的 Google Assistant 與 Amazon 旗下的 Alexa 電子語音助理技術，如大陸商海信生產的 ULED 電視支援 Google Assistant，日商 Sony 及 LG 電視同時支援 Google Assistant 及 Alexa 語音控制系統等。Google Assistant 是目前最大的電子語音助理系統，已經在全球 30 個國家和地區以 90 種語言方式提供服務，同時 Google 也推出 Android TV 電視盒，可以與傳統電視連結達到智慧電視功能，正積極與電視品牌業者合作內建於電視機內。

　　電視節目內容軟體部分，串流影音內容已取代傳統媒體愈趨成為電視主流觀看內容，許多大廠如 NETFLIX、HBO 等積極跨領域協商合作，提供更高畫質、多視角，甚至互動的電視內容服務。美商電腦晶片大廠 Intel，為了拓展多媒體領域商機，積極推出了以高效能運算晶片，可呈現可多視角觀看的即時賽事轉播功能。韓國廠商 Samsung 也宣布與 Amazon 的 Prime 及 Google 的 YouTube 等多媒體影音平台合作，豐富整體系統影音內容服務。

四、智慧居家系統往智慧、簡易與易用性整合趨勢

目前許多智慧居家系統只能說是被動式的操作，大多藉由使用者的需求事先設置進行運作。例如使用者在晨起鬧鐘響起前五分鐘啟動咖啡機或者是電鍋，但這樣的設置不貼近實際生活情況，實際生活人事物是變動的，目前智慧居家系統無法隨時因使用因突然事件而臨時作息而自動產生變動設置。因此未來智慧居家系統增加人工智慧與機器學習的技術，讓設備達到隨使用者需求變動而主動改變設定，藉由各種的感測與資料採集達到觀察使用者的資訊，並藉由人工智慧與機器學習技術推論來了解使用者居家生活的模式和喜好，進而進行設定智慧居家各項設備，更貼近滿足使用者生活。簡單說，未來智慧居家系統的發展趨勢，就是像有個電子智慧管家隨時為使用者服務。

為了實現真正的智慧居家功能，而人工智慧與機器語言技術必須搭配具有大量資料的儲存位置與高運算分析能力設備，過去都是利用雲端伺服器來實現，但因資料與雲端伺服器傳遞往來需要時間，因此產生無法即時採集資訊或控制操作等問題。以個人進入房間開燈時的實際情境為例，感測器必須收集足夠的資料以辨識移動狀況，並正確推論有人正走進房間，而不是離開房間。當此資料往返傳輸到雲端，造成轉換執行操作所花費的分析時間太長時，將會影響使用者體驗。這種情況下，當人走進房間，裝置卻尚未自動開啟燈光，此時可能會招致人們絆倒，或者最終得靠自己動手開燈。

未來資料儲存位置的趨勢將是鄰近使用者的邊緣計算 (edge computing) 儲存與運算設備，智慧應用到邊緣裝置，才有機會達到執行更複雜的功能，並且可以即時收集與運算分析有關房屋和居民更多詳細的資訊。人工智慧和機器學習是複雜的技術，必須由許多供應商開發，各供應商須能提供解決人工智慧難題的關鍵能力以增加智慧設備價值，並且加以整合成有價值服務。

五、智慧居家具備資訊安全、隱私、預防和保護趨勢

隨著智慧居家裝置的智慧化，感測與採集資訊越來越多有關家庭成員的個人資料，如果遭到盜取或破壞資訊等事件，這些資料可用來追蹤毫不知情的個體。如果沒有適當的隱私保護措施，小偷可以輕易得知何時屋內無人在家。

多年來，個人隱私一直受到廣泛的討論，但保護個人隱私的技術進步速度緩慢，僅提供登入認證等級的保護。終於近期法規開始改變對設備廠商在保護個人隱私責任的要求，例如歐盟的一般資料保護條例 (General Data Protection Regulation，GDPR)，透過立法對違反使用者隱私的行為處以嚴厲的經濟制裁，並隨著 IoT 的安全法規擴展到全球。加州是美國最早通過物聯網安全法規的其中一州，這法規就是加州消費者隱私法案 (The California Consumer Privacy Act，CCPA)，此法規要求企業實施和維護合理的安全作業程序。如今，美國幾乎每個州都已引進類似的法案。

▲圖 3-14

六、智慧居家系統共同標準發展趨勢

相關影片

過去的智慧居家系統因為標準不一，各家廠商推出的產品互不相容，無法真正滿組使用者的需求，每個使用者使用的家電習慣都會根據喜好需求購買，通常家電不會針對某特性廠商進行採購，導致各家智慧系統無法整合，無法真正將市場順利發展擴大。因此在 2019 年，全球物聯網各大廠商包含 Google、蘋果、Amazon、Zigbee 聯盟發起共推 Connect over IP 專案的智慧家庭聯網 IP 規格計畫。Connect over IP 專案旨在為智慧家庭聯網產品、行動 App 及雲端服務建立互通通訊 IP 規格，以打破各立山頭造成產品與服務不相容的問題，而使包括蘋果 Siri、Amazon Alexa 及 Google Assistant 等服務可以在不同裝置上執行。

管理此規格的 Zigbee 聯盟進一步說明，Connect over IP 專案聚焦的連網產品包括照明與電器 (如電燈、插頭／插座)、冷暖通風設備控管 (中央空調、冷暖氣等)、出入控管 (門鎖、車庫門)、安全與保全 (感測器、偵測器、保全系統)、窗簾／窗葉、電視、無線路由器等等，日後也將納入更多類型的消費電子產品。值得注意是在這 Zigbee 聯盟成員還包括許多全球知名大廠，如 IKEA、三星、施耐德電機等。聯盟還宣布瑞典電子鎖供應商 ASSA ABLOY、德州中央空調控制器供應商 Resideo、意法半導體 (STMicroelectronics) 及物聯網控制 App 供應商涂鴉智能 (Tuya) 加入 Zigbee 聯盟董事會，以共同推動這項專案。

2021 年五月，Zigbee 聯盟改名為連網標準聯盟 (Connectivity Standards Alliance, CSA)，CSA 目前由 Amazon、Apple、Comcast、Google、SmartThings 與 CSA 作為 Matter 的董事成員，另外包括 IKEA、NXP、華為、TI、ST、Silicon Labs 等 80 家公司加入會員。CSA 聯盟發出宣告，這亞馬遜、蘋果與 Google 等大廠參與的通用物聯網標準 (即 Connect over IP 專案) 定名 Matter，此標準符號如圖 3-15，2021 年下半年將陸續進行首波智慧互聯網設備的互通驗證。Matter 是由多家廠商撇開成見、針對通用物聯網設備溝通所倡議的計畫，Matter 並非針對單一的通訊技術，而是一項可跨乙太網路、Wi-Fi、ZigBee 與藍牙低功耗 (BLE) 等物聯網常用連接技術所制定的標準，未來只要認清 Matter 標誌的設備，即可在多個平台互通連接，不用再如現在需要確認設備是否符合如 Alexa、Apple HomeKit with Siri、Google Assistant、SmartThings 等標準。首批送驗設備大多是智慧居家相關設備，包括照明、電力、門鎖、安全管理、電視、路由器等，而 Google 五月份新版的 Nest Hub 將具備支援 Matter 標準的能力。

2021 年可說是智慧居家另一個階段發展開始，因為規格統一，各大廠商才有機會彼此合作，又彼此競爭，在這樣情況下，使用者才能得到最好的設備與服務，市場規模拓展會更順利更快速。

▲圖 3-15

1. Alexandra Samet, "Advertisers sell benefits of e-commerce on smart speakers – but it could be a lost cause in the U.S. market", INSIDER, Feb 8, 2020.
   https://www.businessinsider.com/advertisers-sell-benefits-ecommerce-smart-speakers-lost-cause

2. 林祐祺，"購買智慧家庭(智慧居家)產品八大陷阱與迷思？"，智慧家庭實驗室，2022/7/5。
   https://www.smarthomelab.tw/blog/q1?categoryId=298573

3. 林妍溱，"拜 Matter 標準之賜，Google Nest 將和蘋果 HomeKit 及 Amazon Echo 互通相容"，iThome，2021/05/22。
   https://www.ithome.com.tw/news/144583

4. 許桂芬，"2020 智慧家庭發展趨勢"，經濟部技術處，2020/04/01。
   https://www.moea.gov.tw/MNS/doit/industrytech/IndustryTech.aspx?menu_id=13545&it_id=288

4 智慧醫療

　　每個人擁有的人生過程不盡相同，但生老病死是每個人生都是必須經歷的過程，這生老病死的過程都與醫療照護有直接關係。醫療總體是指凡以治療、矯正或預防疾病、傷害、殘缺或保健目的所進行診察及治療行為，或根據診察、診斷結果而以進行治療為目的之處理或用藥行為總稱。隨著時代進步，社會高齡化、少子化、照顧人力不足都是目前醫療即須面對的問題，物聯網技術快速發展，可否讓醫療服務品質、效率、準確等提升，解決目前醫療的問題，以下我們將進行介紹。

4-1 智慧醫療介紹

相關影片

　　圖 4-1 是目前醫療單位常見的現象，病患眾多造成醫護人員的工作繁忙，病患因此在醫院等候看病的時間拉長，也讓醫護人員工作量大與工作時間拉長。管理顧問麥肯錫 (McKinsey & Company) 公司提出一份有關醫療報告中預期，2050 年，美國與歐洲將有 1/4 人口超過 65 歲。人老了，上醫院的機率增加，全球卻面臨醫護荒—WHO 統計，到 2030 年，全球還需要 990 萬名外科醫師、護士和照護人員。報告指出，臺灣 2017 年慢性病醫療費用高達新臺幣 2,318 億元，罹患慢

性病人數已超過 1,100 萬人。同時，臺灣已邁入高齡社會，2034 年每 2 人中即有 1 人為 50 歲以上之中高齡者，各項數據顯示，醫療市場與需求急速增加擴大。臺灣老年化速度比世界各主要國家更快，國發會估計 2032 年 65 歲以上人口將超過 1/4。臺灣的高齡化與少子化可能造成健保破產，醫師、護士等醫護人員因低薪過勞而逃離大醫院。病人即將暴增，醫護卻持續短缺，若沿用目前的高醫療照護標準，而不推動結構性改變，健康照顧系統極可能崩盤。上述問題是目前與未來醫療必須面對的問題，而醫療問題攸關國人的健康與壽命，因此政府不能不重視。

▲圖 4-1(資料來源：https://futurecity.cw.com.tw/article/1916)

目前各大醫療單位為提升照護品質，強化醫療服務克服照護場域困難，解決方法包括利用智慧醫療技術進行醫療服務轉型，藉由導入新興資通訊技術及系統，達到建立新世代智慧醫療服務。如圖 4-2，透過智慧醫療許多資通訊技術，包含大數據創造全新醫學知識，以人工智慧，帶動精準醫學，改變既有服務流程，改善民眾就醫習慣，使民眾獲得預防保健服務、全人的醫療治療。根據世界衛生組織 (WHO) 對智慧醫療 (eHealth) 的定義是資通訊科技 (Information and Communication Technology；ICT) 在醫療與健康照護領域的應用，其包含醫療照護、疾病管理、公共衛生監測、教育和研究。進一步說明，將傳統醫療照顧、管理、衛生監測、醫療教育與研究等，利用資通訊技術進行輔助，增加醫療相關服務、教育與研究之效率，降低醫護人力負荷。從研究文獻的「智慧醫療」描述是醫學資訊 (medical informatics)、公共衛生、商業的三種區域交集，利用有線 / 無線通訊網路的傳輸技術，網路中分享各方面的醫療相關資訊，快速提供醫療健康服務與資訊，提升醫療服務效率。智慧醫療常見應用範疇包含電子病歷、醫療影像擷取與傳輸系統 (PACS)、健康資料庫加值運用、遠距照護、決策支持系統、慢性疾病管理系統、藥品與生物製劑的條碼追蹤、線上學習系統等。

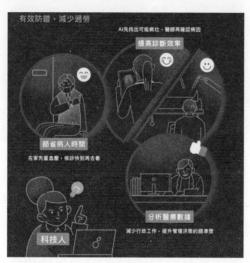

▲圖 4-2(資料來源：https://futurecity.cw.com.tw/article/1916)

從市場角度切入觀察智慧醫療，知名技術研究公司 ReportLinker 報告指出，到 2025 年全球醫療影像軟、硬體之市場規模將達 62 億美元，顯示智慧醫療市場淺力。智慧醫療正是可快速擴大與提升醫療服務與品質重要方法。圖 4-3 是列出六種主要資通訊技術應用在智慧醫療，隨著人工智慧 (機器學習)、區塊鏈、雲端、大數據分析、邊緣計算、5G 通訊技術等快速發展，並應用在各種醫療情境，加速傳統醫療系統的轉型，大量醫療資訊數位化，智慧醫療已成為發展趨勢。發展同時也發現了許多智慧醫療推廣瓶頸與挑戰，如不符時代醫療相關法規修改緩慢、各單位醫療資訊相關標準無法統一、智慧醫療商品開發成本高、如何確保醫療資訊安全性、智慧醫療應用於長照醫療產業鏈整合等都是需要解決的重要議題。

▲圖 4-3(資料來源：https://futurecity.cw.com.tw/article/1916)

　　根據富比世 (Forbes) 影響醫療產業關鍵技術調查，大數據分析、人工智慧、行動醫療 / 醫療物聯網 (Internet of Medical Things；IoMT) 等技術爲前三大主要布局技術，而這三種技術也是智慧醫療重要的主要技術。人工智慧技術目前主流應用爲醫學影像辨識，臺灣醫療產業已經開發一套人工智慧輔助醫學影像判讀系統，此系統是根據臺灣醫療產業慢性疾病應用需求，建立自有醫療影像標記資料庫，研發適用於慢性疾病早篩之自主人工智慧演算法與資料標記等相關技術，可縮短醫生判讀所需時間，輔助醫生進行判斷進而提高診斷準確率，達到早期篩檢、早期治療。另外，行動醫療 / 醫療物聯網技術應用可大幅減輕醫護人力負荷，提升醫護品質與效率，臺灣各大醫院已經投入相關技術發展。目前醫療產業積極開發輕量化影像檢測設備，輕量化醫療設備方便於都會、偏鄉、離島地區場域進行醫療照護服務，是推動長照產業由區域的平台整合，擴散爲全民的健康照護平台。

　　根據研究，醫療照護產業整體思維已從發病後的治療與照護，轉變著重預防與健康管理爲主，當身體處於亞健康時即開始治療照護，將會大幅減省醫療資源與成本，恢復至健康成效明顯，療程大幅縮短等優點。麥肯錫指出管理這麼多病人的代價很昂貴，醫療系統必須從偶發性治療，轉變成預防、長期的照顧管理。這趨勢導致歐美先進國家智慧醫療發展重點爲診斷檢測技術開發，期望能在發病或徵兆發生初期即能被檢測出，以期達成早期檢測及提出適切的預防措施爲目標。另一方面，歐美先進國家的健康照護體系發現，醫療行爲已從醫院及機構照護轉向居家醫療服務發展，而這醫療服務是針對病患端需求而定製的，也就是客製化遠距醫療服務。

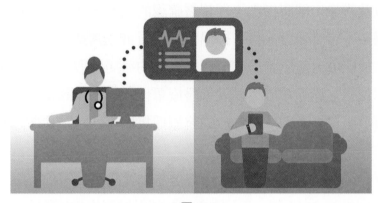

▲圖 4-4

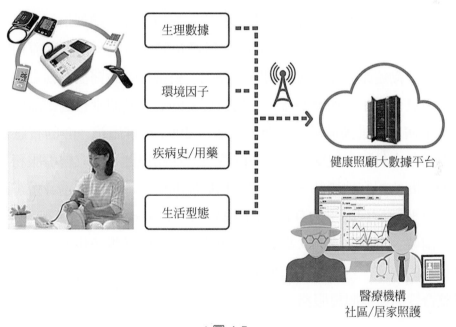

▲圖 4-5

　　如圖 4-4，是說明未來智慧醫療的主要概念，圖中右邊是居家情境，左邊是遠端醫院或診所的情境，平時在家，可藉由輕便的手持醫療感測設備，經感測設備進行生理訊號採集，採集的資訊經過整理成電子病歷，經網路連線傳遞至醫療單位之雲端資料庫。如圖 4-5，醫療單位的伺服器收集了從各方傳來的大批電子病歷並進行整理，而這電子病歷中，將目前採集的生理訊號資訊，與個人資料與過去的病史用藥等資料整合，此時伺服器中有經過機器學習與人工智慧之輔助診療系統針對電子病歷中生理訊號資料快速辨識，並篩選整理，並列出辨識健康的病歷清單，以及辨識出健康指數不理想需確認的病歷，並且排出優先順序，傳至醫療單位的醫生等專業醫護人員，經過醫護人員審查判斷並分級，例如僅提供建議保養身體，或開處方簽單請患友至居家附近的藥局索取藥方，如果審查結果有需要，醫護單位會立即通知患友到就近醫療單位做進一步診斷與治療。若要達到上述的智慧醫療服務，必須依賴許多的醫療採集與資通訊技術，這些技術我們將在後續章節進行介紹。

　　智慧醫療介紹中，遠距醫療服務是智慧醫療非常重要特色，過去類似遠距醫療服務，可以回推至 2014 年，美國政府為了解決醫療成本高昂的問題，推動可負擔健保法案 (Affordable Care Act；ACA，也稱 Obama Care)，藉由穿戴式醫療檢測裝置來達成遠距居家醫療、復健與預防等醫療管理。類似情況，日本政府也在 2015 經濟財政營運與改革基本方針中對遠距醫療重視，推動醫療相關領域資通訊化，並鼓勵遠距醫療推廣。同時也發現，要推行遠距醫療服務之前，首先第一步是必須具備電子化病歷系統，方便將病友的病歷資訊進行遠距離的電子化傳輸。這電子病歷的推動最早在歐盟，歐盟在 2004 年實施第一套的智慧醫療行動計畫，要求各會員國發展國家或區域的智慧醫療路徑圖，建立醫療服務提供者使用的軟體之間的相容性標準，推動電子化病歷的使用。同時透過身份辨識碼建立一套用於歐盟醫療保險卡的身份辨識系統。根據調查報告指出，如圖 4-6，亞太國家中，南韓、日本、澳洲、臺灣、新加坡是醫療照護電子化與病歷資訊科技應用程度最高的國家，透過電子病歷或電子化個人健康紀錄，將醫療資訊科技應用在提供整合性的醫療照護服務。

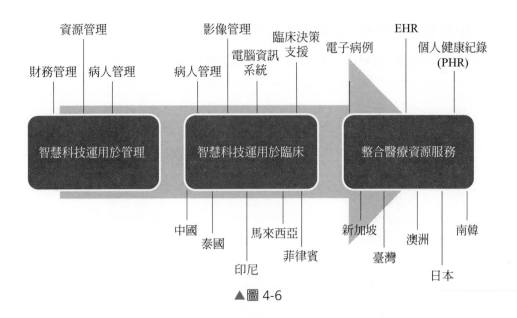

▲圖 4-6

發展國家eHealth策略工具

Part 1
國家 eHealth 願景

Part 2
國家 eHealth 行動計畫

Part 3
國家 eHealth
監測與評價

· 過程的管理
· 與利害關係人的交流
· 建立策略情境
· 了解趨勢與經驗
· 草擬初始願景
· 定義需要的組成要件
· 收集eHealth環境有關的訊息
· 評估機會與差距
· 重新定義願景與發展建議

· 管理的過程
· 與利害關係人的交流
· 制定eHealth行動方針
· 發展綜合行動計畫
· 確定高階資源的需求
· 應用的有限資金完善計畫
· 定義實施階段

· 定義監測與評價指標
· 定義基準與測量目標
· Define supporting governance
  and processes

▲圖 4-7

　　因發展智慧醫療可以增進醫療的效率、醫護人員的負荷和降低醫療成本等優點，這對於開發中國家與弱勢群族有更深的影響，因此世界衛生大會 (WHA) 於 2005 年在瑞士日內瓦通過智慧醫療決議案中，敦促各會員國建立智慧醫療的發展計畫及執行重點。世界衛生組織發展一套智慧醫療參考工具提供給各會員國，在這參考工具中，世界衛生組織將智慧醫療策略分成「願景」(vision)、「行動計畫」(action plan)、「監測架構」(monitoring framework) 等三個部分，如圖 4-7 所示，三個部分中還有許多細項，已經不再我們討論範圍。這顯示出智慧醫療應用與發展在各國是被積極地推展中，顯示智慧醫療對國人健康之重要性。

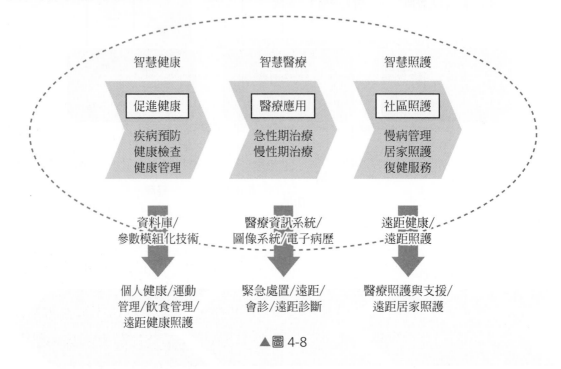

▲圖 4-8

　　從以上描述可將整體智慧醫療服務依照看診前、看診中與看診後分成三大類，為智慧健康、智慧醫療與智慧照護三大類，如圖 4-8 所示。看診前智慧健康主要著重在個人促進健康、維持健康與健康管理，目標是個人居家環境情況下，進行疾病預防、持續健康檢查與健康管理，將個人在家中平常利用穿戴式或簡易式的醫療檢測設備進行初步健康指數檢測並紀錄，以及紀錄平常運動項目與運動時間，也記錄日常的飲食與熱量，並將記錄資料數位化儲存並將儲存的個人健康資訊連網傳遞至個人健康管理資料庫，此時可藉由人工智慧輔助系統查看個人健康資訊，並給初步個人健康維持的建議，當人工智慧輔助系統發現生理訊號有異常，會立即提醒使用者，建議至醫療診所單位進一步做更專業的醫療診斷檢查。第二是看診中的智慧醫療，使用者經醫院診斷後並確認已經患有疾病，必須在醫院就診進行診斷與治療的醫護行為，針對急性期治療與慢行長期治療，在醫院使用精密的醫療設備進行詳細採集生理資訊，如 X 光、電腦掃描 (Computed Tomography；CT)、磁振造影 (Magnetic Resonance Imaging；MRI) 與正子造影

(Positron Emission Tomography；PET) 等技術，並且可以藉由人工智慧深度學習技術建立的人工智慧醫療影像辨識輔助系統，協助醫護人員判斷病患的病情，提升醫療效率減少誤判的機會，降低醫療人員的看診負擔，也提升醫療服務效率與品質。同時根據判斷出的結果，可快速進行相對應的醫療手段，幫助病患病情好轉。針對嚴重的病患，利用新世代網路通訊技術與 3D 立體掃描與影像技術，如圖 4-9 中 3D 立體掃描與影像技術示意圖，將病患的身體影像與檢查結果整合，傳遞遠在各國專業醫師共同跨國會診。

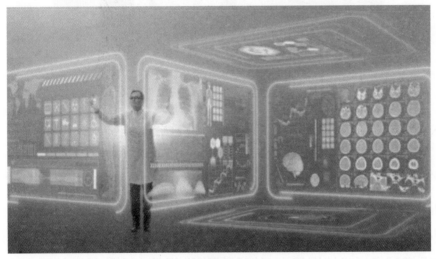

▲圖 4-9

最後是經診療後在家的或者在照護之家的復健照護或居家照護，讓身體逐漸恢復健康狀態。看診後的智慧照護與看診前智慧健康相同的地方是，會利用簡易式健康檢測設備採集基本的生理資訊，查看身體狀態，但不同地方的是會針對看診中的病痛進行持續修復與復健動作，透過客製化的復健的設備與遠距視訊方式，如圖 4-10，與醫護人員互動，進行康復的確認，讓病患得到持續的智慧照護的服務，盡快恢復健康狀態。

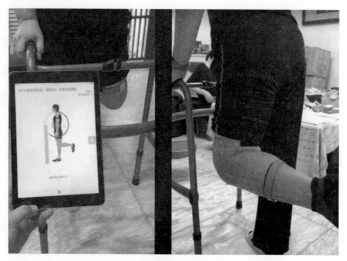

▲圖 4-10

4-2 智慧醫療情境應用種類

　　資通訊技術應用在醫療領域應用廣泛且多元，包含病患、醫療人員、醫療設備與醫療機構，都將成為營運中不可或缺的角色，主要架構如圖 4-11 所示。將各種醫療技術搭配資通訊技術與人工智慧技術進行整合成各種智慧醫療技術，成為各種輔助性醫療工具並自動協助快速診斷。

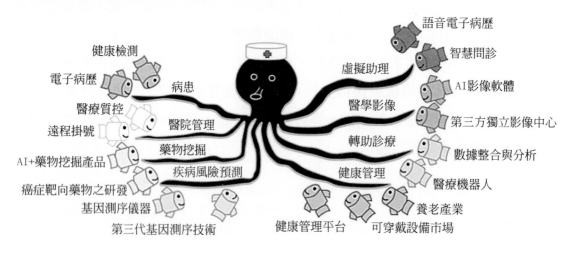

▲圖 4-11

如上章節介紹，智慧醫療情境可分三種情境，如圖 4-12，首先是看診前的智慧健康情境，主要是以居家自主管理情境為主。第二是看診中的智慧醫療情境，主要是醫護人員的看診檢查病因與治療情境，最後是看診後智慧照護復健情境。以下分別介紹此三種智慧醫療情境應用進一步介紹相關技術與應用產品。

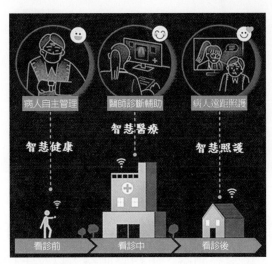

▲圖 4-12(資料來源：https://futurecity.cw.com.tw/article/1916)

4-2-1 看診前居家型智慧健康情境應用裝置

上述提到麥肯錫報告指出管理這麼多病人的代價很昂貴，醫療系統必須從偶發性治療，轉變成預防、長期的健康管理。若要達到預防與長期健康管理，首先需要進行人體生理訊號採集，進行初步的檢測了解身體狀況，而採集人體生理訊號是一門技術門檻極高的醫用感測技術，利用醫用感測技術製成的醫用感測器，感測人體生理訊號並將數位資訊化，就可以利用數位化的人體生理訊號進行智慧醫療情境的應用。在此可以得知醫療資訊數位化是目前智慧醫療工程是最基礎的項目，扮演極重要的腳色。

醫用感測器是把人體生理活動的物理資訊藉由材料的特性轉換電訊號，並進行放大與數位化，再利用計算機中轉換函數關係的轉換成我們可理解的數字與圖像，藉由螢幕顯示，醫用感測器設備作為醫學儀器與人體之間的重要環節，在醫療診斷、醫學儀器研製、醫學研究等諸多方面佔有非常重要的地位。以往僅能在醫院使用的醫療感測設備，近年來開始朝向大眾市場發展，居家檢測生理項目越來越多元，設計趨向小型化或穿戴式裝置，如圖 4-13，甚至把裝置連上網路後，協助照護機構和醫院在遠端追蹤病患狀況，減輕醫療照護人員的負擔。

▲圖 4-13

醫用感測器主要以工作原理及應用形式兩種方式進行分類。按照工作原理，主要分為物理感測器、化學感測器、生物感測器，以及生物電極感測器。按照應用形式，可主要分為植入式感測器、暫時植入式感測器、體外感測器、用於外部設備感測器、可食用感測器。隨著感測器技術的發展以及跨技術領域的整合，醫用感測器的發展日新月異，尤其是電子技術、材料技術等突飛猛進的發展，醫用感測器朝著智慧、微型化、高整合、無線化等方面發展，種類愈加豐富、功能日益強大。手持移動式醫用感測器的使用方式目前已穿戴式的設計為主，也就是將感測器設計成日常生活會穿戴裝置，如手錶、手環、衣服等。因為電池、半導體與資通訊等技術快速進步，穿戴式感測裝置已經可達到輕薄短小的尺寸，同時具有使用時間長與充電時間短等特性，讓穿戴式感測裝置同時具有功能性與方便使用等特性，因此近幾年來快速盛行，而且用途越來越廣泛，現在特別受到健康醫療領域的重用，拜這些裝置之賜，人們而更能掌握自己的健康狀況，而隱身在這些裝置中的感測器顯然功不可沒。

相關影片

一、智慧健康穿戴式感測裝置

目前利用穿戴式裝置技術應用於健康照護監測有 2 大重點，第一是人體生理訊號採集，包括心律、血氧、血糖、血壓、體溫的測量、心率變異、走路、跑步、睡眠品質、跌倒等資訊。第二是居住環境資訊採集，包含居住環境溫度、溼度、光線明暗。將採集資訊收集到微控制器，並透過無線通訊模組傳遞至智慧型手機或者電腦，在將資訊自動登錄於個人的雲端電子病歷資料庫 (Google App Engine) 中並把資料即時上傳 Web 網站，並可經由應用軟體 (APP) 觀看數據，如果需要可在緊急狀況時 Call out 及簡訊通知家人與醫療人員，醫療單位透過 Web、網路攝影機或具有視訊功能的通訊裝置即時判段是否要緊急處理。藉由這些感測、通訊、醫療判斷等手段，使家庭、醫生的結合更緊密，達到完善家庭健康照護網。

資通訊與半導體技術的進步，目前穿戴式裝置內整合多種感測器協助裝置提昇效率和進行分析。其中常見的感測器是陀螺儀和加速器晶片，晶片模組外觀如圖 4-14(a)，圖中間的黑色晶片即是陀螺儀和加速器整合晶片，尺寸僅 $5.1 \times 5.1mm^2$，晶片內部結構如圖 4-14(b)，此結構是利用半導體微機電 (MEMS) 製程製作。陀螺儀是測量裝置三軸角速度 (angular velocity) 運動量，加速器桿是感測裝置三軸直線加速運動偵測，藉由陀螺儀和加速器感測的數值，可以分析得到裝置的運動方向，將陀螺儀和加速器裝置配戴在人體身上，可以藉由陀螺儀和加速器感測數值分析，得知人體隨時間的運動行為，如站立、行走、左右轉、蹲下、躺下等動作。在智慧健康情境應用中，可以藉由加速器桿的感測裝置得知使用者行走步數，推算活動力與運動量。也可觀察使用者睡覺時活動情況，得知睡眠深淺情況。也可以得知使用者是否有跌倒，並提出警告尋求協助。

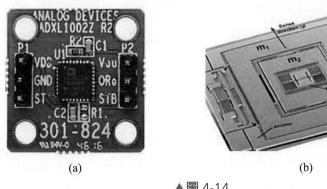

(a) (b)

▲圖 4-14

另一常見穿戴式裝置的感測器為穿戴式電極 (Wearable Electrode)，利用電極長期感測身體微弱的生理訊號，例如心律等，所以電極通常會直接接觸皮膚。如

圖 4-15 是目前市面上有許多利用電極技術製作的感測生理訊號產品,如圖 4-15(a)
是健康檢測儀,將雙手拇指放置電極進行感測,並將感測數據無線方式上傳置
智慧型手機中的應用軟體,即時監測觀察。圖 4-15(b) 為連續心電監測儀,貼在
胸部即可進行心電感測,並將感測數據無線方式傳送至監測設備觀察數據。圖
4-15(c) 是美國蘋果公司推出的 Apple Watch,此手錶錶冠裝有電極,將手指放在
錶冠上,即可在錶面顯示進行監測。圖 4-15(d) 為感測衣,衣服的布料與電極進
行整合,穿上衣服後電極即可直接進行感測,並將感測數據無線方式上傳置智慧
型手機應用軟體,從軟體中可以進行觀察感測數據。這些裝置的電極主要是測量
單肢導極心電圖 (ECG)、肌電圖 (EMG)、腦電波 (EEG) 和心電圖 (EKG)。

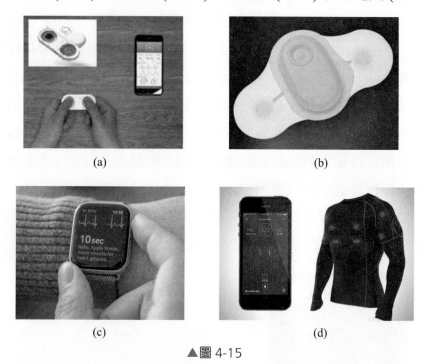

(a)　　　　　　　　　　　　　(b)

(c)　　　　　　　　　　　　　(d)

▲圖 4-15

　　另一種常見利用電極技術進行居家型生理訊號量測的設備,就是身體質量檢
測儀,或稱為健康檢測儀,如圖 4-16 所示。此設備除了本身量測使用者體重之
外,利用電極測得使用者人體生物電阻,此方法為生物電阻測量法 (Bio-impedance
analysis;BIA)。BIA 測量法的主要原理乃是將身體簡單分為導電的體液、肌肉等,
以及不導電的脂肪組織,測量時由電極片發出不同頻率之極微小電流經過身體,
若脂肪比率高,則所測得的生物電阻較大,反之亦然,BIA 就是經由此種機轉來

做體脂率的測量，結合被測者的身高、體重、年齡、性別等數據，計算脂肪與肌肉量、局部肌肉質量、身體質量指數 (BMI)、體內脂肪率、內臟脂肪塊、水腫等人體健康參數，來判斷人體健康情況。裝置感測數據無線方式上傳置智慧型手機應用軟體，從軟體中可以進行觀察感測數據，並可回查歷史數據。

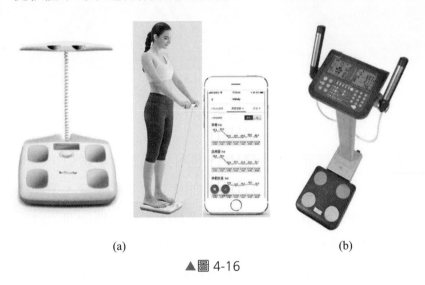

(a)　　　　　　　　　　　　　(b)

▲圖 4-16

　　除了利用電極感測方式，還有利用光學技術進行心律脈搏與血氧濃度數據感測，通常感測器兩側配備光電二極體和 LED。最常看到利用此技術的產品是智慧運動手錶，在錶背具有光感測器，如圖 4-17(a)。利用光學原理被稱為光體積描記法 (PPG)，光學測量方法的原理是動脈中輸送的血流量隨心臟泵送週期呈現有規律的變化，心臟有節奏地按照一定週期泵血 (心臟收縮) 和抽血 (心臟舒張)。在心臟收縮階段會有更多的血流經動脈，而在心臟舒張階段血流則較少。透過測量身體某個特定部位的血流量變化，就可以從被測訊號的週期性得到脈搏率。血流量的測量依據的是血液中血紅素吸收光線的能力。感測器由彼此緊鄰放置的光源和檢測器組成，測量時需直接放在皮膚上。發出的光滲透進皮膚、組織和血管，然後被吸收、傳送以及反射。檢測器記錄的反射光強度將根據流經動脈的血流量變化而改變如圖 4-17(b)。針對這種測量的適用波長取決於在人體的哪一部分進行測量。綠光可以在手腕處提供最佳結果，而紅光和紅外光一般用於手指頭的測量。

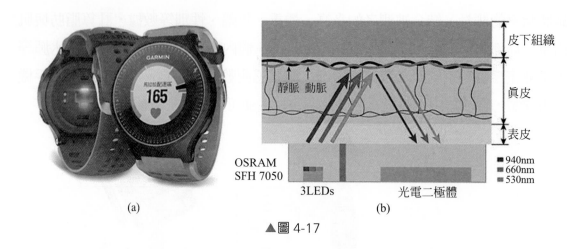

OSRAM
SFH 7050

3LEDs

光電二極體

皮下組織

眞皮

表皮

940nm
660nm
530nm

(a)   (b)

▲圖 4-17

　　光學感測除了可以感測心跳脈搏率，也可以感測血氧數值，感測器如果用紅外光和紅光測量吸收率，就可以確定動脈血液中的血氧濃度，這種技術被稱為脈搏血氧計，是確定血氧濃度的唯一非侵入式方法。紅光感測血氧計的原理，主要是血液中氧氣濃度不同，吸收的光量也不同，因氧氣在血液中是透過血紅素 (Hb) 輸送的，血紅素與氧分子結合後會形成氧合血紅素 (HbO_2)，氧合血紅素其吸收特性產生變化，因此反射紅光的量也會改變，藉此可以量測血氧的數值。對於戴在手腕上的心跳感測器來說，最好使用波長約 530nm 的綠光 LED，手指感測器則通常使用紅色光線 (660nm) 或紅外線 (940nm)，因此目前市場手錶感測心跳應用是以綠光 LED 為主，而如要測量血氧濃度，則需要交替使用紅光和紅外線，才可達到量測血氧的目的。

　　醫療檢測大廠歐姆龍 (Omron) 推出的首款血壓監控智慧手錶 HeartGuide，如圖 4-18，此產品是目前唯一穿戴式血壓計通過美國食品藥物管理局 (FDA) 上市許可。手錶內部整合微型的泵和氣囊，能夠完成通常醫院內大型設備才能完成的血壓測試，此手錶使用與臨床設備相同的技術測量血壓，用戶只要按下手錶旁的按鈕，表帶便會自動膨脹，可準確測得精準的血壓生理資訊。此血壓監控智慧手錶可結合專用智慧型手機應用軟體 App，不用去醫院情況下可隨時隨地監測精準血壓，提供健康情況下監測潛在的血壓異常，同時能監測除高血壓以外的其它心血管系統異常情況，為用戶提供詳盡的紀錄與建議功能。也會將所有血壓監測歷史記錄自動生成 PDF 文件與醫生共享，還能傳輸到 iOS 的 Apple、三星、谷歌等健康記錄庫中。手錶還能通過應用程式制定計劃，在你睡覺時定時讀取血壓數據，排除因爲情緒緊張而引起的高血壓誤報。

▲圖 4-18

　　以上是目前市場上常見的穿戴式生理訊號感測應用設備產品，感測設備採集生理數據後上傳至手機、手環或手表，再到雲端追蹤。目前生理資訊感測器主要有三種傳輸方式，分別是 NFC、藍牙與 Zigbee。其中藍牙已經是手機標準配備，因此目前感測設備是以藍牙無線傳輸爲主要方式，搭配合手機內建的專屬應用程式 APP 來記錄。

4-2-2 診療中智慧醫療照護情境應用

相關影片

　　近年來許多知名醫院積極結合資通訊、物聯網、雲端運算人工智慧與機器人等技術，發展出具備疾病預防、智慧診斷與客製化健康照護的智慧醫療系統，將醫療設備從基本的醫療與照護，進展到醫療系統數位化與自動化，進而爲就診病友提升醫療診療效率與更有價值的醫療服務，同時降低專業醫療人員的工作負擔與壓力。

　　智慧醫療系統，是從智慧報到就診服務、智慧優化護理照護、智慧整合一體化手術室等三大發展目標爲核心，整合多種智慧設備以病友需求爲出發的醫療方案，爲醫療院所提供更高效率與高附加價值的客製化整合應用服務。以下介紹近期常見的智慧醫療系統設備與應用。

一、智慧掛號報到就診與批價付費服務

　　在資通訊各項技術支持下，醫院掛號與報到服務的效率提升許多，如圖 4-19 是目前常見的智慧掛號報到系統。圖 4-19(a) 是智慧掛號報到應用軟體 APP，只要從智慧手機下載醫院提供的智慧掛號報到應用軟體，就能在智慧手機上使用 APP 預約掛號、查詢看診進度，並獲得衛教相關資訊等基本服務。病友在報到後可以在家裡等待，或者醫院附近喝個咖啡，等到手機提醒門診快要輪到時，再到診間，一點都不浪費時間。手機其中就有看診進度提醒，在輪到你看診的前 5 號會自動提醒，節省候診時間。到了診間，以往要將健保卡交給護理人員進行報到，現在也已智慧化了，只要將健保卡插入門診報到系統，如圖 4-19(b) 與 4-19(c)，連線診間的自動報到系統即完成報到，方便又有效率，同時也減少門診助理的工作負擔。

(a)

(b)

(c)

▲圖 4-19

　　有些醫院智慧掛號報到軟體已經推出虛擬聊天機器人，幫助病患掛號。例如在智慧手機聊天軟體 LINE 上設置醫院虛擬聊天機器人，病友可在 LINE 醫院帳號中描述不適症狀，機器人不僅會初步回答，還會建議該看的科別，看診快到前手機會提醒要到醫院就診。同時軟體會把跟民眾聊天中透露的不適症狀整理出來，主動傳送到診間供醫師參考，也讓醫師有更多時間為病人解釋病情。

　　智慧掛號系統引入實體 Pepper 機器人智慧服務區駐點，如圖 4-20，機器人會跟病友打招呼，能透過互動詢答協助掛號、衛教，具有醫院各樓層的導航，引導病友尋找診間的位置。

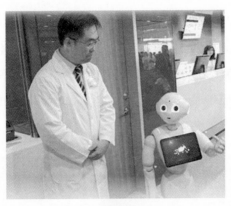

▲圖 4-20

　　當看診完，接著要到櫃檯批價並領藥，藉由醫療費用繳費機，如圖 4-21(a)可提供病友快速批價繳費，只要插入健保卡到自動繳費機，就會顯示應繳金額，可由現金、悠遊卡或行動支付如 Apple Pay、Samsung Pay、Android Pay、微信支付及支付寶等多元繳費，方便國人與海外人員進行快速繳費，方便有效率。另外也可利用醫院提供的手機應用軟體 APP，類似畫面如圖 4-21(b)，也可以直接利用智慧手機進行繳費。

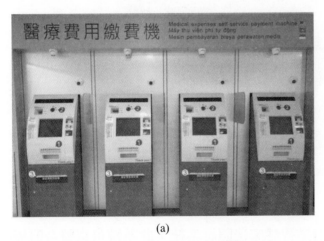

(a)

(b)

▲圖 4-21

二、智慧病房設備與智慧診療服務

　　對於住院病友，智慧病房 (如圖 4-22) 可讓病友得到最好的醫療照顧，智慧病房中具備床邊照護系統並與護理站的資訊系統保持連接，護理資訊自動上傳電子白板系統，如圖4-23，醫護人員透過電子白板可以看到病患資訊、排程資料(包括手術、檢驗、檢查、入院、出院)、護理人員交班與醫師交班等資訊，隨時提供最新醫療資訊同步，減少護理師照護病友時產生資訊空間隔閡，大幅提升工作效率，消除護理手段錯誤機會，藉由床邊照護系統，提供針對病友的客製化的安全醫療服務。

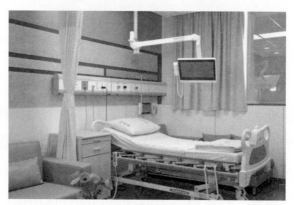

▲圖 4-22

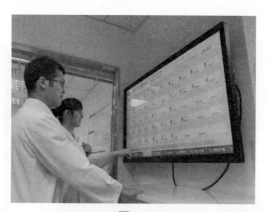

▲圖 4-23

　　智慧病房另一個重點設備是智慧床邊照護系統，此系統可以整合醫療院所的醫療資訊系統，病友可以透過系統提出需求，如發出點滴協助呼叫及專責護理人員呼叫等功能，專業醫師與照護人員可以在床邊調閱檢查報告與 X 光片，向病人解說病情。另外，也可以透過其他附加功能，如查詢住院、醫囑、觀看衛教影片，並且使用個人化娛樂服務(如電視、遊戲、視訊、社區網路等)，提昇病患住院期間對於醫療服務滿意度。護理人員則能使用智慧床邊系統查詢病患狀態，透過視訊與電話跟病患即時溝通、在危機狀態時，用系統群組廣播功能發出文字或語音訊息，聯繫相關醫護人員。

　　智慧病房的病床設有床頭卡系統，如圖 4-24，是具有聯網功能的電子影像設備，取代過去紙本床頭卡功能，不但能提供即時資訊 (如照護提醒、醫生與護理人員、排班等資訊)、護理人員呼叫與病患資訊顯示等功能，更能因此降低護理師工作負擔，也可以讓醫院在預算與人力等資源有限情況下，持續提供病患專業可靠的服務。

▲圖 4-24

　　在護理人員交接流程中為了資訊同步，提升資訊完整與正確性，導入智慧醫療語音平台系統，如圖 4-25，護理人員透過語音命令及語音轉文字等功能，可讓護理資訊完整被記錄，同時減少寫醫療紀錄的時間與錯誤，將更多時間放在與病患溝通與照護上，提升病友照護品質，病友與其家屬也可在智慧手機上醫院應用軟體「住院 APP」能同步獲得病友自己相關病情訊息。

▲圖 4-25

另一方面，智慧診療是利用人工智慧協助診療是目前醫療單位積極發展的重要項目，智慧診療就是將人工智慧技術用於輔助診療中，以過去就診案例大數據為基礎，透過深度學習技術，讓計算機學習專家醫生的醫療知識，模擬醫生的思維和診斷推理，舉例如在數百萬個病例資料庫中，閱讀癌症或其他病症的醫學診斷圖像，透過深度學習提升診斷和治療的正確率，學習後的模型經驗證後，即可利用學習後的模型進行診斷，補助醫師進行診療，提升效率。

在 2019 年新冠肺炎疫情期間，阿里雲免費開放所有人工智慧 (AI)、深度學習演算法，協助全球新藥研發、疫苗開發、病毒分析的包括學校、醫院等公共科學研究機構，期盼在新型冠狀病毒的研究上有所幫助。同時希望藉由機器學習與深度學習的效能與智慧，加速輔助診斷的效益，在疫情肆虐的當下，能夠增益醫療人員的工作。

大陸阿里巴巴達摩院與阿里雲，與杰毅生物技術公司合作研發的自動化全基因組檢測分析平台，已於浙江省疾病控制中心上線。平台主要是縮短人工處理檢測過程。而建置過程中，也是針對這次的新型冠狀病毒基因的特徵分析，同時基於 PDB 蛋白質資料庫等公共數據優化演算法。傳統病毒基因分析流程，包括了人工處理樣本標記、分裝、核酸提取、PCR 檢驗上機檢測、數據報告分析等過程，而全自動高通量測序建庫儀，則把一般人工所需要的 12 個工時縮短至 2 小時。同時數據化檢測結果，再由達摩院的演算法分析。目前檢測分析平台會先在浙江省全省醫院使用，之後才拓廣至全中國。

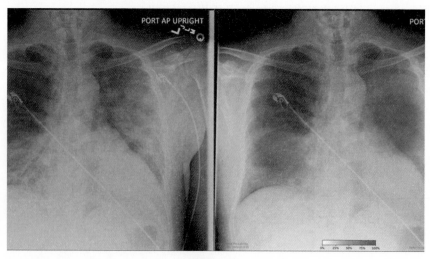

▲圖 4-26

　　阿里巴巴達摩院與阿里雲共同開發的電腦斷層掃描儀 (Computed Tomography；CT) 影像診斷系統，目前 20 秒內的判讀準確度達 96%，2 月中已於大陸 160 多家醫院使用，累計診斷臨床疑似病例達 6 萬多例。因 2019 年新型冠狀病毒所引起疫情，疫情發展快速使得臨床的診斷數據不斷增加，陸續公布肺炎的 CT 臨床診斷結果，讓大數據分析工具有了用武之地。達摩院醫療人工智慧團隊整合新式診療方案，加上 5,000 多個 CT 病例讓機器學習訓練樣本的病灶紋理，研發出全新的人工智慧演算法。不僅透過自然語言處理 (NLP) 回顧數據，也使用卷積神經網路 (CNN) 訓練 CT 影像的辨識網路，現在模型已能快速分辨出最新的肺炎影像，以及過往的病毒性肺炎影像的區別，最終識別準確率高達 96%。此外也能提供器官病發部位的佔比，進而量化病症的輕重程度。如圖 4-26 中是利用人工智慧判斷的結果，圖中彩色區域顯示通過算法檢測到的肺炎症狀。

　　利用人工智慧協助診斷不只有針對新冠肺炎，利用人工智慧輔助判讀腫瘤系統，還有人工智慧眼疾診斷系統、人工智慧腸道內視鏡多模態輔助診斷系統都在臺灣醫院協助專業醫師進行診斷工作，精確率都已經達 90% 以上，如圖 4-27。

 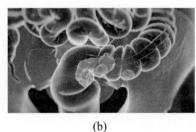 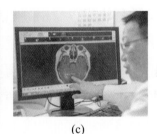

(a)　　　　　　　　　　　(b)　　　　　　　　　　　(c)

▲圖 4-27

三、智慧手術室

　　手術室是醫療環境中最具專業與也最具高風險的單位，病友手術過程必須仰賴專業醫療團隊間的細心合作，因此醫療團隊對於病人辨識、病情與手術部位標記資訊必須確認不能發生一點錯誤情況，避免醫療疏失的發生。利用資通訊與物聯網科技促進手術病人安全，建構智慧手術室 (如圖 4-28) 是現代醫療主流趨勢，讓病友自接受手術安排開始至完成手術，落實手術病友安全，提升醫療團隊工作效能。以病人為中心的智慧手術室，智慧手術室主要有一套安全的查核系統，在手術室房間內同步建置大型電腦螢幕，提供醫療團隊術中可以清楚判讀影像檢查，並線上紀錄病人手術前後過程，確保病友的手術安全。

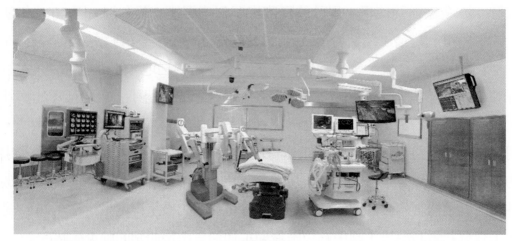

▲圖 4-28

　　自病友進醫院進行手術治療共分為三期，為手術準備期、手術期與手術後等三期。手術準備期是病人至住院組報到開始，醫療團隊即可從資訊系統上得知病友所有住院診療相關訊息，確認手術後開始安排手術室與手術排程，藉由系統的訊息即時通 (L2T) 功能，可同步通知病房開始病友手術前相關準備，在通知輸送組到病房接病友到手術室，及通知供應室準備手術相關器材設備，各單位依據接收訊息後作病人與各項業務之準備，以確保手術病人與正確的設備器材，避免因口頭溝通錯誤而造成手術之延遲。

　　術期是病友移入手術等候室開始，除與病人共同核對手術相關訊息，並以病人配戴手圈辨識確認病友身分，目前手圈辨識技術有無線通訊技術 RFID 與紅外線條碼，如圖 4-29。進入手術室內，手術開始前之靜止期醫療團隊利用大型電腦螢幕上顯示之病人資料，共同核對病人手術部位、名稱與醫療器材等正確，確保病人手術安全。系統預防性抗生素注射之提醒功能，主治醫師開始劃刀後在資訊系統開始計算操刀時間，於規定之時間內系統螢幕自動提示畫面與聲音，提醒手術團隊預防抗生素注射時間，達到抗生素追加準確時間，降低病友術後感染風險。另外手術中病理組織安全採集時利用電腦大螢幕上之病友資訊，並核對病理組織名稱及件數，確認後列印條碼貼於病理組織上，封存時掃描病理組織上條碼帶入系統中，存放於 24 小時錄影及門禁監控之病理組織室，送檢時以電腦點選後進行運送，並可隨時查詢病理組織送檢之動態，確保病理組織安全不丟失。

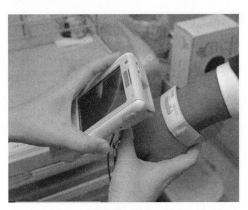

▲ 圖 4-29

　　手術後系統之手術護理紀錄功能，術後管路置放與傷口狀態紀錄自動連結於病房護理記錄，方便護理人員可以持續追蹤，確保交班資訊之正確。手術室病人動態功能可自動連結至病人家屬休息區之大螢幕，讓在手術室外等待的病友家屬了解目前手術狀態，讓家屬得到安心、減少擔心。

四、醫療機器人

　　隨著全球人口老齡化日趨嚴重，除了工業用機器人，醫療用機器人也陸續開發生產，近期有許多醫療單位使用醫療用機器人輔助醫療工作與研究，醫療機器人用途涉及領域廣泛，包含醫學、生物、化學、材料、機械、力學、計算機、機器人、影像視覺、人工智慧等跨領域新興科技，都是目前是機器人領域研究與發展重點項目。以目前已經在醫療單位使用機器人，主要的分類應用有診斷系統 (Diagnostic Systems) 用途機器人、機器人手術系統 (Robotic Surgical System)、復健系統 (Rehabilitation Systems) 機器人與醫療輸送 (Delivery Robot) 機器人等。

　　診斷系統用途機器人，具代表性的是一種微型診斷機器人，是美國 Medtronic 公司生產的藥丸照相內窺鏡設備 PillCam，如圖 4-30，這款膠囊內窺鏡獲得了美國 FDA 的批准並投入使用。PillCam 是一款像藥丸外型的設備，使用者吞下的攝像機，它會穿過胃腸道，整個消化系統並同時與於體內拍攝，所有拍攝資訊以無線方式傳輸到資料紀錄器，整體拍攝時間約有八個小時，過程中的受檢者還可以如常的進行日常活動。拍攝影像可以幫助醫生檢測胃腸道內情況，以及監測腸胃道疾病 (例如克羅恩病)，也可用來評估食道、胃、小腸和結腸等部位的治療後恢復情況。

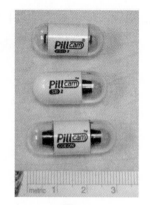

▲圖 4-30

開刀手術領域中，醫療人員不斷追求目標即是使病友在手術後能快速復原，並且將治療過程的疼痛減至最底，如今機器人手術系統相關技術是能幫助醫療人員接近這目標的重要協助與輔助工具。目前機器人手術系統最為熟知的是達文西手術系統與 (da Vinci Surgical System) 與電腦刀 (CyberKnife) 放射手術。

達文西機器人手術系統最原始模型是 1980 年代由史丹佛研究所研發，目的是幫助戰場受傷的士兵進行遠端遙控手術。如今全球平均每 60 秒就有一位外科醫師利用達文西機器人手術系統來協助開刀，已經累積 500 萬名病友使用這項精密微創手術。

達文西機器人手術系統遙控手術平台，如圖 4-31，主要是由 3 大部分組成，包括手術台、三度空間影像與光源攝影系統與醫師的坐式操控座。系統機器手臂的器械不但具有比人手腕關節靈活的 7 種維度空間活動能力，具備旋轉、抓取與捏夾，此外還能克服傳統內視鏡的死角。外科醫師透過系統 3D 立體超高解析度的影像顯微放大 10 倍的鏡頭，以及精密的感應器來協助操作與遙控，輕鬆坐著就可進行更精準的微創手術，幫助醫師克服體力、手力、眼力與腦力的極限，也大幅提升手術品質。

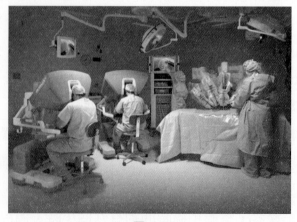

▲圖 4-31

　　達文西機器人手術系統協助手術主要優點有傷口較小讓患友手術後比較不痛，手術侵入性低，傷口出血較少，傷口恢復較快，所以可縮短住院天數，傷口感染率低。降低患者腹部沾黏的困擾等優點，另外系統性錯誤或 mechanical failure 的機率只有 0.2 ～ 2%，相對手術風險較低。目前達文西機器手臂在各科的運用上，以泌尿外科最多，其次為婦產科、心臟外科、一般外科、大腸直腸外科、耳鼻喉科、胸腔外科、整型外科、兒童外科等科別。

　　另一種機器手術輔助系統是電腦刀放射手術，如圖 4-32，電腦刀這系統名稱中雖然有刀，實際上卻不是真的刀，是用電腦驅動加速器發出 X 射線，不需要麻醉，或用金屬的手術刀，來達到滅癌目的，這對身體某些部位如腦部和脊椎相關疾病的治療來說，是非常大的優勢。電腦刀大幅降低了放射線對腫瘤周圍重要組織造成傷害的風險用，在 X 射線的治療過程中，患者不會流血，也不會感覺到疼痛，具有極高安全性。

　　電腦刀放射手術系統設備具備次毫米精準度，可針對準身體任何部位的固態腫瘤進行放射治療，而不影響周圍正常的組織細胞，因而可以提高針對腫瘤部分的放射劑量，這讓此技術相較傳統放射治療次數減少許多，讓放射線對人體的影響相對也減少許多。

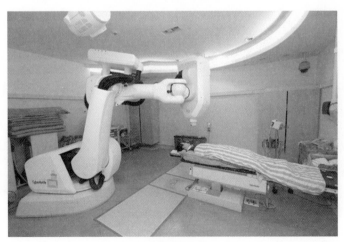

▲圖 4-32

五、整合手術醫療系統

　　手術室內解決特定醫療問題的器械數量愈來愈多，包含各種獨立設備、支援系統和顯示器，而各個設備又有各自的連接與顯示介面，使醫療人員愈加難以清晰概覽所有數據，並分散本應投注於患者的注意力，令手術室效率低下、過度擁擠和缺乏安全性。而在手術室外，病患資料形式也越來越多元化，包括電子病歷、X 光／斷層掃描等醫療檢查影像、紙本紀錄，以及近年來逐漸重視的病患自主報告資訊 (patient reported outcome) 等。因此，如何整合不同系統及不同形式的病患資訊，是智慧醫療整合系統最大的難題。

　　德國醫療技術公司 BrainLab 是專業整合手術醫療系統開發商，該公司發表的整合系統可從術前規劃準備、手術導引流程、手術資料管理、手術影音成像，到術後追蹤，都有不同的產品佈局，如圖 4-33。此系統協助醫療專業人員能夠更有效地運用病患數據，在手術流程中隨時調閱所需資訊，輔助重要決策。軟硬體的優化也應用在手術過程的精準控制與導引技術 (precise control and navigation) 上，如運用機器手臂，醫師能精準設定手術路徑，並以模組化設計替換器械，降低麻醉的範圍與手術過程的人為失誤。

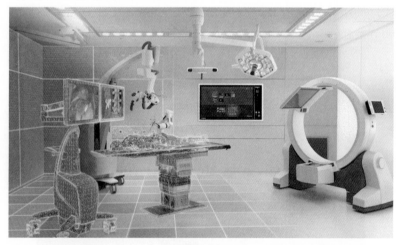

▲圖 4-33

六、復健系統用途機器人

復健系統用途機器人，主要以「運動功能障礙」的患者為主，例如中風、脊髓道損傷、腦外傷、多發性硬化症或各種骨骼肌肉神經系統疾病等導致行走能力受影響的患者，只要患者有足夠的認知功能，可以清楚溝通，體力足以負荷復健訓練，都可以考慮使用復健機器人，可配合物理治療師進行個人化復健療程規劃及復健動作執行，有利於物理治療師觀察病患恢復情形，做為日後追蹤診斷的依據，並可搭配病患復原情況即時調整治療方式。

復健機器人分為兩大類，一是上肢訓練，第二種則是下肢訓練。上肢訓練如動態機能輔助機器手臂，如圖 4-34，每根指形都可以客製訂作，降低手部肌肉張力，幫助手指功能復健。藉由機器人外骨骼，給予動力輔助或是阻力，協助病友患部活動。藉由治療師設定客製參數及療程，機器人可以提供安全、大量、反覆性及高密度的動作練習。過程中也能持續量化指標，評估個案動作的品質及進步的狀況。同時減輕醫護人員負擔、提昇治療成效與照護品質。

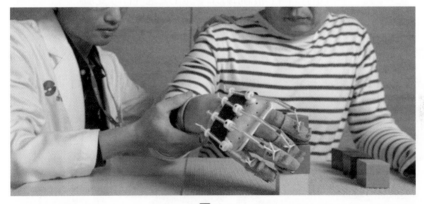

相關影片

▲圖 4-34

另一種復健機器手臂是鏡像手復健機器人輔助治療，如圖 4-35，患者使用功能正常的手，藉由無線方式去驅動機器手臂進行同樣的動作，進而帶動不能動的手進行運動復健，這機器手臂使用感測器感測正常手的動作，將訊號傳遞到另一隻機器手臂，驅動馬達 5 根手指上的 3 節機器關節，執行單手指、多手指、全手掌動作運作，做到與正常手同步的動作。這設備操作起來如照鏡子般，輔助患者的手同步做出拿、握、捏等動作。這樣的動態回饋，可協助手部障礙較大的患者，重複練習復健動作，且不受限肌耐力與張力。據統計，病友因爲腦部損傷造成手部功能障礙，甚至約有三分之二患者手臂癱瘓，若透過練習手部動作刺激神經網路，進行早期治療，有愈高機率助患者復原。

▲圖 4-35

　　下肢機器人主要透過懸吊裝置系統來支撐患者部份體重，如圖 4-36，使患者有安全的行走環境，再利用外骨骼輔助系統固定患者的雙腳，控制關節等部位，協助患者用正確的方式行走，而在視覺上則利用視覺回饋了解患者出力的狀況，並利用虛擬實境調整患者跨步距離和轉向等動作，配合跑步機增加走路次數。並且透過精密的數據分析，提升復健的強度及效果，縮短住院時間。

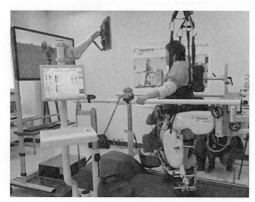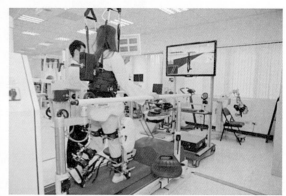

▲圖 4-36

　　下肢外骨骼機器人可協助患者進行大量重複、高強度的站立和行走等日常性活動，有助於神經重塑，加速功能復原，並讓身體重新感受正確的步伐及正常的行走速度，提振病患士氣及復健動機。另外，提早步行可減少久坐及臥床的併發症，如關節攣縮、骨質疏鬆、下肢靜脈栓塞及消化不良等。

七、醫療輸送機器人

　　醫療輸送機器人已經應用醫療單位，醫療輸送機器人 (圖 4-37) 可運送廢棄物、門診醫療設備、開刀房的機械與設備，可節省運送時間，同時也可藥物運輸、消毒清潔、衛教資訊，機器人降低醫療人力負擔並降低交叉汙染風險。醫護人員可透過智慧型手機應用軟體 APP 智慧遠端遙控及管理，可輕鬆指揮機器人到達指定手術室運載，機器人的機身也可使用酒精擦拭清潔，以確保衛生安全。

▲圖 4-37

4-2-3 看診後智慧照護復健情境

　　許多病友在看診後需要進行復健康復的階段，需要醫療人員持續追蹤病友恢復情況，同時可以借助許多的感測設備監測，以及機器人技術的輔助，幫助病友盡快恢復健康狀態，以下介紹與討論有關智慧照護復健相關設備。

一、智慧創可貼

　　慢性皮膚創口很難治療，醫生需要精確把控施藥量，以防對患者使用過量的抗生素。美國塔夫茨大學工程學院 Sameer Sonkusale 教授帶領團隊設計一種新型智慧創可貼，如圖 4-38 與圖 4-39，其厚度僅為 3mm，由透明醫用膠帶、熱活化抗生素凝膠及柔性電子元件組成。一側帶有創面覆蓋元件的智慧繃帶，另一側則是微處理器與無線通訊整合晶片，可以觸發藥物模組，同時具有測量傷口 pH 值的感測器與體溫感測器。智慧創可貼工作時會感測傷口情況，一般正常愈合的傷口 pH 值在 5.5 到 6.5 之間，如果 pH 感測器數值明顯高於 6.5，則表明傷口已被感染，同時體溫感測器感測傷口溫度，評估傷口發炎嚴重狀況。評估判定傷口發炎狀況是微處理器藉由 pH 值與體溫數值進行運算分析而得。微處理器依照傷口發炎情況，會觸發繃帶中的加熱元件，提高抗生素凝膠溫度釋放適當的抗生素。

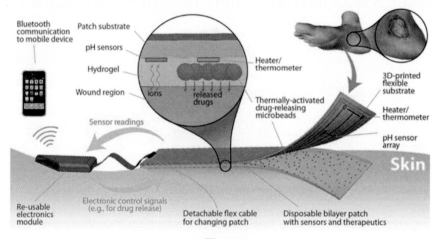

▲圖 4-38

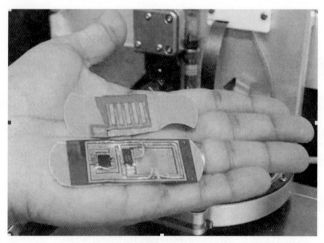

▲圖 4-39

另外，有相關研究已經研發出可用於測量氧合作用的感測器，可以感測傷口癒合情況。感測器可整合微處理器並且分析來自感測器的讀數，以評估傷口癒合的狀況。這些 pH 值、傷口體溫值、傷口發炎與癒合情況都可以經由無線通訊模組傳遞至移動式手持裝置，或者是智慧型手機，方便檢視觀測，同時裝置也可以將檢測數據傳遞至醫療單位，讓專業醫療人員持續觀察病情，依照情況適當的提供醫療協助。目前，智慧創可貼已經在體外條件下被研發和測試成功，臨床前研究正在進行中。

二、居家復健機器人

過去病友復健都在醫院中進行，如果在家也可以進行自主復健，提升恢復速度，應該是許多病友的期盼。居家復健機器人是目前最接近能達到在家可以自主復健的重要工具，如圖 4-40。穿戴移動式外骨骼系統由兩個部分組成，一是背包裡的電池和硬體設備，第二部分是穿戴於肢體的動力外機器骨骼。物理治療師表示，藉由適度的行走、復健活動，不僅有助傷友舒緩久坐造成的痠痛不適，更有增進肌耐力、心肺能力、改善駝背的作用。透過機器人腳行走，還有增進軀幹的穩定協調、有益健康的維持，包括預防骨質流失、減少體脂、強化心肺功能的作用。

▲圖 4-40

機器人的優點是能夠增加物理治療復健的強度，以及提升訓練的反覆次數，藉此也降低治療師的工作壓力與醫療成本。但機器人復健仍面臨三項挑戰，第一個是電子儀器本身的操作較困難，再來是軟體本身對於神經訊號的控制還有提取不容易，第三點是機器人有一定的重量，使用者若不慎跌倒，獨自站起是有難度，因此到臨床復健廣泛的實際應用上仍有一段努力的空間。

4-3 智慧醫療發展趨勢

隨著半導體相關技術、物聯網、雲端運算、巨量資料、機器學習與人工智慧的快速發展，以及社會少子化、高齡化以及醫療人力吃緊等因素，加速傳統醫療系統的轉型，全球各國早已積極投入發展智慧醫療與數位醫療相關設備、管理與服務等技術。

未來智慧醫療發展趨勢，必須考慮多種層面，才可讓智慧醫療長遠發展，對於病友可以得到更好的醫療照顧，對於醫療人員可以提高效率以及降低醫療失誤、降低工作壓力與傷害。我們需要知道智慧醫療技術發展核心是以人為本出發的醫療服務，針對病友的需求提供個人化的醫療服務，但要達到這理想的目標，首先必須降低醫療成本，才能有機會實現。臺灣 2017 年慢性病 (如：糖尿病、乳癌等) 醫療費用高達新臺幣 2,318 億元，罹患慢性病友數已超過 1,100 萬人。另一方面，臺灣已正式邁入高齡社會，2034 年每 2 人中即有 1 人為 50 歲以上之中高齡者，造成人力短缺人力成本增加，同時沒有足夠醫護人力照顧龐大的慢性病患友，高醫療成本是智慧醫療產業主要發展瓶頸。

美國管理諮詢公司麥肯錫檢視智慧醫療發展的困境，提出了三個智慧醫療發展三個階段解決困境。第一階段，是以資通訊與物聯網相關技術，如人工智慧、機器學習，機器人相關技術，配合雲端計算、邊緣計算與 5G 網路取代大規模重複性的醫療單位工作，如行政工作或一般的醫療診斷，降低人力成本。例如先前介紹利用人工智慧建立的醫療檢測影像判讀，許多在放射科、病理科、眼科醫療單位都已利用人工智慧輔助判斷，協助醫師篩檢數以萬計的醫療影像。知名技術研究公司 ReportLinker 發表，到 2025 年全球醫療影像工作站 (包含：中央處理器、硬體、軟體等) 市場規模將達 62 億美元。代表目前人工智慧醫療影像相關技術正快速廣泛使用。另一方面，利用人工智慧機器人技術協助病友報到、收費以及設備與文件傳送，都是可以降低行政相關工作的人力，一旦大量推廣，可以降低醫療單位醫療人力成本，進一步降低醫療成本。

　　麥肯錫提出的第二階段方案，是藉由資通訊與物聯網相關技術，幫助病友接受治療的地點由醫療單位轉到在居家進行治療。這階段採用的情境，是使用者藉由適合居家的穿戴式生理訊號感測器，採集使用者的各項生理訊號，設備收集生理訊號後藉由網路傳送到醫療單位，藉由人工智慧技術的設備進行檢測，並且這人工智慧設備有能力監測來自各地使用者收集而來龐大的生理訊號數據，進而達到遠距醫療監測功能。如果人工智慧系統察覺異常的生理訊號，系統會警告生理訊號的擁有者，初步會有人工智慧的虛擬助理與病友進行遠端聯繫，做初步會診了解病友的情況，如果無法排除病友的問題，進一步會與醫療單位的專業醫療人員，醫療人員會以網路遠端視訊方式進行會診，確認病友的情況，判斷對應的診療行為，如果情況嚴重，會請病友到醫療單位進一步診斷與治療。此階段目的是病友要對自己的健康負起責任，藉由人工智慧、穿戴裝置、大數據與雲端計算等技術的協助，隨時觀察自己的身體健康情況，預防疾病的發生。如果一旦發生輕微容易掌控的疾病，藉由專業醫護人員進行遠距醫療的協助，以及病友在居家配合醫療團隊的醫療方式，如按時定量用藥，達到回復健康狀態。使用者所有的醫療行為都在居家進行，大幅降低醫療的成本，同時也大幅降低醫療人員的工作負擔。

　　2020 年開始新冠肺炎疫情散布全球，累計已經造成超過兩億一千萬人確診，死亡人數超過四千四百萬人之多，造成巨大生命與經濟的損失，許多國家醫療體系崩盤，無法負荷眾多的新冠肺炎確診病患，世界各國意識到智慧醫療的重要，以及加速遠端醫療機制的建立。臺灣 2021 年五月中央流行疫情中心指揮官陳時中表示，要全面推動遠距醫療，讓民眾接受視訊診療，減少不必要的接觸風險。近年各家電信積極投入 5G 網路，加速智慧遠距醫療的需求，中心指出過去只有慢性穩定門診患者或偏鄉適用遠距醫療，如今疫情肆虐，遠距診療應用將加速並擴大，進入一般民眾生活，同時指出，將全面推動遠距醫療，鬆綁相關法規，讓更多民眾可接受遠距視訊診療。業界人士認為，臺灣行動寬頻網路及智慧手機普及率高，加上疫情推力，臺灣有機會成為全球遠距醫療的示範基地。

最後第三階段，加速人工智慧技術的開發，讓更多人工智慧解決方案進入臨床應用，並加速輔助醫師做出診斷決策，降低錯誤，提升效率。最後目標讓人工智慧技術自然融入健康照護的上下游價值鏈，從醫療教育、疾病診斷到大眾健康維護，無所不在。讓醫療設備與服務升級、減少醫療人員成本，降低醫護人員負擔，醫療成本降，達到以人為本的客製化智慧醫療。以目前的技術與醫療環境離這目標仍有很大距離，相信藉著全世界各國資通訊、物聯網與半導體技術快速進步與有效整合，隨著時間演進，這理想智慧醫療也會漸漸接近。麥肯錫強調，要完成這三階段，全球健康照護機構必須有更多的數據整合、更強力的監理並持續改善數據品質，醫療機構、醫護人員對人工智慧解決方案與風險管理，也要有更大的信心。

從以上目前全球各醫療研究單位發表許多新穎技術，目前大多著重在設備與人工智慧的整合，以下簡單介紹尚未上市量產但已經發表具未來智慧醫療趨勢的相關技術設備。

一、人工智慧醫療影像開發平台「aetherAI」

臺灣新創公司雲象科技推出人工智慧醫療影像開發平台「aetherAI」，如圖 4-41，運用深度神經網路打造 AI 醫療影像開發平台，應用遍布鼻咽癌病理玻片、骨髓抹片分類、大腸內視鏡瘜肉偵測、吞嚥攝影、腎絲球偵測等，又進一步擴展到放射影像，可辨識 X 光片的脊椎特徵點。此技術與台大醫院、長庚醫院、台北榮總等醫院合作，透過醫院的資料和醫療專業訓練人工智慧模型，自動找出影像中不尋常之處，讓醫師能快速獲得輔助資訊，減少工作時間。

▲圖 4-41

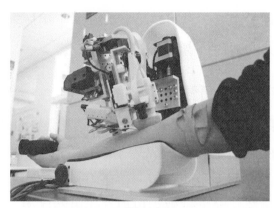

▲圖 4-42

二、自動打針機器人

美國羅格斯大學教授 Paul & Mary Monroe 發表自動打針機器人，如圖 4-42，團隊利用志願者進行打針，藉由人工智慧建立打針所需的模型模型，並進行設被製作打針機器人，並且先利用動物進行實驗，結果表明該設備可以準確地找到血管，提高治療成功率和縮短手術時間。此設備可以在最少的監督下將針頭和導管準確地引導到細小的血管中。它將人工智慧與近紅外線和超音波成像相結合以執行複雜的視覺任務，包括從周圍組織中辨識血管，對其進行分類並估計其深度，然後進行運動跟蹤。這是是許多診斷和注射治療程序中至關重要的第一步。進一步人工學習抽血，注射液體和藥物，引入支架等設備和監測健康狀況等，機器實際運作是相當複雜。這項成果對於特殊情況的應用，比如手術的及時性是很關鍵的，需要快速且準確找到血管的工作，對許多醫護人員來說有時很有挑戰性，有了這自動打針機器人技術，就可以順利克服。

另外研究表示，整體實驗中大約有 20% 的失敗率，因為每個人的血管狹窄與扭曲程度不同，對於容易手被好動不好固定，或手皮膚皺褶塌陷的人，打針困難性會增加，這在兒童、老年人，與慢性病和外傷患者中很常見。在這些組中，第一次準確率低於 50%，且常至少需要進行五次嘗試，這會導致治療延遲。當相鄰的主要動脈，神經或內臟器官被穿刺時，也可能會出現出血等併發症，幾次下來會大大增加並發症的風險。

此設備不僅可以用於患者，還可以稍微改進一下用於對囓齒動物的抽血，這對製藥和生物技術行業的動物藥物測試極爲重要。

三、人工智慧即時血液透析預判系統

在 2021 年臺北榮民總醫院發表「即時血液透析」人工智慧預判系統，如圖 4-43。當病友進行血液透析操作(俗稱洗腎)時，系統由血液透析儀(俗稱洗腎機)即時接收使用者龐大的連續性生理數值，並藉由人工智慧進行運算，預測使用者高死亡率的心臟衰竭風險，並進行警告以提升病患存活率。同時找出病患最理想的洗腎後體重，降低病人得反覆住院、反覆洗腎所造成身心俱疲，真正提高洗腎效率，爲腎友找出個人化的併發症原因。

研究成果顯示，該系統預判透析病患心臟衰竭準確度達 90%。得以即時於病患發生心衰竭危機前，搶先發出警報做預先處置；也成功降低 80% 的理想體重預估誤差率，減少因脫水速度太多或太快，容易造成的血壓下降或休克死亡機率。

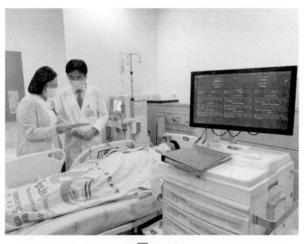

▲圖 4-43

四、虛擬化手術室

　　德國醫療技術公司 BrainLab 執行長 Stefan Vilsmeier 提出打造虛擬數位化手術室，如圖 4-44。該公司團隊與美國擴增實境公司 Magic leap 合作，將虛擬實境 (VR) 與混合實境 (MR) 技術引入手術流程中。運用大數據分析，執行手術的醫師可以擷取 3D 映像中的特定物件，以進行更精準的手術規劃與分析。此外，虛擬手術也加強不同醫療專業合作的可能性，醫師能將虛擬手術室共享給其他醫療人員，透過遠端合作與精準規劃，能有效地規劃與運用醫療資源，減少非必要的浪費。此外運用人工智慧與大數據，提供第三方團隊進行手術系統的架構開發，讓醫療人員能夠即時在手機螢幕上，以玩遊戲的方式學習與上手複雜的手術系統。數位化手術房的優勢，包括更有效的病患數據運用與管理、協助手術決策與規劃、降低手術所需時間、降低麻醉劑量及降低再入院 (readmission) 的機率。

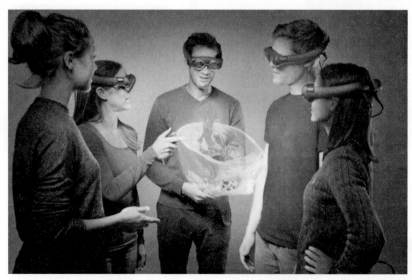

▲圖 4-44

五、穿戴飲酒監測

有一種特殊的感測器是穿戴式生物化學感測器，此感測裝置貼在人體皮膚，如圖 4-45(a)，感測器可從人的汗液中偵測乙基葡萄糖醛酸酐 (EtG)，此乙基葡萄糖醛酸酐會改變生物化學電阻 (chemiresistiv)，可藉此機制將生理訊號轉換成電子訊號，此穿戴式裝置中的功能主要用來監測用戶飲酒的情形和整體生活型態。圖 4-45(b) 與 (c) 是此感測器的正面與背面拍照圖。

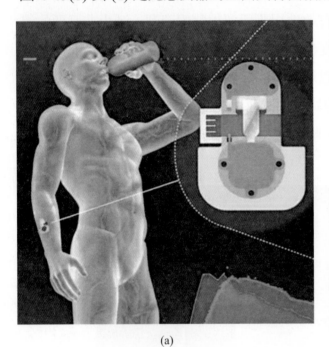

(a)

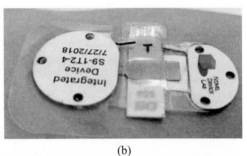

(b)

(c)

▲圖 4-45

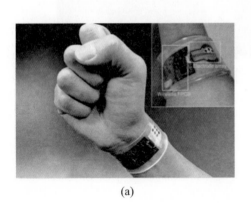

(a)

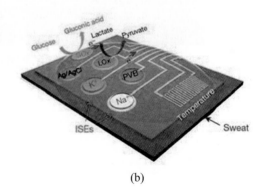

(b)

▲圖 4-46

六、穿戴式汗液感測器

　　加州大學伯克萊分校的研究團隊，研發全集成的穿戴式汗液檢測設備，如圖
4-46(a)。這設備可以同時檢測表皮溫度和汗液裡的汗液代謝物和電解質資訊，
並且用檢測到的溫度資訊來校準其他感測器的讀數。可穿戴汗液感測器是一種完
全整合的多工汗液感測系統，系統中柔性電路部分和感測器部分是可分離的，將
塑膠材料的感測器做爲與皮膚之間的介面，而軟性電路板上的矽晶片則執行複雜
的訊號處理，感測器工作時可以非常方便的通過柔性印刷電路連接器連接，如圖
4-46(b) 所示，此汗液感測器陣列包含兩種代謝物感測器 (偵測葡萄糖與乳酸)、
兩種電解質感測器 (偵測鈉離子與鉀)，以及一個皮膚溫度感測器。柔性塑膠上製
造的感測器電極部分的成本極低，因此可以在每一次運動測試汗水之前安裝新的
感測器電極。

七、體內追蹤感測器

　　麻省理工學院的電腦科學與人工智慧實驗室 (CSAIL) 發表的一項新技術，稱
作 Remix 系統，如圖 4-47，通過這項技術可以不依賴於內視鏡檢查和外科手術，
而是使用一個無線通訊微晶片値入身體內，利用發射無線電訊號來取得患者內的
微晶片無線電信號回應，並使用一種特殊的定位演算法來確定標記的確切位置。

　　此 Remix 系統又被描述爲人體 GPS 系統。該系統旨在允許攝取標記物在體
內的精確定位。這些感測器可能非常小，不需要電池提供電源，也不必自己製作
無線信號。ReMix 系統使用外部信號源製作無線電波，並結合可讀取微晶片的回
應訊號，系統可以經過定位計算，以釐米級精度跟蹤標記。ReMix 系統的一個主
要潛在用途是質子治療，其允許磁控制的質子束精確地靶向腫瘤。問題是質子治
療現在只適用於某些不能移動的癌症。使用 ReMix 系統，質子束可以即時精確地
轉向，保護健康組織，並使質子治療更廣泛地用於對抗癌症。

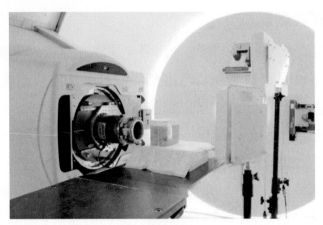

▲圖 4-47

　　近幾年許多新穎的醫療感測技術先後發表，如腫瘤奈米螢光感測器，可讓實體腫瘤燈泡被打開發出光亮，方便外科醫生在手術時能夠更好地看清腫瘤位置。也有可拉伸植入式應力應變感測器，專門用於肌腱損傷修復期的力學行為監測。另外可消化微型麥克風，可用來監聽心和肺部來進行心率和呼吸頻率的計算，可以提高治療創傷和慢性病患者的評估。還有血糖監測隱形眼鏡，無需外部無線供電的隱形眼鏡式持續型血糖監測等。

　　整體來看，未來智慧醫療朝向四個方向發展，也就是遠距醫療、經濟醫療、醫療生態圈與精準與預防醫療成為智慧醫療的主要發展動力，其發展核心就是降低客製化的醫療成本，提升個人的醫療服務品質。

　　未來遠距醫療是利用 5G 高速率、低時延與大規模物聯網的特性，打通醫療單位與病患之間的距離，同時也拉進各醫療單位之間聯繫，讓醫療資源分布不均之區域，能享有整體醫療資源。如遠端開刀，即是以高速的串流特性傳送畫面，讓遠端手術支援成為可能。而救護車也能運用 5G 的高速率與低遲延特性，提前將病患患部影像、生命體徵等數據傳送至醫院，使醫院急診醫師與護理師能將所需醫材及病歷提前準備好，提升緊急救護服務的品質。

經濟醫療大量運用人工智慧輔助醫療人員進行疾病預防與診斷。若再加上區塊鏈與雲端服務與機器人技術的導入,將可提升並整合現有的醫療資訊,進而提升醫院作業效率、成本、營利模式,達成「經濟醫療」的願景。

精準與預防醫療是以工智慧、機器學習與區塊鏈等技術為基礎,將患者個人基因、生理、環境與行為等醫療數據資料庫中進行分析學習與判斷,得到精準的預測病友的健康情況,在尚未發病之前進行精準預測疾病發生的風險機會,在高風險但尚未發病前,進行精準的預防醫療動作,大幅降低發病機會。例如運用病友的健康存摺中包含病歷資料與穿戴式裝置數據,結合人工智慧模型有效預測疾病發生風險,使醫療照護資源獲得更妥善的利用。

醫療生態圈是既有的醫療服務,結合前述提到的新興技術,更可從醫院延伸至病友的日常生活居家環境,建立「以消費者為導向的醫療照護」模式,如透過健康存摺與穿透式裝置數據掌握個人健康數據。又或者利用穿戴式裝置協助患者復健,實現遠距復健並即時檢測病患復健恢復的情況,加速病患康復的歷程。

各項醫療技術的發展,都是希望將智慧醫療市場持續推動增長,讓我們可以擁有以人為本的個人經濟的醫療服務。理想的智慧醫療目標無法一蹴可幾,必須藉由各產官學各領域的資源整合,各項醫療技術與服務漸進發展成熟,理想的智慧醫療的目標也將漸漸實現在我們的生活中。

1. Alexandra Samet, "Advertisers sell benefits of e-commerce on smart speakers – but it could be a lost cause in the U.S. market", INSIDER, Feb 8, 2020. https://www.businessinsider.com/advertisers-sell-benefits-ecommerce-smart-speakers-lost-cause

2. 林祐祺，"購買智慧家庭(智慧居家)產品八大陷阱與迷思？"，智慧家庭實驗室，2022/7/5。https://www.smarthomelab.tw/blog/q1?categoryId=298573

3. 林妍溱，"拜 Matter 標準之賜，Google Nest 將和蘋果 HomeKit 及 Amazon Echo 互通相容"，iThome，2021/05/22。https://www.ithome.com.tw/news/144583

4. 許桂芬，"2020 智慧家庭發展趨勢"，經濟部技術處，2020/04/01。https://www.moea.gov.tw/MNS/doit/industrytech/IndustryTech.aspx?menu_id=13545&it_id=288

5. Winnie Chen，"MR、AI 齊力助攻！一窺未來虛擬手術體驗"，未來商務，2020/11/14。https://fc.bnext.com.tw/articles/view/850?

6. 蕭菁菁，"特殊感測器協力運作 穿戴式裝置成貼身保健幫手"，DIGITIMES，2019/03/18。https://www.digitimes.com.tw/iot/article.asp?id=0000555263_NG31KPIP7QGSGV21AICZP

7. MEMS 陀螺儀 (gyroscope) 的工作原理。https://d1.amobbs.com/bbs_upload782111/files_40/ourdev_648858TAIT2K.pdf

8. Jill Duffy, "5 Wearables More Interesting Than the Apple Watch", PC Magazine, 2014/09/12. https://www.pcmag.com/news/5-wearables-more-interesting-than-the-apple-watch

9. Jaron Schneider, "This Swallowable Camera Can Take the Place of Traditional Colonoscopies", PetaPixel, 2022/02/04. https://petapixel.com/2022/02/04/this-swallowable-camera-can-take-the-place-of-traditional-colonoscopies/

5 工業物聯網

　　過去人類工業發展歷史，已經出現三次工業革命，第一次工業革命是工廠利用蒸氣機技術取代人力勞動。後來發電機的進步，工廠裡機器設備使用電力驅動，產生第二次工業革命。接著工廠進一步引進電腦與控制器等電子設備發展自動化工業，進入第三次工業革命。過去三次工業革命，每次革命都將工廠對機器設備的倚賴程度提高，同時也讓工廠的生產效率提高，大量生產的經濟模式為人們帶來富足的生活，但另一方面，因高度依賴機器設備使用程度，大幅削減勞工就業崗位，產生大規模的失業人口。而今物聯網技術在工業發展成為工業物聯網 (Industrial Internet of Things, IIoT)，進一步將人工智慧、機器學習、雲端計算與邊緣計算等技術整合，進一步發展智慧製造 (Smart Manufacturing)，也稱作是工業 4.0 (Industry 4.0)，並在工業中各面向衍生成智慧工廠、智慧生產、智慧物流、智慧服務與等相關技術發展與應用。工業 4.0 之意即表示工業正已經進行第四次工業革命，物聯網技術如何協助工業升級，這工業升級是否會影響就業情況，此章節將作初步介紹。

工業物聯網介紹

相關影片

　　近年來消費端在市場推陳出新速度加快，以致生產端面臨產品生命週縮短，同時有高精度的要求、少量多樣之高客製化需求，製造端面臨的挑戰不斷加大，加上少子化缺乏人力資源情況下，促使製業者需要更智慧化設備，才能具有面對與適應多元及多變市場環境的能力。隨著資通訊技術不斷的快速進步，現今製造業可藉由工業物聯網、人工智慧演算法、先進的感測技術、大數據分析等技術，將系統可控性及資料可視化，促使製造產業進一步邁入工業 4.0 智慧製造之發展。人工智慧技術之所以成為智慧製造的核心技術在於可以從大量原始數據中，自動提取關鍵特徵及製造業中規律性的模式，進而學習過往曾經發生過的錯誤，以提前作預測及預警，藉此不僅可降低停機時間、提升製程效率，也可適時的根據產線作調整。

　　物聯網概念大約是 90 年代開始逐漸發展，各單位努力把物聯網概念應用在各領域，同樣的許多廠商規劃把物聯網概念應用在工廠製造上，也就是工業物聯網，經過一段時間的探討與整理，智慧製造概念伴隨著「工業 4.0」一詞，最早為 2011 年 Bosch 與德國科學院在「漢諾威工業博覽會」共同提出，這樣的背景產生了智慧製造 (Wisdom Manufacturing, WM)，智慧製造是利用先進製造技術和物聯網、大數據、雲端計算、人工智慧 (AI) 等新一代的資訊技術，將生產過程的每一個環節都高度客製化／智慧化的先進製造模式，以適應快速變化的外部市場需求。過去的製造是追求自動化，特色是大量生產同類產品，智慧製造主要特色是要根據客戶需求快速客製化生產產品。

　　回顧過去工業製造發展變化，就可以發現智慧製造的產生與發展非常快速，如圖 5-1，工業發展歷史經歷三次工業革命，從蒸氣機引進開啟機械化工業 1.0 開始，當時產品的數量多，但種類少。再到運用電力運作生產的工業 2.0，往產品樣式少，而製造數量大為方向。接著透過 PLC/CNC 等控制器和機器手臂來提高自動化控制的工業 3.0，採用電子裝置及資訊技術自動化讓製造產品多樣同時提高產能。在這個階段已經有資料蒐集監控系統 (supervisory control and data acquisition, SCADA)，負責蒐集各式感測器資料或是生產現場資料與監控現場生產狀況。在生產線或廠區中，SCADA 主要的工作是監控，所蒐集到的現場資料，都會傳遞到 SCADA 系統上。SCADA 可以依據以往的歷史紀錄，訂定正常環境下的生產條件。因此當生產條件有所變動時，SCADA 會發出相關的警報訊息，而警報可以透過簡訊、通訊軟體及電子郵件方式通知管理者進行相對處理，並且記錄在記錄檔中。現階段的生產環境架構，其底層資料都是經由 SCADA 往上層傳遞，但是這樣的階層式架構，往往上傳的資料通常會比實際數據量少很多，對於後續要進行大數據分析或是人工智慧計算來說，資訊數量是嚴重不足的。今天此時正是進行工業第四次革命，因此工業物聯網則是串連物聯網 (internet of thing, IoT)、機聯網、雲端運算、大數據分析與人工智慧等技術達到高度自動化，能夠使生產環境具備自我感知、自我學習、自我決策、自我執行以及自我適應的能力。自我感知是蒐集自身機具及環境的資訊，自我學習在製造過程中蒐集的資訊理解與分析，自我決策能夠規劃自身行為與故障診斷。自我執行能夠自行執行所規劃的行為，並能對執行故障排除與維護。自我適應則是能夠依據生產需求，自行整合生產環境中的元件組成最佳生產系統結構。

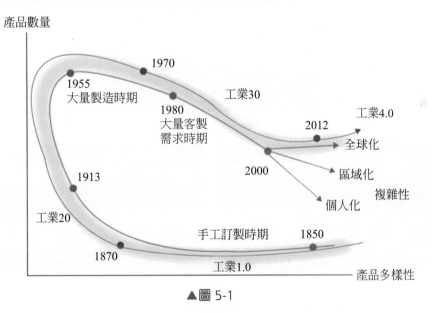

▲圖 5-1

　　為了方便說明，在此先利用一假想未來汽車產業範例，進一步瞭解智慧製造概念所帶來的價值，未來汽車產業如何利用物聯網技術改變汽車產業生態，改善汽車的製造，也改變我們開車習慣。圖 5-2(a) 上左圖是未來的交通道路上有各種車輛行走，5-2(a) 上右圖表示車輛中裝設許多感測器，採集目前車輛運作情況，5-2(a) 下圖說明著路上的行走的車輛與交通號誌中的感測器和感測晶片採集的資訊數據，透過無線通訊方式進行傳送。

圖 5-2(b) 左圖中表示著除了車輛中裝設傳感裝置進行傳送數據，有關車輛相關產業，如車輛生產工廠、車輛銷售與維修通路中所需要的機組、設備與元件中，都具有傳感器採集有用資訊並進行傳至遠端物聯網平台之資料庫。圖 5-2(b) 右圖中表示物聯網平台之資料庫中將收集之資訊整理分析並分享各種車輛產業相關應用情境。

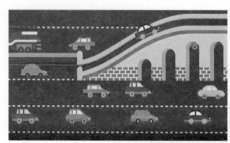

(a)

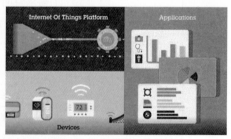

(b)

▲圖 5-2

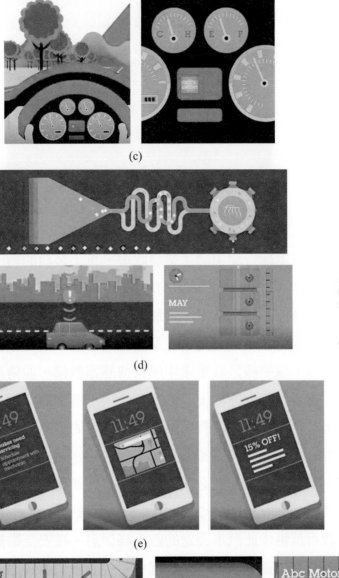

(c)

(d)

(e)

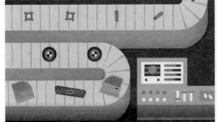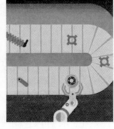

(f)

▲圖 5-2(續)

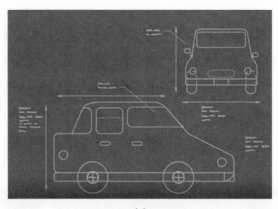

(g)

▲圖 5-2(續)

　　以下說明如果車輛行駛中發生突發狀況，車上裝設的傳感器設備，將以何種方式提供協助。圖 5-2(c) 中是車輛在長途行走後，儀表板上發動機警示燈亮，這警示燈表示發動機開始出現狀況，駕駛知道這警示燈需要讓機械師檢查車，但不確定目前的狀況是輕微，或者是情況緊急且需要立即前往維修廠檢查。此時，車中有一診斷總線，這總線是收集車中所有傳感器數據，並傳送至車中的暫時儲存數據的設備，車中有微處理器，利用特有的人工智慧演算程序將所有傳感器的資訊進行分類與診斷分析，並將有組織且值得參考的診斷數據利用無線行動通訊傳送，如圖 5-2(d) 左下圖。但必須強調，車輛在發送這些有組織的診斷數據之前，車中設備和車廠數據中心平台必須首先相互註冊並確認是安全通信，確保駕駛及車輛的資訊不會外洩，如圖 5-2(d) 上圖。車廠數據平台會不斷收集和存儲來自車廠數十或數百萬輛像此汽車發送的數千條信息，在安全數據平台中建立歷史記錄，如圖 5-2(d) 右下圖，同時車廠數據平台中心會使用快速人工智慧程序，檢視接收儲存的汽車訊息。

　　因此，當汽車發出經分析傳感器數據後判斷出製動液低於推薦水平，導致發動機的警告資訊時，車廠數據平台中心會在駕駛的汽車中觸發警示燈。同時，汽車製造商使用數據平台中心來創建維修專案，啟動管理解決車輛問題的應用程序，此應用程序可用於所有客戶在路上行駛的汽車。應用程序整合與分享汽車製造廠、維修廠、車輛維修零件倉庫、經銷商等客戶相關資訊。應用程序針對車輛目前遇到的問題進行規劃解決流程。應用程序根據目前駕駛汽車的數據，利用行動電話簡訊的方式為駕駛提供可預約時間請駕駛維修汽車，如圖 5-2(e) 左圖，同時也通知駕駛前往與目前駕車位置最近的認證維修車廠的路線，以及提供維修服務的優惠券，如圖 5-2(e) 中與右圖。同時，應用程序也會根據駕駛目前的車況，訂購正確的更換零件，然後將其發送到零件倉庫與維修廠，以便在駕駛到達時準備就緒，如圖 5-2(f)。在此特別提出來說明，未來生產製造汽車零件工廠是少量多樣的產線。進一步，汽車製造商會部署一個持續改善設計工程人工智慧應用程序，此應用程序會從數據中心平台上持續跟蹤分析所有車輛故障的資訊數據，尋找改善汽車本身設計和製造工藝的方法，如圖 5-2(g)。另外如果發現製動管路中的相同問題出現在大量其他汽車中，汽車製造商會針對此問題定制的應用程序來查明。

從此範例可以看到這汽車廠商將車輛設計、生產製造、銷售與維修等服務都利用傳感器進行數據採集，並將採集數據傳送至汽車廠商的數據中心平台，利用數據中心平台將車輛設計到銷售維修進行數據整合，汽車廠商可以從設計到銷售維修進行整合分析，達到簡化庫存管理降低成本，更貼近顧客的服務得到更廣的市場，製造商製造更好、更安全的汽車，更具競爭力的產品。對於車輛駕駛來說，這意味可以讓車子快速修復而得到安心駕乘，並安全地到達要前往的地方。

由上述介紹中，智慧製造基本上是由物聯網技術搭配人工智慧、雲計算等技術，應用於工業生產製造，但不同於過去的傳統生產製造，因為藉由物聯網技術將生產供應鏈的上中下游數據進行整合，因此可以將整體生產供應鏈進行監控分析與管理。智慧製造的優勢在廠商數據中心平台可藉由經銷商的客戶端資料取得當季產品需求量，根據需求分析原物料供給是否穩定，然後進行製造，因此製造商掌握產品供需平衡，同時可以評估產品獲利表現。另一方面，零件倉庫與顧客服務中得知產品問題與維修數據，可以進行產品調整，改善產品缺點，加強產品力。智慧製造可以減少傳統生產製造出現的供需不平衡與囤貨造成損失的風險，另一方面可以提升產品整體供需平衡，以及改善產品的能力。

過去傳統工廠，為了消化每日大量訂單，常常需要應付機台設備不預期的停機、材料供應不足、產線臨時調整等各種狀況。當導入工業物聯網技術後，工廠可以完全且即時掌握機台運轉資訊、設備損耗與保養排程、原物料庫存等。工廠產線調整相對容易，處理訂單的效率大幅提升，為企業創造利潤與競爭力。並且藉由產線各項分析、學習與判斷得到產線優化方法，藉由售後服務加值提升行銷整合，引領企業規模版圖更加托展。

工業物聯網技術就是透過各項資通訊網路技術，將工廠各項設備可彼此連接溝通，並相互分享資料，讓企業能有能力取得工廠各項現代自動化控制系統提供大量數據，同時提供操作人員具有遠程監控、診斷和管理設備的能力，即使分散在各地不同的工廠，也能將各地工廠系統提供的大量數據中，利用過去專家累積經驗法則，或者利用先進人工智慧技術，分析收集所有數據並進行各項分析，以提供各廠區各項設備更有效率的執行方式或解決方法。換言之，將生產設備及感測資料聯網，透過工業物聯網平台儲存與管理資料，並藉由人工智慧科技，運用平台的巨量資料開發智慧加值應用 (如設備預兆診斷、製程參數優化、最佳化彈性排程等)，優化產能，滿足大量客製化需求，讓工廠生產、製造、管理與銷售更智慧化，這也就是智慧製造或工業 4.0 核心技術。

值得一提的是，工業 4.0 並不是要拋棄目前工廠使用的自動化系統，而是在於將工業物聯網技術能夠與現有的自動化系統與企業計畫、排產和產品生命週期系統相聯與融合，達到更好的效率與成效。

5-2 工業物聯網架構

根據通用電氣 (GE) 對工業物聯網所提出的定義，工業物聯網就是透過感測網、網際網路、巨量資料收集及分析等技術整合，進而有效提高現有產業的生產效率並創造新商機。由於智慧製造的目標是建構出一個具有自我感知意識的生產環境，因此工業物聯網是網路實體系統和生產流程整合中不可或缺的部分。物聯網能夠即時收集自各式感應器和生產機具所產生的數據，經過人工智慧分析可以協助工業生產設備和基礎設施進行決策，預測即時精準生產或調度現有資源提升效率，並且可以減少多餘成本提升利潤，可以進一步地改善並自動化先前工業革命無法處理的任務。

在工業物聯網所架構的環境中，透過機器至機器 (machine to machine, M2M)
的通訊，機器可以與其他機器、物件和資通訊基礎設施等進行互動和通訊，過程
中產生龐大數據，要將這些數據經過處理和分析後運用於工廠管理和控制的最佳
化，進一步工業製造業升級，是工業 4.0 及智慧製造核心關鍵。工業物聯網架構
如圖 5-3 所示。

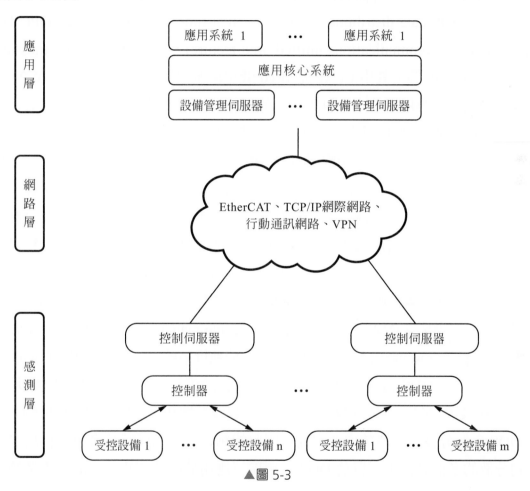

▲圖 5-3

工業物聯網是將工業各項設備彼此相連的網際網路，利用各種無線和有線通
訊網路等將感測器或工廠設備數據傳送到各個地點，彼此傳遞距離甚至可跨越國
際，能讓這數據藉由網路通訊順利成功傳遞，通訊環境與通訊協定標準技術扮演
重要腳色。目前常見的通訊協定標準有乙太網路 (ethernet)、Wi-Fi、3G、4G、
Bluetooth、ZigBee、RFID、NFC 等。過去長久以來工業乙太網路使用的通訊
協定，大致上取決於傳統控制系統大廠，如三菱電機 (Mitsubishi) 採用 CC-Link

IE、洛克威爾自動化 (Rockwell Automation) 採用 EtherNet/IP、西門子 (Siemens) 採用 Profinet 等。隨著通訊技術的成熟，近些年來工業界已經越來越多廠商開始支援開放工業通訊標準，開放式工業通訊標準能夠更容易讓各種控制器、感測器及其他裝置具備聯網通訊能力。已經發展成熟的開放工業通訊協定標準的有，CoAP(constrained application protocol)、MQTT(message queuing telemetry transport)、DDS(data distribution service for real-time systems)、以及 OPC UA (open platform communications unified architecture)、AMQP(advanced message queuing protocol) 等。其中 CoAP 是 IPv6 低功率無線個人區域網路 (6LoWPAN) 無線感測網路的應用層協定，具備較小的封包標頭，並建立在 UDP 協定之上，因此適合於感測節點進行網路傳輸，由於其低功率 IP 節點與大型網狀網路等特質，這項技術相當適合物聯網應用。CoAP 協定支持非同步通訊，感測節點可以具備休眠 / 喚醒機制，只有需要工作時才喚醒以節省能源消耗。MQTT 是專為受限於設備和低頻寬、高延遲或不可靠的網絡而設計的輕量級通訊協定。其設計目的適用於處理器資源需求低及網路頻寬有限的物聯網裝置，並確保傳輸過程具有一定程度可靠性。也由於 MQTT 的低頻寬與耗電量小特性，因此成為連接設備，如機器對機器或物聯網應用中非常重要的理想選擇。AMQP 是一個主要用於生產管理系統，如產品生命周期管理 (product lifecycle management, PLM)，企業資源計劃 (enterprise resource planning, ERP)，製造執行系統等，相互交換資料的開放網路通訊協定。DDS 為適用於即時系統的資料分佈服務，適用於分散式的環境。DDS 支援裝置之間的資料分發和裝置控制，以及裝置和雲端環境的資料傳輸。由於 DDS 資料分發的即時效率非常高，因此能夠在數秒內同時分發超過百萬條訊息到分散的多個裝置上。目前 DDS 已經廣泛應用於國防軍事、民航、工業控制等領域。

通訊協定是定義了裝置 / 設備的資料傳輸格式與運作方式，是通訊與控制的標準，有了通訊協定才能夠讓各個設備間能互相通訊順利。OPC 是工業自動化領域和其他行業中安全可靠的數據交換的互操作性標準，OPC 基金會提倡其所提出的 OPC 統一架構 (OPC unified architecture, OPC UA) 通訊標準，用以規範資料交換的安全性、可信賴的多廠品牌機器設備、跨多種平台與感測器等相關通訊標準。由於 OPC UA 的彈性非常高，它能夠搭配各種傳輸協定以符合生產現場應用。

如在子網路與區域網路環境中，OPC UA 傳輸層偏好搭配 UDP(user datagram protocol)。在雲端環境或廣域網路，則搭配 AMQP 或 MQTT 可以達到最佳效果。透過 OPC UA 可以整合現場端數據到雲端環境中。

　　另一個重要的開放式架構是乙太網控制自動化技術 (EtherCAT)。EtherCAT 是一個以工業乙太網路為基礎的高性能且低成本的現場總線系統，目的是透過乙太網路可以實作出高效致動器技術或感測器的控制系統。目前 EtherCAT 已經應用在包裝機、射出成形機、快速壓床、電腦數值控制 (CNC) 加工中心機、機器人和液壓調節等控制系統中。由於 EtherCAT 可以提供機器生產設備與現場管理系統穩定且即時的通訊效率，尤其在智慧製造應用中已經逐步取代傳統自動化控制現場匯流排系統。

　　近年來工業物聯網技術的發展迅速，透過工業物聯網收集與分析生產環境相關數據，進而依據數據分析後的結果改善生產線運作方式。如透過收集在生產設備上所安裝之感測器的數據，可得知機器即時運轉狀況，便可以監測或預測機器何時需要保養，避免損壞導致停工造成的損失。工業物聯網技術中，通訊技術是工業物聯網非常重要的一環，目前許多廠商與組織大力推展工業物聯網相關通訊標準規範，以期能夠有容易建置、成本低及可以通用的技術，將生產器具及新舊機台可以整合且互相通訊。在工廠設備情境應用中收集的數據，必須透過分析才能變成有用的生產知識。因此人工智慧在工業物聯網應用方面扮演著舉足輕重的重要角色，也是未來智慧製造應用的必要元素。隨著人工智慧技術越來越成熟，工業物聯網結合人工智慧後所帶來的效益，將造成爆發性的成長。

5-3 智慧製造

相關影片

　　前章節提到第三次工業革命則是開始進入生產自動化與精準化時代，採用電子裝置及資訊技術來提高產能。在這個階段已經有資料蒐集與監控系統 (SCADA)，負責蒐集各式感測器資料或是生產現場資料與監控現場生產狀況。在第四次工業革命是發展智慧製造，智慧製造技術中除了延續使用資料蒐集與監控系統，進一步串聯物聯網、機聯網、廠聯網、雲端運算、大數據分析與人工智慧等技術，讓產業達到高度自動化，同時使生產環境具備自我感知、自我學習、自我決策、自我執行以及自我適應等能力。自我感知是蒐集自身機具以及環境的資訊，自我學習在製造過程中蒐集的資訊理解與分析，自我決策能夠規劃自身行為與故障診斷，自我執行能夠自行執行所規劃的行為，並能對執行故障排除與維護，自我適應則是能夠依據生產需求，自行整合生產環境中的元件組成最佳生產系統結構。智慧製造簡易結構圖如圖 5-4 所示。

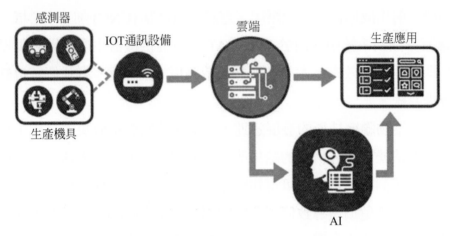

▲圖 5-4

　　在智慧製造過程的各個環節藉由工業物聯網技術的深度整合與融合而成。目前各領域製造產業，如食品製造業、紡織業、機械業、自行車業、工具機業等，正積極利用智慧製造概念與技術各產業進行升級，從工業供應鏈結構可將智慧製造技術分類智慧工廠、智慧生產、智慧物流、智慧服務等技術，如圖 5-5。

　　智慧工廠的主要核心價值在於生產資料整合與管理，將工廠內機器設備導入連線管理功能，並透過相關生產管理系統將所蒐集之設備資料 (訊息) 回饋，達到即時了解生產機台狀況，掌握產品生命週期以及確保產品品質，進一步藉由專家經驗或者人工智慧將生產智慧化。所以智慧工廠是主要將生產系統及過程智慧化，以網路連結生產設施，人機協作、提高效能。智慧工廠最重要的目標，是「批量一件也可以做」的高度客製化需求，要達到此目標，仰賴邊際運算、人工智慧、數據分析、感測系統等技術，例如企業資源規劃 (Enterprise Resource Planning, ERP)、製造執行系統 (Manufacturing Execution System, MES) 等系統架構，結合網路連結機器設備與人力，並配合人工智慧、邊際運算與數據分析輔助，讓製造流程最優化，將傳統工廠從「自動化」中數位轉型。

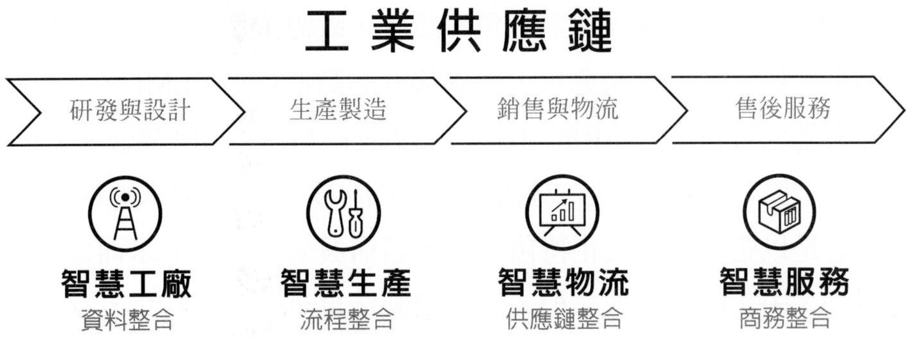

工 業 供 應 鏈

▲圖 5-5

　　智慧生產是應用網路、感測等技術，分析數據後建立一個從原物料、產品製造、企業經營、包裝配送等自動化供應鏈。讓企業提升整體生產物流管理、人機互動以及 3D 影像虛實整合技術的生產應用能力。此項目特別注重中小企業，讓中小企業從智慧生產技術中受益，進一步成為工業生產技術的創造者和供應者。智慧生產主要核心價值在於生產流程整合，透過企業內部從設計、規劃到生產的即時垂直資訊整合，促使人力、能源、資源使用最佳化以及彈性產線配置，進而達到企業內部數位化垂直整合，具備高度彈性能力，快速回應市場需求之效益。

　　智慧物流是以資訊技術為基礎，在物流過程中的運輸、倉儲、包裝、搬運、加工、配送等環節，建立感測系統，分析資訊、即時調整，也通過網際網路、物聯網、物流網，整合物流資源，充分發揮現有物流資源供應方的效率，不僅降低成本，也讓買方能夠即時獲得訂購商品，符合網路發展浪潮，讓物流業自動化、網路化、可視化、即時化，實現物流規整智慧、發現智慧、創新智慧和系統智慧的目標，有利於降低物流成本、控制風險，進而達到提高環保效益與配送效率的效果。智慧物流主要核心價值在於上中下游供應鏈整合，促進供應鏈資訊的透明度與水平整合，使供應鏈利害關係人從存貨入庫、生產到最終出貨都能隨時隨地監控產品狀況，並提供即時回饋，達到跨企業數位化水平整合，上到下游供應鏈透明化管理。智慧服務主要核心價值在於商務整合，將產品鑲入物聯網感應裝置，並透過即時分析技術，來預測顧客的需求與提供客製化的服務，創造新的獲利來源，達到客制化服務，讓企業創新獲利。

　　智慧製造發展很重要的特色就是資料數位化，涵蓋所有工廠生產流程。工廠數據可直接轉化到生產過程中，生產信息也可用來提升研發及生產流程。因此將產品及產品生命周期的大量數據都整合進管理數據庫中。數位化生產流程所有環節可隨時進行測試，並根據需求進行重新設計，故需透過創新穩定的軟體工具。產品生命周期與研發周期愈來愈短，原本獨立的數據島如 PLM(產品生命週期管理)、MES(製造執行系統)、ERP(企業資源規劃)、SCM(供應鏈管理) 需要融合，且智慧聯網打破原有疆界下，形成對數據資料庫不斷提升的要求與挑戰。

　　智慧製造是以企業自有文化特色、產業結構與未來發展需求而進行客製化制定，並無單一、固定的模式或樣板，但智慧製造具有的共通特色，就是打破過去既有對製造業的認識與想像，發展出更智慧化的製造模式。目前製造產業正在以服務能力、資訊數位能力、橫向與縱向整合能力，重新打造製造業價值鏈，從研發設計、製造、銷售到服務的全環節，帶入資通訊、新世代高速網路、物聯網、人工智慧、機器學習、行動裝置、大數據、雲端計算與邊緣計算等技術整合，提升營運效率、降低整體生產成本，以提升獲利空間，才能拓展全球市場與客群，同時能提升產能稼動率與整體產值，進一步吸引全球人才與投資經費，形成正向循環。

相關影片

5-4　智慧工廠

　　智慧工廠是屬於最上層的管理階層，簡單來講就是通過互聯網將所有設備連結成網路，並且實現對設備的即時監控與調整。工廠通過將設備聯網，將製造執行系統與工廠的設備進行連結，以此達到使工廠整體的生產流程更加靈活的目的，從而成為 "智慧工廠" 的行列。

　　如圖 5-6 是智慧工廠包含工廠運營管理的五個方面，包含製造資源控制、現場執行監管、物流過程管控、生產執行跟蹤、質量工作監督，透過對 MES、QMS(品質管理系統)、ERP、SCM 等系統的整合及對自動化裝置感測器資料的對接，打造企業的智慧工廠管理平臺，實現製造管理的統一化與數字化。

5-4-1　製造資源控制

　　製造資源控制主要是指對製造過程中的人、機、料等相關生產資源的管理。涉及對物料清單 (Bill Of Material, BOM 單) 的自動生成、原材料及輔料的領用、半成品與線邊倉的管理、成品的投入產出情況等，需要對物料齊套率、物料損耗比率、半成品週轉、投入產出比、回收率等指標進行監控與分析，確保製造資源及時到位、高效流轉、降損再造；裝置效率對製造資源的影響巨大，應從裝置巡檢、故障管理、備件管理、技術檔案等四個方面進行管控，利用電子掃碼技術實現一物一碼、一人一碼的管理模式，打造企業裝置全流程精準管理系統；自動化技術的發展促進了無人工廠的誕生，但是無人工廠的侷限性很大，很多企業並不適合，所以目前來看，人員還是製造資源的核心之一，結合工藝流程改進、生產計劃排程、人員排班管理，可達到最佳化生產效率、維持生產節拍的目的。

▲圖 5-6

5-4-2 現場執行監管

　　現場執行監管是針對工廠廠區的整理 (Seiri)、整頓 (Seiton)、清掃 (Seiso)、清潔 (Seike)、素養 (Shitsuke)、安全 (safety) 和速度 / 節約 (speed/saving) 等管理 (統稱工廠現場 7s 管理)，進行的數字化改造。一方面利用基於感測器建立的資料即時採集系統完成對生產現場環境資料的採集、裝置執行引數與狀態資料的採集、流水線作業關鍵崗位產能資料的採集，解決原本 7S 管理資料採集的滯後性與人工採集帶來誤差的問題；另一方面利用影片監控以及影像識別技術實現對裝置停機、傳送帶卡料、產品積壓、員工離崗等異常情況的預警推送，作為 7S 管理評分的有力依據；最後透過商業智慧工具對接生產系統資料以及上述採集到的資料，進行多維度對比分析，輔助生產管理者進行有效決策。

5-4-3 物流過程管控

物流過程管控包含供應商發貨、工廠內部週轉、客戶發貨三個環節。利用車聯網技術與大資料處理技術將物流車輛的實時地理位置與行車軌跡資料進行實時採集，完成對供應商和客戶兩個環節的物流過程管控；利用無人搬運車(Automated Guided Vehicle, AGV) 或自主移動機器人 (Autonomous Mobile Robot, AMR)，如圖 5-7，實現物料自動領用、半成品自動週轉、成品自動入庫，打造無人分揀、智慧搬運的智慧倉儲作業系統，大大提高了工廠內部物流的週轉效率。

▲圖 5-7

5-4-4 生產執行跟蹤

生產執行跟蹤是指對生產計劃執行過程的即時監控以及對執行結果的管理決策，結合 MES 系統與商業智慧工具，讓各層級管理人員能夠隨時瞭解生產動態，包括出勤情況、計劃生產進度、計劃完成率及效率等，實現生產異常線上分析和閉環跟進，最佳化資料提取及分析模式，減負賦能，提前管理，建立問題找人，分層管理機制。

5-4-5 質量工作監督

質量工作監督這套流程涵蓋來料品質管控、製程品質管控、出貨品質管控三個環節，從質量策劃、質量檢驗、質量保證、質量監督、質量改善、質量服務、體系和流程等七個方面重點建設，利用編碼技術實現產品和物料的批次管控，減少因批次質量問題帶來的成本損失，同時用 SPC 方法分析工序過程能力與質量管控水平，確保產品質量保持在合理的範圍內波動。

在智慧工廠的建設過程中，不同的業務活動衍生出不同的資訊化功能需求，而不同的功能需求又促生不同新技術的發展，業務、功能與技術的結合形成智慧工廠的應用場景。

5-5 智慧生產

過去傳統生產排程往往依照人工經驗法則，訂單先來先做，難以發揮最好效能，像高科技產業的昂貴機台，產線只要閒置下來，就代表工具機台設備折舊損失，如何提高機台稼動率，在旺季接更多單，並準時出貨，就是一門學問，以高能耗產業為例，就要考慮把工作安排在用電離峰，或是同質性產品一起生產，減少個別耗能，藉此壓低製造成本。在智慧生產中，生產排程是利用人工智慧 (AI)，匯集工廠裡如 MES、ERP 等異質系統的大數據，全面性分析動輒數百萬筆的資料，找出最佳資源配置。智慧排程運用在高科技光電產線中，可順利增加 1.5% 的產能規劃，同時縮短 10% 以上的排程計算時間。在鋼鐵業上，則率先應用瓶頸站點的排程派工，成功提升 7% 的目標重量達成率，並透過將產品集中分群生產的方式，減少 8% 的能耗。工研院也透過資料驗證工具，能自動判斷個別資料表之間的關聯性，列出有所缺漏的部分，讓高科技廠可針對 14 種常見資料面的問題，請工廠在提供資料前先行驗證，大幅減少近 25% 的資料排查問題時間。

在現今製造業的供應鏈體系中，當任一環節有所延誤時，將會造成後續環節的生產供應關係中斷，面對同業競爭激烈、效率至上的時代，如果公司沒辦法即時掌握生產流程資訊，就無法跟上需求市場的腳步，且公司發現，在智慧製造風潮帶動下，機械加工產業的生產流程之排程需求作業，至多僅能達到自動化排程系統，尚未做到生產智慧排程系統，且目前市面上亦尚無為機械加工業的生產排程之車銑、鑽孔、切削、研磨等複雜且多道多工序而設計的生產智慧排程系統，公司掌握關鍵技術並著手開發及設計人工智慧演算法，經由應用、規劃與成功開

發之經驗及案例，建構符合使用者需求的智慧生產線排程系統，開發前期已透過
國內的最大料管公司，蒐集機械加工業相關情資，並研擬出製程結合人工智慧應
用之解決方案，採用多工多目標智慧排程系統之創新，藉由多設計 2 ～ 3 個演算
法 / 數學式，SPT + EDD 法則，做成多個演算法模組，來排除及因應各種狀況或
突發事件可能影響排程最佳化之因素，例如廠日曆、機台群組等，以達成訂單交
期準時為最終總目標。

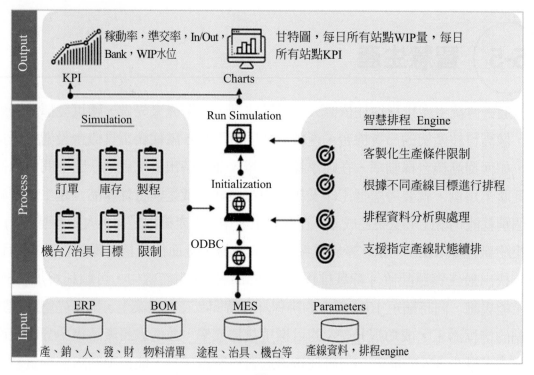

▲圖 5-8

　　如圖 5-8 是工研院提出的人工智慧樹狀搜尋生產排程技術，基於訂單、庫存、
製程等產線動態資訊，並滿足生產條件限制下，有效安排訂單在適當時間使用治
具與機台，進行生產，以提升訂單準交率和機台稼動率。此技術可以根據生產資
訊 (如 WIP) 與條件限制 (如治具限制)，進行產線排程派工，兼具 Dispatching
Rule 求解快速的優點和優化機制，透過在求取排程解的 Exploitation 過程中，適
度的加入 Exploration 因子，使得排程解可以跳開 Local Optimal，提高找到更接
近 Global Optimal 的機會。相較於過去人工排程提升全產線稼動產出 3.3%，評估

可增加單廠一年近千萬元營收。再以傳產導入人工智慧樹狀搜尋生產排程為例，應用在鋼鐵產線，可減少加熱站點能耗達 8.7%，落實工廠綠能轉型；於製藥產線應用，則可增加 10% 的產能規劃，提升旺季接單能力，估計月營收增加 800 萬以上。

5-6 智慧物流

相關影片 1

相關影片 2

　　根據諮詢機構灼識諮詢有限公司 (China Insights Consultancy, CIC) 的報告，臺灣平均每人每年在網路購物上的支出從 2015 年的 24,700 元增加到 2017 年的 29,400 元，成長了超過 19%，而 CIC 更估計，這個數字在 2022 年時會提升到 49,900 元。藉由網路進行商業行為的電子商務市場快速成長，讓物流業蓬勃發展，大量的運貨量造成物流業運作的壓力，也讓物流產業不得不尋思新的營運模式，透過智慧物流技術的引進來處理更大量的配送需求。智慧物流逐漸成為各大產業升級的關鍵，或許我們該問的是：智慧物流究竟有什麼樣的應用方式？它又能如何解決在配送上既有的難題？《數位時代》訪問三間在智慧物流領域中領跑的先行臺灣企業，看他們如何透過新技術，來改變人們對傳統物流產業的想像。

　　智慧物流是將資訊、通訊的技術應用在物流產業，主要體現採購、運輸、倉儲、配送等各物流環節的資訊化運作，整合供應鏈的物流、金流與資訊流，實現供應鏈上游到下游的全流程資訊共享，並透過，透過各種傳感器、RFID 技術、GPS 系統和自動化物流設備等，實現物流的自動化、可視化與智慧化。再透過「前店後廠」的管理模式，串聯鄰近的生產基地，提供 B2B 與 B2C 電商業者低成本、高效益的物流服務，進而增加商品流暢度及附加價值。總得來說，「智慧物流」就是在 IT 資訊系統的控制之下，串連起物流系統的各個環節，使得系統可以全面感知整個物流進程，便於及時處理各類突發問題並能夠進行必要的自主調整。

　　智慧物流的發展，可以分為三個階段：數位化階段、物聯化階段和智慧化階段。數位化和物聯化階段主要涉及的技術有大數據分析、數位化平臺及 SaaS 解決方案。最新的智慧物流趨勢是往智慧化階段過渡，也就是在物聯網基礎上結合人工智慧。主要涉及機器人、區塊鏈技術、3D 列印與擴增實境 (AR) 的應用。

智慧物流基本功能有感知功能、分析功能、優化決策功能、系統整合功能與即時反饋功能。感知功能是在物品運輸、倉儲、包裝、裝卸搬運、配送等過程中利用各種感測技術獲取各個環節的大量資訊，實現實時數據收集，能準確掌握貨物、車輛和倉庫等資訊。分析功能是將蒐集的資訊利用有線網路或無線網路傳輸到數據中心，建立強大的資料庫，再運用對應適合的演算法分析工具分析物流問題。在運行中系統會自行調用原有經驗數據，隨時發現物流作業活動中的漏洞或者有問題的環節。優化決策功能是根據不同的情況評估成本、時間、品質、服務標準，根據數據庫數據進行預測分析，進而提出最合理、有效的解決方案，使做出的決策更加的準確、科學化。系統整合功能是將各個環節各自獨立的物流運作環節進行整合，讓各個環節都能相互聯繫、互通有無，並共用分享數據且優化資源配置的系統，為物流各個環節提供最強大的系統支持，使得各環節協調合作。即時反饋功能是提供一個具有即時更新功能的系統。系統發現問題時會做即時反饋修正，為物流業者瞭解物流運行情況，並即時解決系統問題，讓系統具有運作順利地的保障。隨著人工智慧技術、自動化技術、資訊科技的發展，讓智慧物流的智慧化程度會不斷提高，也讓物流傳送效率提高。

　　根據上述智慧物流基本功能介紹為基礎，建立的智慧物流架構如圖 5-9，此架構包含技術層、決策層與應用層。具體來看，包括技術層是提供基礎功能支持，決策層是確立分析與智慧模式，應用層是呈現具體物流發展形態。以下各層進一步介紹。

　　技術層是以各種資料採集技術為基礎，數據感知採集是「智慧物流」技術層的主要目的，尤其是對關鍵數據的獲取，包括人(消費者)、貨(物流)、場(地理)等方面，據此將物品資訊，進行數位化處理，採用衛星定位和 RFID 等技術，獲取車輛及其物流配送過程的即時數據和動態資訊，以及貨物位置、狀態等配送環節的資訊。智慧流通基礎設施建設，是「智慧物流」技術層的支撐，包括物流基地、分撥中心、公共配送中心、末端配送網點等建設，同時流通基礎設施資訊化，改造力度的加大，為「智慧物流」的實現和發展，提供有效保障與可靠度。物聯網、物流雲與自動化是「智慧物流」技術層的核心，新技術的運用及倉儲、配送和客服等環節自動化的實現，有助於物流領域生產 / 銷售 / 流通的自動化及管理。

決策層是透過技術層獲取和傳導的數據，要將其連接起來，並進一步打通，這就需要有基本的算法模型 (人工智慧)、基本的基礎協議和標準 (標準規則)，以及基本的行業判斷、競爭策略和發展定位 (綜合平台)。決策平台的建構，數據挖掘和資訊處理等技術，在物流管理和配送系統的應用，對客戶需求、商品庫存、物流數據等資訊 / 數據的分析，一方面能夠計算並決策最佳倉儲位置及配送路徑，另一方面能夠實現物流儲存和配送決策的智慧化。此外決策層的作用，還在於對貨物進行定位和追蹤管理，並即時地將物流運行狀態資訊，反饋給客戶與管理者，從而可以追溯物品產地等生產及流通資訊。

應用層是「智慧物流」由概念走向實踐的手段，需要政府、產業界和研究機構等多方主體共同推動。現階段的應用或趨勢表現方式幾個方式。第一種是多式聯運，利用公路、鐵路、河運、海運與空運整合進行聯合搬運。第二種方式是車貨匹配，例如用戶透過智慧手機應用軟體 (APP)，可以一鍵呼叫到在平台註冊的附近貨車，完成同城即時貨運，享受高效、專業、優質的服務。第三種是末端共享，例如在快遞物流業內，出現的第三方代收平台共享、智慧快遞櫃共享，與共同配送等模式，例如郵局 i 郵箱。第四種是智慧倉儲，例如臺灣永聯物流開發採用「業務＋倉儲＋技術」，三位一體化的零售倉儲體系管控模式，圍繞零售場景的多元化建構多種倉儲形式，以滿足各電商 (如 PChome)、零售商 (如全家便利商店) 和品牌商等多類型的業務需求。

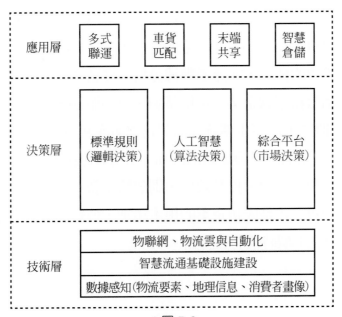

▲圖 5-9

5-7 智慧服務

一般智慧服務是指個人或組織運用智慧創新為其他人或組織提供的各項服務。在這裡，智慧是指利用各項資通訊的技術整合，針對他人或組織的需求項目創造的服務模式，因此智慧是指服務所需的技術或工具，也可以是服務的內容。智慧服務的內容廣泛，根據不同應用領域需求創造出的服務項目，應用領域可能包含工程、商務策劃、科研、教育、培訓、咨詢、廣告、新聞、法律、財務、設計、程式開發等各類服務。

針對智慧工業物聯網產業鏈中的智慧服務，是針對工業物聯網產業鏈中產出的商品，將產品中嵌入相關的感應器進行資料採集，透過快速即時的分析學習技術，並結合商業模式與商務策畫進行整合，從顧客在使用產品過程中，發現與預測使用者的使用習慣與使用需求，針對顧客需求進而提供高客製化服務，創造企業獨有的獲利模式。

就如 5-1 章節中舉例的未來汽車產業，將汽車中裝設許多感測器，並將採集的感測資料藉由網路傳至汽車企業的雲端資料庫進行分析，如果汽車出現問題，感測器立即將感測汽車問題資訊傳回車廠所屬雲端伺服器分析，並主動安排維修物料與通知使用者到指定鄰近企業所屬的維修廠進行針對顧客需求的客製化檢修服務。

另外以輪胎製造商為例，原本廠商僅提供輪胎修繕的服務，結合物聯網之後，在其商品內崁入 RFID，擷取輪胎消耗與使用狀況的相關數據，追蹤油料消耗、車輛耗損、CO_2 排放的情況，並透過數據分析，建議駕駛合適的行車方式，搖身轉型成車輛、輪胎服務諮詢企業，提供諮詢、改善服務，並增加本業獲利與幫助宣傳獲利機會，如圖 5-10。原本傳統輪胎製造讓廠商利用感測器擷取輪胎數據後，提升為智慧輪胎製造廠商，並發展新的服務，利用數據找出以往未能解決的問題。若僅將新科技放在預防問題、提升效能，則忽略了智慧製造的龐大潛力。在數位時代，破壞式的創新，才是成功企業的根本精神，傳統的製造業應該搭配這波產業升級，找出自己在下個時代的致勝點。

駕駛人員想更精確
地掌握車輪狀況

車輛擁有者

智慧裝置傳感器

透過傳感器擷取輪胎
的使用狀況及效能相
關數據

相關駕駛建議與洞見將會
提供給駕駛人員來減少油
量的消耗及提升效能

資料分析查詢入口

裝置互聯性

藉由進階的分析技術來
評估輪胎效能，進而識
別可能的駕駛改善方案

資料存儲   資料分析
雲端

收集到的數據將自
動回傳至輪胎製造
業者的雲端系統

▲圖 5-10

5-8　工業物聯網趨勢

　　據媒體報導，3D 列印技術、高速 5G 行動通訊技術、邊緣運算技術、高度自動化關燈工廠、數位分身、虛實整合技術與元宇宙 (metaverse)、預測式維護、機器人與協作機器人、智慧永續服務，將是促成製造業轉型工業物聯網的趨勢，以下分別介紹與討論。

5-8-1 3D 列印技術

　　3D 列印技術快速發展，逐漸具備未來趨勢的前瞻智慧製造技術的趨勢。隨著 3D 列印關鍵技術的克服，從過去被稱為快速成型 (rapid prototyping) 及快速製造 (rapid manufacturing) 少量多樣的特性，已逐漸發展成部分或全面的直接數位製造 (direct digital manufacturing)，實現少樣多樣的製造模式，提升工作效率，縮短產品上市時間，具有兼具製造靈活性與品質的特性。

3D 列印技術，簡單說可以想像成一般印表機列印出平片的圖案，然後在列印圖案的位置持續重複列印，因為列印材料具有累積堆疊的特性，因此在圖案重複列印會將列印材料逐漸累積堆疊，漸漸將圖樣呈現出立體 3D 的圖案。因此 3D 列印機就像是紙張一層層的堆疊形成 3D 立體的形狀，只是墨水替換為可固化的材質。3D 列印技術的正名為積層製造 (Additive Manufacturing, AM)，常見用途除了製作模型、公仔之外，對科技的發展更帶來很大突破，比傳統的零件製造速度更快、成品也更精細。3D 列印技術主要的優點有滿足少量多樣化製程要求、減少資源即材料浪費、廣泛的應用領域以及突出的技術經濟效益。

此技術應用廣泛，使用的材料從塑膠到金屬擴展產業的應用範圍，使 3D 列印技術不再侷限於模型打樣與翻模鑄造，可直接製作功能性的產品或零組件，應用在汽車、航太、醫療器材與建築等工業領域，未來 3D 印成技術的實用性與應用範圍將快速增加。

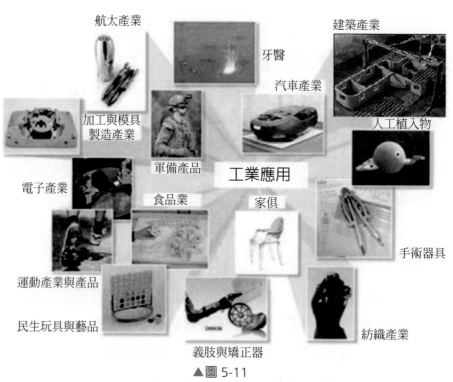

▲圖 5-11

5-8-2 高速 5G 行動通訊技術

無線通訊傳輸技術應用於工廠優勢在於能夠解除固定線路帶來的限制，讓機台或需傳輸資料的裝置能夠隨產線轉換而彈性調整或是根據不同任務進行移動。但實際的應用中，工廠在規劃或選擇機台通訊技術時仍須評估自身的需求及應用情境，包含環境安全性、抗干擾性、防爆性等需求，以及訊號傳輸要求傳輸速度、延遲性、連結裝置數量等需求，最後市通訊技術的建置與維護成本等考量。

5G 通訊技術具有超高頻寬與高速 (Enhanced Mobile Broadband, eMBB)、超高可靠度與低延遲 (Ultra-reliable and Low Latency Communication, uRLCC)，以及大規模通訊 (Massive Machine Type Communication, mMTC) 三大特性，其中高可靠度與低延遲及大規模通訊的特性對於工業物聯網有相當大的助益，可以滿足工廠內日益增長的資料量及智慧科技與感測器數量。根據報導，生產現場的連線需求為超高可靠度與超低延遲 (10ms 以下)，以往無線網路技術無法滿足規模化的作業需求與許多物聯網 (IoT) 應用，因此都是採用有線網路，如今 5G URLLC 與移動 / 多存取邊緣運算 (MEC) 可望成為實現工業 4.0 (Industry 4.0) 先進自動化與數位化及智慧工廠的關鍵之一。且 5G 是無線傳輸，免除線路的束縛後將會引發更多潛在的應用，並和其他未來許多的先進技術如虛擬實境、邊緣運算與機器人等技術應用整合，快速帶動工廠技術升級，快速提升企業生產效率與企業獲益。

5-8-3 邊緣運算技術

第二章有簡單介紹邊緣運算 (Edge Computing)，邊緣運算是一種分佈式網路架構，讓數據可以在更接近其來源的地方進行處理和分析，將運算、儲存和網路頻寬等資源移到盡可能靠近用戶 (或端點) 的位置，來減輕頻寬限制並減少數據誤差與傳送延遲。

根據 Frost & Sullivan 最新的研究顯示，工業企業 (Industrial enterprises) 紛紛轉向邊緣運算，以達到節省網路頻寬、促進營運安全、提升數據傳輸效率及降低組織成本等目的，邊緣運算可望成為一種「基礎技術」，2022 年將有高達 90%

的工業企業採用。預計多接取邊緣運算 (Multi-access Edge Computing, MEC) 市場將達到 157.4% 的年複合成長率，年營收將從 2019 年的 6410 萬美元爆增至到 2024 年的 72.3 億美元。

　　過去傳統工廠，要轉型到智慧化工廠過程中，將面對如何將廠區製造過程產生的數據可視化，又如何透過工業物聯網方案與工廠設備連接甚為關鍵，總體而言目前存在主要有四項課題待解決：

1. 老舊設備連結問題：一般中小企業所使用的生產設備使用年限都相當久，老舊設備的控制器可能不具備與系統連結的通訊能力或是接口，甚至有些設備沒有控制器。

2. 營運科技 (operational technology, OT) 與資訊科技 (information technology, IT)：OT 系統主要需連結製造現場中的所有設備與機台，此系統的非常封閉且各電控領導廠商皆有自己的自訂協議，不同協議無法直接相連結需要透過專業的轉換器做橋接。IT 系統則應用於管理端，通常以一般通用的網路技術做開發，但需有深厚的產業知識做功能規劃。IT 與 OT 都各有其通訊技術且兩者並不相容，但工業物聯網的核心價值讓 OT 與 IT 兩大系統間的數據順暢流通，因此這兩套系統如何緊密鏈結，是傳統工廠邁入現代智慧化工廠必要解決課題。

3. 數據的可靠性：智慧製造需要可靠的數據做為決策依據，因此需要克服在網際網路連接不穩的情況下不會丟失數據或出現操作故障。

4. 網路安全：工業物聯網是智慧製造系統的運作骨幹，一旦受到攻擊導致停擺將帶來巨大損失，若未設置正確的授權機制，系統風險將面臨挑戰。

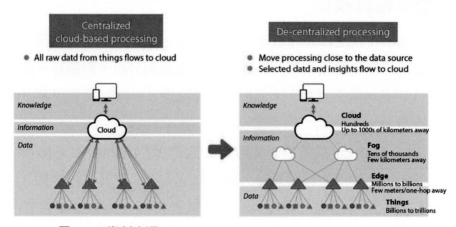

▲圖 5-12(資料來源：https://www.digorlon.com/home/post/843)

　　工廠爲了克服以上問題，勢必不能再以雲端運算 (Cloud Computing) 爲基礎的集中式運算架構來連結每一台設備資料，而需以邊緣運算 (Edge Computing) 爲基礎的分散式運算架構來打造與設備之間的資料連結，如圖 5-12。藉由邊緣運算的工廠數據可視化解決方案，可以提供關鍵優勢如下：

1. 更快的響應時間：邊緣計算設備提供本地的數據存儲和計算能力。沒有到雲端的往返可以減少延遲並提高響應速度。這將有助於防止關鍵的機器操作發生故障或發生危險事故。

2. 間歇性連接時可靠的操作：邊緣計算設備需具備本地存儲機制和處理數據的能力可以確保在網際網路連接受限的情況下不會丟失數據或出現操作故障。

3. 安全性和隱密性：由於邊緣計算的技術很多設備和雲端之間的數據傳輸是可以避免的。可以在本地過濾敏感資訊，只將重要的數據資料傳輸到雲端。這允許用戶構建一個對企業安全和審計至關重要的安全合規框架。

4. 經濟有效的解決方案：網絡帶寬、數據存儲和計算能力所產生的雲端成本一直是物聯網項目的實際問題。邊緣計算可以在本地執行數據的預計算處理，這使得企業可以決定在本地運行哪些服務，以及將哪些服務發送到雲端，從而降低整體物聯網解決方案的最終成本。

5. 傳統和現代設備之間的互操作性：邊緣計算設備可以充當傳統設備和現代機器之間的通信聯絡橋樑。這允許傳統工業機器連接到現代機器或物聯網解決方案。

　　近代隨著網路將工業環境串聯得更爲緊密，邊緣運算將成爲重要樞紐，管理企業的自動化設備與遠端資設備監控之外，同時處理在設備 (stranded assets)、自動化機器人、自駕車和智慧工廠中的數據存取與流量管理，有助於大型企業和電信服務商建置工業物聯網 (IIoT) 來部署企業專用無線網路，加速工業 4.0、自動化採礦、精密農業、智慧醫療、智慧零售等新興技術的發展。

5-8-4 高度自動化關燈工廠

面對近年來各國勞動力成本高漲，加上美國政府大力推動製造業回流美國本土，促使不少廠商積極投入關燈工廠。透過人工智慧技術、工業感測器技術、工具機聯網技術、大數據分析、高速 5G 通訊網路傳輸等技術之整合，讓工廠裡的機器之間可相互對話，不但可減少人力成本，更可讓管理者快速且精準掌握目前的生產狀況，生產流程從自動化走向智動化，最終打造成為一座具智慧的高度自動化工廠。在二〇一六年，鴻海提出關燈工廠之後，短短兩年內旗下已經有五座關燈工廠，如圖 5-13，其中具有六萬台工業機器人，可進行自動化運作，甚至進一步透過影像逐步建立智慧製造的大數據資料庫，實現工業互聯網。除了鴻海，如佳世達、日月光投控等大廠，相繼將工廠導入關燈工廠等技術。

▲圖 5-13

目前日月光企業表示，目前關燈工廠集中在高雄廠區，以高階製程為主，涵蓋覆晶封裝 (Flip Chip)、晶圓凸塊 (Bumping)、系統級封裝 (SiP)、晶圓級封裝 (WLP)、扇出型封裝 (Fan-Out) 等，應用範圍廣泛，包括物聯網、高速運算、人工智慧、應用處理器、車用、醫療、車用等領域。以效益來看，關燈工廠實施後，約可提升 40% 以上、至多 2 倍的生產效率。未來也將拓展到中低階製程，預計全面導入中壢、矽品中科等廠區，而將高階技術根留臺灣。

工業製造在轉型和升級的過程中，關燈工廠不是最終目的，而是一個階段、一個里程碑，是利用智慧製造技術，做到數位轉型的開始。

5-8-5 數位分身

數位分身 (Digital Twin) 最早在 2002 年由美國佛羅里達理工學院教授 Michael Grieves 首先提出的概念，這項技術於 2010 年被美國 NASA 列入未來展望報告中，協助團隊更有效率打造相關設備。數位分身是指每個流程、服務或實體產品都獲得一個動態的數位型態或以數位型態表示，之後即可在一系列工作環境中應用數位分身模型，並根據對它們的分析來評估和操作實體產品。

數位分身概念是實體世界和虛擬世界相融合的完美範例。從本質上看，數位分身利用現實世界的資料，透過電腦程式建立模擬環境，以預測產品或流程的運作情況。這些程式很容易整合到物聯網 (IoT)、人工智慧 (AI) 及軟體分析工具當中，而所有這些都是為了提高產出。第四次工業革命 (或稱為工業 4.0) 圍繞著自動化和資料交換而展開，廣泛的製造技術便是其在商業世界運作的核心。

數位分身的概念帶來無限可能。傳統方法需要先構建一些東西，然後在新版本和發佈中對其進行調整，但這種做法現在已經過時。藉助虛擬化設計系統，只需瞭解產品、流程或系統的具體特徵、性能能力、可能出現的潛在問題，就能夠識別並達到產品、流程或系統的最佳效率水準。在開發週期中，具有數位分身的產品可以使複雜的過程變簡單。從設計到部署階段，組織都可以建立其數位足跡，這些數位創作在各個方面都是相互關聯的，並會即時產生資料，因此有助於企業從初始設計階段，就能更好地分析和預測實施過程中可能遇到的挑戰，從而可以提前糾正問題，或提早發出警告以防止工作中斷。

以 IC 封裝點膠階段之製程數位分身為範例進行說明，在 IC 晶片覆晶封裝製程中，常使用點膠毛細力底部充填封裝以達成保護元件之目的。底部充填材料價格不斐，因此膠量控制也是製程中被重視的環節之一。為了提高點膠毛細力底部充填封裝成功率，如圖 5-14，導入點膠頭移動路徑的毛細力底部充填製程數位分身模擬，點膠資訊可設定各項材料參數，模擬充填封裝行為受環境因子的變化，模擬確認數位分身沒問題後，在實際進行利用模擬各項設定進行實際封裝，可提高封裝的成功率，降低風險同時也降低封裝成本。

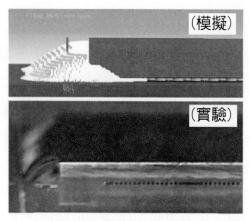

▲圖 5-14

　　近年來再度受到重視與擴大應用範圍主要原因包含 AI 及 IoT 技術的進步、製造端追求效率最大 / 成本最小、彈性的供應 / 客戶溝通、產線隨時變更需求以及整體製造產業逐步投入與滿足數位化、自動化的基礎建設，促使數位分身的導入更為容易。從過去依賴人工涉入的方式，從實體後端撈取資料後，透過程式模擬並整理多個感測器與記錄檔，進一步評估分析結果，再返回實體機台上進行調校；到現今利用裝設感測器在主要模組 / 系統，透過光纖甚至 5G 網路連結電腦、機台、AGV、AMR 之間，並自動分析與模擬解決方案，再將操控指令透過驅動器進行生產模式的變更。目前數位分身大多用於產品設計與預測故障維修，進而減少耗材浪費、產品開發時間與意外停機時間；未來，除了產線的應用外，也可將數位分身技術導入企業營運層級，連結企業資源規劃系統 (Enterprise Resource Planning, ERP)、製造執行系統 (Manufacturing Execution System, MES)、採購 / 財務系統等，甚至考量員工的行為模式建置廠房動線配置或是進一步串聯上下游供應鏈系統，將數位分身從機台應用、產線應用擴增為營運應用。

　　數位分身技術結合各式資通訊技術、演算法、大數據分析、感測器技術，將實體物品完整且無誤差地複製到虛擬環境，透過模擬並預測實體物品的發展性。工廠導入數位分身的好處包含提升產品品質、加快研發 / 生產效率、降低損耗成本，尤其當企業提供的產品多樣複雜、產線眾多或是市場變化幅度巨大，生產管理、產品管理、供應鏈管理、銷售管理都可利用數位分身建立管理模組並延伸利用各種不同服務情境，也就是當蒐集的數據愈多、範圍愈廣、時間愈久，數位分身的預測真實性變愈符合現實，企業的導入速度也將更為快速與便利。

5-8-6 虛實整合技術與元宇宙 (metaverse)

元宇宙 (Metaverse) 一詞最早出現在 1992 年的科幻小說《Snow Crash》，概念類似於科幻電影《一級玩家》(Ready Player One) 情節，強調人們可透過 VR (Virtual Reality，虛擬實境)、AR(Augmented Reality，擴增實境) 等頭戴式裝置，經由網際網路進入虛擬世界，以虛擬化身在虛擬世界中生活，並隨意轉換角色在現實與虛擬世界中。

自從 2019 年受到新冠肺炎疫情帶動虛擬世界互動增溫，加上 Facebook 改名為 Meta，以及包括 Apple、Microsoft、Nvidia、Google 等國際大廠紛紛表態將進軍元宇宙。元宇宙是透過物聯網 (IoT)、人工智慧 (AI)、數位分身等工具將虛實世界整合，當戴上 VR/AR 裝置或手機就可即時操作遠方工具，同時預估元宇宙經濟規模，最後將大過於實體世界。而外傳 Apple 最快 2022 年推出兼具 AR 和 VR 功能的 MR(Mixed Reality，混合實境) 頭戴式裝置。在國際大廠紛紛投入元宇宙當領頭羊下，元宇宙可望成為帶領科技業下一個黃金十年的產業。

事實上，工業元宇宙的應用已存在多年，例如數位雙生概念打造實體工廠的虛擬分身，用於新產品開發、預防性維修、布建新產線前的優化模擬等，相關案例包括西門子的數位雙生平台協助機械業改善零件損耗、波音公司打造客機的「模擬分身」來驗證新引擎效能、疫情期間半導體設備業者透過混合實境 (MR) 技術，協助客戶遠端裝機，還能遠端排除障礙，相關產業已累積不少元宇宙經驗。

目前德國汽車大廠 BMW 集團的生產工廠使用虛擬 (VR) 和擴增 (AR) 實境的應用。VR 圖像或人工創建的圖像也更加逼真，難以與真實圖像區分開來。在應用中，插圖可補充真實圖像，可以在特殊耳機與眼鏡或普通平板電腦上查看 AR 和 VR 圖像。在生產過程中，這些圖像是培訓和資格認證，裝配線工作站規劃或質量控制的眾多用例中的強大工具，如圖 5-15。經由 VR，建築、工廠流程，物流和裝配的規劃人員現在還可以與生產人員完全虛擬地評估新的生產區域，並在 3D 程式中測試新的流程。幾年來 BMW 集團一直使用特殊的 3D 掃描儀和高解析度相機數位化捕捉其實際工廠結構，其精度僅為幾毫米。這提供生產區域的三維圖像或散點圖，並且免除了結構的複雜數位重建和手動現場記錄的程序。如果出現輕微偏差，可在早期發現而能夠留下足夠的時間，然後才將工具送到裝配區，以便用更多的部件符合正確程序完成。例如：該系統可以確定車台側壁(擋泥板)是否具有正確的尺寸，排氣系統是否安裝在正確的位置，或者是否已經安裝所有必要的部件等。

▲圖 5-15

元宇宙發展初期，必須到位的基礎建設包括：網路通連、人工智慧的運算能力、大數據 (BigData) 的處理能力、物聯網、虛擬實境及區塊鏈技術等。就目前科技發展的程度，這些技術已經為元宇宙墊鋪不錯的發展基礎。若要進階到終極元宇宙體驗，還需要進一步的生化技術，例如腦機介面，用來解讀人體動作時的腦波變化，讓人腦與裝置直接互動，才有辦法實現如電影《一級玩家》一般，華麗繽紛、感官擬真，且可任意切換的虛擬境界。

製造業中的擴增實境不僅僅是一種便利或有趣的升級。企業希冀採納前瞻技術、緊跟市場和客戶需求並在行業中保持領先地位，那麼實施虛擬實境技術勢在必行。虛擬實境技術在許多方面都將支持企業發展，例如：員工培訓：擴增實境讓員工培訓變得更加輕鬆有效。越來越多的企業正在投資需要專業操作知識的新型複雜機械。有時，在另一個城市甚至另一個國家才能找到這樣的專家，因此能夠藉助眼鏡或行動裝置在現場培訓員工對於生產的正常運轉極為重要。

5-8-7 工廠預測式維護

近年來，名為工業智慧化持續在製造業帶動轉變，工廠變得越來越「聰明」。因此，工廠在獲得技術工具的情況下，努力提高生產率、營運效率與安全性。許多工廠都將新舊機器結合在一起，而使工廠更聰明的第一步，就是啟用預測性維護 (predictive maintenance, PdM)。「預測性維護」著重識別傳感器和產量資料中的固定模式，這些模式代表設備狀態的變化，通常是特定設備的磨損。借助預測性維護功能，公司可以確定資產的剩餘價值，並準確確定製造工廠、機器、元件或零件何時可能發生故障、需要更換。

對一般的製造業來說，最害怕的事情莫過於廠房無法正常生產產品。一是無法及時供應客戶的需求，準時交單，而附上違約賠償與企業信譽，二是一旦故障發生，等於投資上千萬、億元的設備或整個廠房完全閒置，許多的工廠聞故障唯恐避之不及，也因此，在智慧製造裡面，維修預測是發展最成熟的部分，也是最多公司、工廠想發展的區塊。

事實上，從整個產業鏈來看，智慧製造就是替公司做好風險管理。某鑄造商力求提高設備的正常運轉率，減少因機器設備發生故障或產房失火而中斷生產的情況，於是他們將工廠設備導入感測器與高速通訊連線管理功能，並透過相關的管理系統，即時掌握機台狀況，同時也運用這些蒐集到的數據，分析、建模，預估設備的可用年限與預計更換的日期。在機器停止運轉之前，立即安排維修人員、更新生產計劃。內建的感測器也可以擷取設備的壓力和溫度數據，在到達一定的數值之前，即可自動關閉設備，防止火災發生，避免更大的傷亡與損失。防範於未然，眾所皆知。但如何防範、怎樣管理，卻是一門大學問。如今透過智慧製造技術來管理機器設備的風險，已是世界趨勢，也是臺灣企業轉型的重要議題。

5-8-8 機器人廣泛應用

機器人 (Robot) 是指透過電腦程式做運動的機器，目的是指代替人工幫人做事的機器。凡是能把類似人類或動物智慧表現出來的機器人，統稱為智慧型機器人，這類機器人具備各種可以配合電腦程式運作的感測器，它的電腦程式裡有許多設計好的行為，這是機器人能因應環境變化採取行動的原因，就好像人類或動物能因應環境變化產生行為一樣。

機器人的組成可分成三大部分，第一是感應器，如透過攝影機、麥克風、紅外線感測器、超音波感測器、雷射掃描儀等感測器，使機器人接收外界資訊，知道環境狀態。第二部分是演算法與計算能力，透過微電腦、微控器、數位訊號處理器，或一些嵌入式軟硬體，可以計算出機器人該執行哪些動作。第三是驅動器，如直流馬達、RC Servo、油氣壓等，有了驅動器以後才能產生運動。

依據使用性質，機器人可分成兩大類第一是工業型機器人 (Industrial Robots)，凡危險、需大量勞力或精密的工廠，皆可使用產業機器人取代人類，目前應用最廣泛，主要應用於汽車、面板、晶圓等各種製造業廠房。第二是服務型機器人 (Service Robots)，有別於工業機器人侷限於工廠內使用，服務型機器人種類眾多，應用範圍廣泛，且需具備對環境的感測、辨識能力，以自行決定行動的智慧化功能，又稱為「智慧型機器人」。

▲圖 5-16

進一步針對工業型機器人介紹，目前最常見的有六種：

1. 自主移動機器人 (AMR)，AMR 在全世界範圍內移動，並在移動過程中做出近乎即時的決定。感應器和攝影機等技術幫助其攝取周遭環境的資訊。機載處理設備幫助其分析並做出明智的決定－無論是移動以避開迎面而來的工人，還是精確挑選合適的包裹，或者選擇適當的表面進行消毒。它們是機動解決方案，僅需要有限的人力輸入即可完成各項工作。進一步瞭解 AMR。

2. 自動導引車 (AGV)，儘管 AMR 可以自由地穿越環境，但 AGV 依賴於軌道或預定路徑，通常需要操作人員的監督。它們通常用於在倉庫和工廠車間等受控環境中運送材料和移動物品。

3. 鉸接式機器人，鉸接式機器人 (也稱為機械手臂) 旨在模仿人類手臂的功能。一般來說，這些設備可以有 2 到 10 個旋轉接頭。每一個附加的關節或軸都能允許更大程度的運動。因此，它們成為電弧焊接、材料處理、機器維護和包裝的理想選擇。深入瞭解鉸接式機器人和機械手臂。

4. 人形機器人，儘管許多移動式人形機器人在技術上可能屬於 AMR 的範疇，但該術語卻被用來識別執行以人為本的功能並經常採取類似人類形式的機器人。它們使用許多與 AMR 相同的技術組件，在執行指示或提供禮賓服務等任務時進行感知、規劃和行動。

5. 協作機器人，協作機器人被設計用於與人類協作或直接與人類合作。雖然大多數其他類型的機器人都能獨立完成任務，或者在嚴格隔離的工作區域內完成任務，但協作機器人可以與工人共享空間，幫助其完成更多工作。它們通常被用來消除日常工作流程中手動、危險或繁重的任務。在某些情況下，機器人可以透過響應和學習人類的動作來進行操作，並從日常工作流程中學習。

6. 混合式機器人，各種類型的機器人經常被組合起來，形成能夠完成更複雜任務的混合解決方案。例如，一個 AMR 可能與一個機械手臂相結合，創造出一個用於在倉庫內處理包裹的機器人。隨著更多的功能被合併到單一的解決方案中，運算能力也被合併起來。

　　隨著機器人製造商繼續在能力、價格和外形尺寸方面進行創新，目前機器人解決方案正被應用於越來越多的產業和應用，機器人在工業物聯網的應用將會更加重要。

5-8-9 智慧永續服務

　　近期隨著氣候變遷及溫室效應加劇，面對能源與資源有限的挑戰，人們在追求科技發展的同時，也需兼顧與大自然共存共榮的平衡，以創造循環再生體系、減少耗時、耗能的生產製造、尋求綠色能源供應，實現永續環境的目的。目前國內外各大研究單位，如國內研究單位工研院，發展「循環經濟」、「智慧製造」、「綠能系統與環境科技」等永續產業領域，深耕可循環再利用之新材料、智慧化設計生產流程與供應鏈管理系統、符合生態共生的環境科技等重點項目，以循環材料、智慧製造及永續能源支持國內製造業升級轉型，開創綠色產業發展，促成永續創新的高值化產業，以綠能科技打造生生不息的未來。

英國電信 (BT) 前技術長 Peter Cochrane 指出，藉由工業物聯網技術將可幫助人類朝永續社會方向的工業發展，例如電子耗材如電池、電路板、螢幕與太陽能面板回收資源產業，發展太陽能板、風力、潮汐發電等能源產業，工業 4.0 讓工業與供應鏈轉型後，將可更大範圍滿足人類在資源的需求。主要解決方法將來自奈米科技、生物科技、人工智慧 (AI) 與機器人，同時投資最少資源去將材料再利用，關鍵在於利用最低的製程成本與最大材料回復能力，來獲得空前的強度重量比與性能，而且物流鏈將是獲益最大的部門。

　　目前許多國際企業利用工業物聯網相關技術，提升永續競爭力，讓企業達到效率、永續競爭力兩者兼得的生態效率。以臺灣企業友達光電為例，友達光電是全球先進面板、太陽能面板製造的半導體廠商。友達利用自動化機台參數調整的自動化回饋能源管理系統達到生態效率的智慧工廠。友達自動化回饋能源管理系統能最佳化參數與控制，達到最佳化生產，並能減少電力、水、原物料消耗。自動化回饋能源管理系統減少 23% 用水量、20% 碳排放、6% 能源消耗。友達案例顯示利用自動化回饋系統在製程上能減少浪費並提高生產效率。事實上，友達台中廠房亦通過美國綠建築 (LEED) 認證、取得 ISO 50001 能源管理、ISO 46001 水資源效率管理認證。

　　觀察著墨永續競爭力企業，利用利用智慧製造、工業 4.0 等技術協助提高生產效率，同時朝向永續指標可以歸納有三個目標：

1. 直接衡量與減少碳排，直接利用感測技術方式採集碳排、水資源、能源使用資訊，進一步分析以減少碳排、能源成本是最直接方式。這種特別是可以運用在高汙染排出、能源消耗重的產業。如利用智慧電表、能源分析以減少能源成本、碳排等。能源或水資源等分析應該能夠針對工廠、製程、設備、工單等不同程度進行耗用管理與分析。圖 5-17 是電腦能源管理系統示意圖，可依據工廠、生產區域、生產設備並整合 MES、SFT 進行精細的能源管理，掌握不同層次的能源耗用與成本計算。

2. 將永續放入營運優化環節，除了直接能源、碳排的監控外，進階的作法是將能源、水資源、碳排等永續指標，加入原物料、製程配方、設備參數等，一齊進行優化以最佳化效率、永續。例如：友達光電在連續製程中的最佳化參數與控制，達到最佳化生產，並能減少電力、水、原物料消耗。

3. 納入供應鏈與運籌管理範圍，溫室氣體排放碳盤查的範疇包含上下游的原物料產品碳排放、運輸配送物流、下游產品加工、員工通勤等超過組織、工廠邊界的永續管理。在威騰電子的案例可以看到透過物聯網嵌入在運輸品當中以分析最佳化路徑、運輸保存品質、顧客滿意度等，以降低運送路徑、減少碳排並提高顧客滿意度的綜合評估。

　　利用物聯網、雲端運算、大數據、人工智慧等智慧製造等技術，不僅僅可以提高營運效率也能達到減少碳排、提高永續競爭力。企業可以思考透過直接衡量與減少碳排、將永續放入營運優化環節、納入供應鏈與運籌管理，根據企業需求進行發展，達到智慧製造可以效率、永續兼得的優勢。

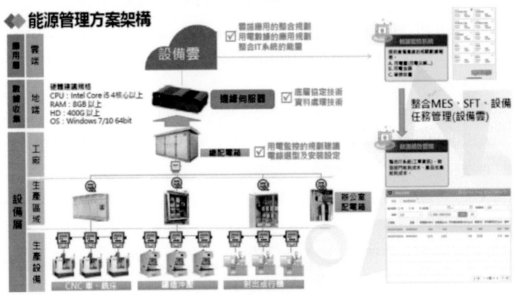

▲圖 5-17

參 考 資 料

1. 洪哲倫、張志宏、林宛儒，"工業 4.0 與智慧製造的關鍵技術：工業物聯網與人工智慧"，科儀新知第 221 期，2019 年 12 月。

2. How It Works: Internet of Things.
   https://www.ibm.com/blogs/nordic-msp/how-it-works-internet-of-things/

3. Deloitte University Press, 3D opportunity in the automotive industry: Additive manufacturing hits the road.
   http://dupress.com/articles/additive-manufacturing-3d-opportunity-in-automotive/

4. Jeff Crane, Ryan Crestani, and Mark Cotteleer, 3D opportunity for end-use products: Additive manufacturing builds a better future, Deloitte University Press, October 16, 2014.
   http://dupress.com/articles/3d-printing-end-use-products/?coll=8717

5. John Hagel III, John Seely Brown, Tamara Samoylova, and Duleesha Kulasooriya, The hero's journey through the landscape of the future, Deloitte University Press, July 24, 2014.
   http://dupress.com/articles/heros-journey-landscape-future/

6. TECHNEWS，"CIC 報告：台灣進入 C2C 行動電商時代"，2018/06/08。
   https://technews.tw/2018/06/08/c2c-taiwan/

7. 高雅欣，"邊緣運算三大企業應用關鍵，緊繫雲端、工業物聯網、5G"，未來商務，2020/09/03。
   https://fc.bnext.com.tw/articles/view/29?

8. "What is a Digital Twin?", TIBCO Software Inc.
   https://www.tibco.com/reference-center/what-is-a-digital-twin

9. 黃正傑，"智慧製造如何讓企業效率與 ESG 永續兼得？"，就享知。
   https://www.digiknow.com.tw/knowledge/62b27d860aa42

6 物聯網商業模式

商業模式是關係到企業生存能力，永續發展的大事。企業要想永續經營，就必須從制定成功的商業模式開始，並隨著社會發展，進行適當的調整模式，成熟的企業是這樣，新的企業是這樣，發展期的企業更是如此，商業模式是企業競爭制勝的關鍵。商業模式描述的是一個很大範圍內正式或非正式的行為模型，這些模型被公司用來描述商業行為中的不同方面，如操作流程，組織結構，及金融預測。商業模型是一個理論工具，它包含大量的商業元素及它們之間的關係，並且能夠描述特定公司的商業模式。商業模式能顯示一個企業在以下一個或多個方面的價值所在，如客戶、公司結構，以及以營利和可持續性盈利為目的，用以生產、銷售、傳遞價值及關係資本的客戶網。物聯網技術快速發展應用廣泛，同時應用在企業商業模式，並且對企業商業模式產生巨大影響，在連線的世界中，產品不再送出門後便了事。由於能夠無線更新，新的特色和功能可以每過一段時間就推送給顧客。企業能夠追蹤使用中的產品，因此有可能回應顧客的行為。當然現在產品可以連接到其他的產品，利用新的分析和新的服務，促進更有效的預測、流程優化和顧客服務體驗，衍生出新穎的物聯網商業模式。因此通常當企業商業模式確定後，以商業模式為基礎進而選擇適當的物聯網技術進行整合建立並達到滿足企業的物聯網商業模式，足可看出商業模式在物聯網應用中極為重要。

6-1 商業模式的簡介

　　著名經濟學家郎咸平說，商業模式是關係到企業生死存亡，興衰成敗的大事。企業要想獲得成功，就必須從制定成功的商業模式開始，成熟的企業是這樣，新的企業更是這樣，發展期的企業更是如此，商業模式是企業競爭制勝的關鍵，是商業的本質。管理大師彼得‧杜拉克也曾說過，當今企業間的競爭，不是產品之間的競爭，而是商業模式之間的競爭。明顯可以知道，商業模式是企業的存在的基礎，是競爭核心，不能不鑽研。

6-1-1 商業模式的定義

　　商業模式是指為實現各方價值最大化，把能使企業運行的內外各要素整合起來，形成一個完整的、高效率的、具有獨特核心競爭力的運行系統，並通過最好的實現形式來滿足客戶需求、實現各方價值，各方價值包含客戶、員工、合作夥伴、股東等利益相關者，同時使系統達成持續贏利目標的整體解決方案。如果用一句話來闡述就是，商業模式描述與規範一個企業創造價值、傳遞價值以及獲取價值的核心邏輯和運行機制。再更具體描述商業模式，就是對一個組織如何行使其功能的描述，是概括對其主要活動的提綱挈領，商業模式定義公司的客戶、產品和服務，它還提供有關公司如何組織以及創收和盈利的信息。商業模式與公司戰略一起主導公司的主要決策，商業模式清楚描述公司的產品、服務、客戶市場以及業務流程。

6-1-2 商業模式的核心

　　商業模式最核心的三個部分分別為創造價值、傳遞價值、獲取價值，此三個部分是環環相扣的閉迴路，如圖 6-1。其中創造價值是基於客戶需求，提供解決方案。傳遞價值是通過資源配置，活動安排來交付價值。獲取價值是通過一定的盈利模式來持續獲取利潤。

　　一個成功的商業模式背後都會有重要商業要素支持，商業模式運作過程中，必須具備這些要素才能夠提升企業運轉成功的可能性，從而形成獲利機制。接著介紹商業模式需要具備哪些要素，如何形成運行機制的。

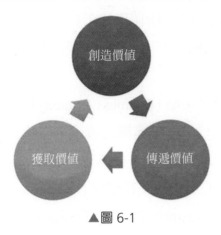

▲圖 6-1

6-1-3 商業模式要素

　　商業模式的概念化有很多版本，各種版本之間有著不同程度的相似和差異。綜合了各種概念的共性的基礎上，整理以下九個要素的參考模型。

1. 價值主張 (Value Proposition)：即公司通過其產品和服務所能向消費者提供的價值。價值主張確認了公司對消費者的實用意義。

2. 消費者目標群體 (Target Customer Segments)：即公司所瞄準的消費者群體。這些群體具有某些共性，從而使公司能夠 (針對這些共性) 創造價值。定義消費者群體的過程也被稱為市場劃分 (Market Segmentation)。

3. 分銷渠道 (Distribution Channels)：即公司用來接觸消費者的各種途徑。這裡闡述了公司如何開拓市場。它涉及到公司的市場和分銷策略。

4. 客戶關係 (Customer Relationships)：即公司同其消費者群體之間所建立的聯繫。我們所說的客戶關係管理 (Customer Relationship Management) 即與此相關。

5. 價值配置 (Value Configurations)：即資源和活動的配置。

6. 核心能力 (Core Capabilities)：即公司執行其商業模式所需的能力和資格。

7. 合作夥伴網絡 (Partner Network)：即公司同其他公司之間為有效地提供價值並實現其商業化而形成的合作關係網絡。這也描述了公司的商業聯盟 (Business Alliances) 範圍。

8. 成本結構 (Cost Structure)：即所使用的工具和方法的貨幣描述。

9. 收入模型 (Revenue Model)：即公司通過各種收入流 (Revenue Flow) 來創造財富的途徑。

商業模式的設計是商業策略 (Business Strategy) 的一個組成部分。而將商業模式實施到公司的組織結構 (包括機構設置、工作流和人力資源等) 及系統 (包括 IT 架構和生產線等) 則是商業運作 (Business Operations) 的一部分。這裡必須要清楚區分兩個容易混淆的名詞：業務建模 (Business Modeling) 通常指的是在操作層面上的業務流程設計 (Business Process Design)，而商業模式設計指的則是在公司戰略層面上對商業邏輯 (Business Logic) 的定義。

6-1-4 商業模式演進

一般地說，服務業的商業模式要比製造業和零售業的商業模式更複雜。最古老也是最基本的商業模式就是店鋪模式 (Shopkeeper Model)，具體點說，就是在具有潛在消費者群的地方開設店鋪並展示其產品或服務。

隨著時代演進，不同年代都有具有代表性的企業商業模式，例如在 1950 年代代表性商業模式是由麥當勞 (McDonald's) 和豐田汽車 (Toyota) 創造的，1960 年代則是沃爾瑪 (Wal-Mart) 和混合式超市 (Hypermarkets，指超市和倉儲式銷售合二為一的超級商場)。到了 1970 年代，新的商業模式則出現在 FedEx 快遞和 Toys R US 玩具商店的經營，1980 年代是 Blockbuster，Home Depot，Intel 和 Dell。1990 年代則是西南航空 (Southwest Airlines)，2000 年後比較代表性如 Netflix，eBay，Amazon 和星巴克咖啡 (Starbucks)。每一次商業模式的革新都能給公司帶來一定時間內的競爭優勢。但是隨著時間的改變，公司必須不斷地重新思考它的商業設計。隨著使用者價值取向從一個工業轉移到另一個工業，公司必須不斷改變商業模式面對時代轉變的挑戰，一個公司的成敗與否最終取決於它的商業設計是否符合消費者的優先需求。

今天，大多數的商業模式都要依賴於各類領域技術整合能力。例如資通訊的進步，利用網際網路上的創業者們發明許多全新的電子商業模式，利用電子商業模式，企業們可以以最小的代價，接觸到更多的消費者。

6-1-5 商業九宮格

上述可以了解，商業模式對企業的重要性，但如何搞懂創新創業前要做的商業模式建構，以及了解整個商業模式構造後建立企業架構及企業目標規劃，那商業九宮格 (Business Model) 將會是重要工具，商業九宮格在 MBA 智庫百科中的定義，是為實現客戶價值最大化，把能使企業運行的內外各要素整合起來，形成一個完整的高效率的具有獨特核心競爭力的運行系統。並通過最優實現形式滿足客戶需求、實現客戶價值，同時使系統達成持續營利目標的整體解決方案。此商業九宮格是由商業模式 4 面向 (如圖 6-2)，分別為

1. 如何為顧客創造價值，此為商業模式之核心價值面向。
2. 如何讓顧客知道你，此為商業模式之需求面向。
3. 此價值的供給來源為何，此為商業模式之供給面向。
4. 此價值如何獲利，此為商業模式之財務面向。

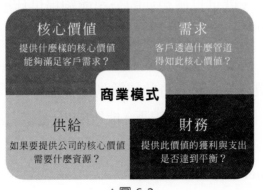

▲圖 6-2

再利用商業模式四個面向，進行 9 要點的延伸，衍生成商業九宮格，如圖 6-3。

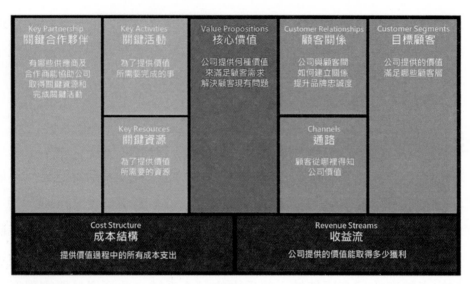

　　商業模式四個面向延伸 9 個要點如下：

1. 目標顧客 (Customer Segments)

　　設定商業模式的第一步就從目標顧客開始！您必須仔細去描繪出顧客群的輪廓 (例如：年齡、性別、收入)，再針對顧客群的價值觀、興趣喜好等作定義。

2. 核心價值 (Value Proposition)

　　定義完目標顧客後，就可以發想您的公司能夠提供什麼樣的價值、服務、產品，以此來滿足顧客需求、解決顧客現有痛點或是為顧客創造效益。

3. 通路 (Channels)

　　當公司有了核心價值後，如何將此傳遞到顧客手中也很重要！您可以思考什麼樣的通路型態 (例如：線上、線下) 能夠讓目標顧客接收到公司核心價值，並產生購買行為。

4. 顧客關係 (Customer Relationships)

　　好的顧客關係不但能提升品牌忠誠度，也能帶來新客源，不論是電話客服、官方社群，或一對一服務，都是鞏固顧客關係的方式。

5. 收益流 (Revenue Streams)

　　收益想必是許多人最看重的一點，思考自身公司要採取何種收益流模式 (例如：廣告費、仲介費、會員費)，同時也連帶思考定價模式。

6. **關鍵資源 (Key Resources)**

   當上述 5 個步驟已經發想完，接著必須思考核心價值、設立通路、鞏固顧客關係以及創造收益流，分別需要哪些資源？

7. **關鍵活動 (Key Activities)**

   有了關鍵資源後，還需要哪些活動或行為，傳遞公司核心價值到顧客手上；在產品售後，要如何採取行動為顧客解決問題？

8. **關鍵合作夥伴 (Key Partnerships)**

   除了有關鍵資源，採取關鍵活動，具備關鍵合作夥伴也不可或缺，關鍵合作夥伴可以是上下游廠商、異業廠商合作，也可以是與競業達成的合作聯盟。

9. **成本結構 (Cost Structure)**

   成本結構分為固定成本 (fixed cost) 與變動成本 (variable cost)，分別為

   (1) 固定成本 (fixed cost)：不隨著生產量而變動，例如：廠房設備、租金、固定資產折舊費。

   (2) 變動成本 (variable cost)：隨著生產量而變動，例如：原料、人工費。

6-2 物聯網技術商業模式類型

　　隨著物聯網技術進步，感測器、致動器、人工智慧等軟硬體技術快速發展，利用各種資訊採集技術、無線通訊網路技術與資料分析得知使用者的各種需求，進而創造、改善各種產品與服務，滿足使用者需求，創造出與物聯網技術相關商業模式，建立出驚人的企業價值。

　　現今的商業模式大致上有三種基本，分別為資料分享與串流、產品即服務，最後是產品共享。第一種模式是資料分享與串流，企業不再僅依賴硬體或軟體的販售獲取利潤，轉而依靠的是資料或資訊交換。服務與數據是現代企業經營最重視的兩個課題，也是現今軟硬體設備商目前所面臨的最大挑戰，而物聯網技術是克服挑戰的最佳解答，透過雲端平台匯聚四面八方所採集資訊，再經由數據分析去創新或優化服務，用服務去塑造市場差異性，才能幫助企業擺脫價格競爭，創造有別於同業的藍海優勢。通常這種模式被形容是羊毛出在狗身上，豬來買單模

式，意指使用者購買產品不用付錢，相關成本將由第三方廠商吸收。此種商業模式具有資料為王的特性，硬體價格變得低廉甚至免費，此現象對臺灣的硬體廠商來說，因為缺乏 Google、Facebook 與阿里巴巴等大型雲端平台，臺灣企業的商業模式又以硬體銷售為主，這種以資料為王的商業模式的殺傷力最大，近年臺灣企業對此物聯網浪潮的商業模式非常警惕，並也提出許多方案採集資訊並建立雲端平台，但相對於國際企業如 Google、微軟或 IBM 等企業之雲端規模，仍不法相比。

　　第二種模式是產品即服務。當使用者將各種物聯網相關設備連網後，企業就會得到大量使用者資料，藉由大數據分析、軟體升級或人力服務，幫使用者解決問題。臺灣中興保全的「中保無限＋」就是一個好例子，當裝在廚房的瓦斯偵測儀發現瓦斯濃度異常，就會立刻連線中興保全總部，透過屋主同意後，在第一時間進屋查看瓦斯管線，當下解決問題，避免災害。

　　第三種模式為產品共享。在此種商業模式裡，消費者使用時才付費，而且是用多少才買多少，是一種租借商用模式，商品的製造、維修等都是公司負責，例如汽車共享公司 Zipcar 與 iRent、臺灣腳踏車共享公司微笑單車 YouBike 等。YouBike 在租借前 30 分鐘免費，之後每隔 30 分鐘收 10 元，利用連網系統讓自行車調配達到最大效率，創造一天一輛車最多 15 次使用率。

▲圖 6-4

6-3 物聯網商業模式

　　企業在導入各項物聯網技術前，企業應有清晰的商業模式、應用策略，並基於商業模式與應用策略進行規劃相應的物聯網感測網路、致動網路、網路架構、終端設備、情境場域部署等等，才能夠在執行物聯網轉型時有效率達成目標。

　　在新的物聯網各項科技演變下，數據是企業的關鍵資產，伴隨著數據成長開始有了累積，企業利用各項感測採集技術取得各種資料，必須經過過濾與分析，甚至經過學習後才能將各種資料轉換成對企業有價值的資訊，企業才能運用有價值資訊。

　　通常物聯網應用情境中的數據，大部分自感測網路中的感測器 (Senosr) 或執行網路中的執行器 (Actuator)，這些裝置或設備在網路架構中統稱終端節點 (End-Point)，透過散佈各地的終端節點所採集累積的數值，進而判斷或分析其中意義。通常數據是完成設備連網上傳雲端伺服器後有序地呈現，此初階數據內容經由設計的商業模式應用情境而具有目的性或選擇性設置而採集。當數據累積定量後，進階數據分析則視商業模式有不同作法，通常為兩種維度以上交叉分析與應用。常見的做法整理如下：

1. 追蹤、通知：

是物聯網應用中最基礎也最常見之數據應用，利用感測器收集數值上傳至雲端，給予條件規則，若超出設定條件即發出通知 (Email, SNS 等) 或是繪出歷史數據圖表設定紀錄該區間數值趨勢。例如當溫濕度計偵測溫度超過 60 度即寄發 email 給相應之用戶；門窗異常開啟即發出通知給用戶，並且繪製異常時間圖表。

2. 遠距監控、自動作動

通常與追蹤、通知合併運用，前提終端設備需支援接收下行訊息且為執行器類型設備，接著同樣在新增條件規則時增加作動條件即可執行自動化。這類應用被廣泛用在各個領域，如感測溫度太高而自動化啟動空調調節，或感測亮度後執行適當的照明控制，還有應用在自動駕駛或農業中的自動澆水系統。

3. **預測性維護**

   預測性維護是進階的數據分析結果之應用，透過累積多次事件分析，並利用每次事件之累積數值中找出相似之各種變因參數加以交叉分析，找出造成事件原因並且提前發出注意通知，同時進行檢測或修復，甚至進行故障排除工作，常用於工廠設備維護，同時也應用對於汽車保養、健康醫療照護等。尤其在許多工廠運作過程中，不能接受出現停機，藉由設備數據分析並且提前執行設備對應處理，達到減少設備出錯造情況，避免臨時停機情況發生。

4. **邊緣運算**

   在第二章有介紹雲端運算是集中式架構，相反的邊緣運算是分散式架構，是將運算能力放至邊緣，也就是資料感測採集附近，達到即時性的資料分析與執行。邊緣運算可以於地端 (通常為閘道器) 預先分析處理數據，初步過濾原始數據，並執行基礎的指令作動，減少訊息時間差與雲端成本，接著再將必要數據上傳雲端。大部分應用在具有多個小型終端設備的場域或是對時間或成本要求較高的應用，如工業製造、能源節能領域。

5. **提升使用者體驗**

   此分析較偏向行銷業務面向，主要收集使用者與設備的互動狀況，以更全面的資訊分析用戶體驗、優化產品。抑或是針對個人之使用體驗進行優化，透過個人化數據給予用戶專屬服務或功能推薦，因此多用於消費性電子產品或服務應用。到此階段表示物聯網的應用重點已經從設備監控逐漸轉移營運，例如在共享 / 租賃智慧腳踏車應用中，觀察哪一站之租借人數最高，調整車輛配給與行銷活動。

6. **改變計價模式**

   同樣也是搜集使用者與設備的互動狀況，透過數據可以知道用戶使用產品的時間區間與習慣偏好，進而改變計價方式。例如智慧電表，相較過去傳統電表只能知道總用電量，智慧電表能夠精準知道住家一天時段用電量，商家可依據使用者的尖峰離峰時段，提供時段收費方案。

從先前章節介紹可知，物聯網技術基本上就是藉由感測器進行採集資料，進而將資料透過網際網路傳致雲端資料庫，企業利用適當軟體分析資料而創造價值。而採集資訊與分析過程中，應具備三種重要元素，才能真正利用物聯網技術創造出具有價值的商業模式，三種重要元素分別為：

1. 專注於連結與改善客戶的關鍵績效指標 (Key Performance Indicators, KPI)。
2. 透過物聯網時時刻刻與客戶設備連線的特性，創造"哇"(WOW!) 驚嘆的效果。
3. 客戶容易付錢。

　　過去傳統企業也會利用許多方式進行資料採集，大多是利用人工方式紀錄執行。如今企業透過物聯網與資通訊技術達到電子化與自動化執行資料採集，大幅改變企業商業戰略、決策與運營方式。實現成功企業數位化轉型，其中有四種重要數位化轉型達成關鍵項目：

1. 感知採集資料與資料共用：

物聯網的採用徹底改變了資料處理方式，並改善企業收集到資料的方式。除了允許對資料的更大訪問外，物聯網應用程式還可以利用物聯網設備的資料跟蹤模式。通過學習模式，應用程式變得更智慧，並提供更好的用戶體驗。與此同時，物聯網產品支援企業解讀數據，為公司增長和新機遇提供支援。

2. 形成新的業務線：

企業不僅開發產品，還監測其產品的性能，這一切都得益於嵌入物聯網平臺的預測性維護演算法。在組織的客戶和合作夥伴生態系統中轉移物聯網資料的可行性，以持續參與和增值服務的形式實現了創新的新路徑。

3. 推動即時洞察：

來自流程、物聯網感測器設備和人們的即時資料正在徹底改變業務。通過獲取買家的即時資訊，零售商可以在貨架上儲存產品，並通過有效的銷售和庫存管理增加利潤。物聯網在系統和智慧攝像頭等設備互聯、協同工作、允許企業基於即時資料作出決策方面發揮著關鍵作用。

4. 改善客戶體驗：

通過使用改進的工具來說明企業發現客戶面臨的問題，並迅速解決它們。隨著聊天機器人和人工智慧與物聯網的整合不斷擴大，專注客戶滿意度成爲了現實。

以上述三個要素以及四種數位化達成關鍵項目，目前物聯網技術應用在企業商業模中，以下是常見的 7 種有效物聯網商對模式：

1. 訂閱模式：

物聯網技術產品具有聯網功能，可連結到客戶現場端的特性，可透過這種特性發展持續收費的生意模式，不再是一次性銷售的狀態，可以提供訂閱模式的方案持續提供價值，達到跟客戶收取持續的費用。這是一種提供包含軟體與硬體服務的模式，透過提供商務服務模式，可以發想許多創意的方式來賺取收入，也許一開始提供基礎的免費模式，先讓用戶產生體驗；後續再提供價值更高的服務，升級爲付費模式。可觀察到，物聯網產品打破了這道和客戶之間的牆，當產品隨時都在收集客戶的資料後，您等於可以透過更深、更長期的了解，針對客戶目前遇到的問題提出更具有針對性的客製化解決方案。訂閱模式的基礎是爲客戶收集資料、成爲客戶的支援系統，客戶還是要自己去理解與運用資料。但是此種服務模式還可以衍生其他類似「監控服務」或是「預測維修服務」的商業模式。

2. 管理服務模式：

在這類模式中，物聯網產品更可成爲您在銷售公司服務時，相較於其他競爭者的致勝點。利用此模式可以達到企業採集所需要的資訊，進而產生特有的服務模式。常見有三種應用：(a) 利用物聯網產品去採集或監控現有機器設備之運作資訊，提供管理維護的服務。(b) 設置物聯網裝置進行能源用量的監控，然後提供能源稽核或是節能優化的相關服務。(c) 安裝物聯網感測器在產線量測效率與有效產出，然後提出優化客戶流程的顧問服務。

當您用物聯網產品去收集資料，然後萃取出對客戶有益的資訊或商業情報 (Business Intelligence) 作爲服務時，即可產生對客戶提供具價值的服務。同時也可能延伸應用，產生對其他客戶具有價值的服務，例如讓其他客戶共享硬體費用，將收集來的資料 (Data) 賣給多個客戶，然後提供資料分析後的商業情報作爲服務。以上可以發現，運作「服務型企業」與運作「產品型企業」是有很大差異，必須定位公司企業獲利模式後，選擇並付出相對應的資源以提供相關服務。

3. **結果導向模式：**

「客戶之所以買鑽頭，眞正要的並非鑽頭，而是一個洞。」就是結果導向模式最好的比喻，這種模式的關鍵是，客戶爲一個特定的結果付費，而非爲購買物聯網產品付費，這種商業模式早已經存在，並非創新的方式，此種模式利用物聯網技術運作時，需要更銳利的商業邏輯。例如在智慧農場，利用物聯網熱像分析感測器布建應用情境的農作物溫室中，透過感測器收集到的資料，利用網路傳遞到雲端伺服器分析計算，提供客戶所需之資料分析報告而賺取獲利。在分析報告中明確呈現熱像地圖隨時間或是其他管理要素的分布，並進而提供提升產量的建議。上述案例，客戶不需要購買物聯網相關設備，而是向物聯網業者購買資料分析報告及建議，進而提升產量、增加報酬，就是此類商業模式範例。

4. **消耗品模式：**

在此商業模式下可以用成本價或是低於成本價的方式銷售物聯網產品，因爲此商業模式是客戶使用產品後獲利才正式開始。此商業模式一般又稱爲刮鬍刀模式，企業的獲利在於銷售一個又一個的拋棄式刮鬍刀 (消耗品)，所以刮鬍刀的握把可以賣得很便宜或是免費都可以。這樣的模式相當適合用在需要一再地更換使用的消費性或消耗性相關產品上，最重要的關鍵是，要讓消費者持續不斷地使用下去，否則產品將失去它的價值。進一步的當消耗品的壽命快結束時，可自動提醒使用者要準備替換，甚至具有自動訂貨功能，這樣可以提升使用者體驗好感，同時減少使用者購買相同產品的機會，此項功能將可同時爲業者與客戶帶來效益，也彰顯物聯網能將一個平凡無奇的產品點石成金的成就。例如瓦斯桶偵測就是這種商業模式，透過一個感測器放置在桶裝瓦斯上，即時回報目前桶中瓦斯的用量，當瓦斯快要用完之前以物聯網的方式通知瓦斯公司進行重新訂貨，讓使用者永遠都不需要訂瓦斯桶，而業者也可以綁住客戶。又例如物聯網印表機也能在墨水快要用完之前，透過物聯網自動通知客戶更換墨水夾也是一個經典案例。這種商業模式也同樣可以用在任何消耗性、需要重複購買的企業或是工業產品上，例如工業用的輸水管、閥門或是輪胎，都可以降低客戶替換產品的可能性。

5. **資產共享模式：**

   若物聯網設備昂貴且使用率不高，客戶自然遲遲無法下決定購買。但若能夠「在自己沒使用的時候透過給別人使用來增加收入、補貼當初成本」的資產共享模式，相信客戶採購意願將大大提升。這種商業模式是把這個資產多餘的產能賣向了市場，其目標是透過多個使用者的付費將其效用發揮到最大。如此一來，平均每個單一客人只需支付較少的金額，便可使您的產品快速滲透到每個未開發的市場中；相比之下，那些需要支付龐大金額的單一客戶就顯得難以推動得多。例如共享車位商業模式，如果物業管理業者在自己所管轄的數千棟大樓地下停車場中，將管理單位之停車位，在上班時間提估該體系的會員中進行共享，當在車位在閒置時段其實會產生不少的收益。

6. **用多少付多少模式：**

   透過售出的物聯網設備中設置的感測器，採集設備的使用次數與頻率，此使用資訊創造出一種商業模式，根據客戶使用您設備的頻率來計費獲利。因此這種商業模式同樣可以不透過賣裝置本身來賺錢，而是根據設備裝置感測器所收集來的客戶使用習慣資料，或者延伸分析出的資訊，進而從使用客戶或其他潛在客戶端收取費用獲利。例如美容美髮業者需要用熱水來替美髮的客人清洗頭髮，但是在展店的時候常常需要重新裝潢相關設備，像是瓦斯桶 (或天然氣管線)、熱水器 (需要恆溫定時)、水 (需要穩定的水源，不可忽大忽小)…等設備與條件需求，因此有業者推出一整個可以輸出穩定熱水的整合裝置，據熱水的用量來計價，讓美容美髮業者可以快速地展店。明顯可以知道，該業者並不是賣設備，而是根據熱水的用量獲利。

7. **在客戶同意下銷售客戶資料模式：**

   物聯網的價值在於如何在各種方式大量採集資料中的獲取價值，重點是誰可以從那些資料的分析中獲得好處。因此可以思考，像 Facebook(FB)、Instagram(IG) 這類社交軟體，雖然免費提供給大眾使用，但也免費地從使用者身上拿到大量的資料，其獲得真正的價值是表現在當那些資料提供給廣告商時，可以透過社群媒體銷售商品。從這點觀察，FB 與 IG 的目的其實是將資料提供給廣告主，這才是獲利的真正方式。因此，當企業提供一個產品時，除了其本身提供的價值外，透過使用該產品的過程所收集的資料也可能為第三方創造額外的價值。在這個模式中，其目標是布建儘可能多的裝置來進行資料收集，並專注在大量布建網路後所產生的效益。當使用者越多，採集資料量越大，資料所擁有的價值對第三方就越高。

過去幾年中，物聯網技術已逐漸被應用在許多大小企業營運當中，企業在應用物聯網技術過程中，商業模式也隨著跟著調整，在物聯網時代中，觀察過去企業利用物聯網技術在企業經營，大致方向有三個重點：

重點一：如何找到市場需求

物聯網趨勢催生創新商業模式，不少企業正逐漸從倚賴製造商品獲利，轉變成提供服務獲利，但發生如此轉變的原因並非來自於技術，而是客戶需求轉變及市場轉型。此外，企業營運思維也逐漸從「一次買斷」轉為「持續購買」。

重點二：物聯網技術應用產生之價值

當產品銷售週期變短，如何促使客戶持續購買產品成為企業首要任務。其中，「使用者行為自動化」成為創造商機的關鍵之一。例如惠普 (HP) 印表機在碳粉或墨水快用罄時，會自動通知客戶更換。此外，在研發過程中，就先納入客戶需求意見，而非等到產品推出後才著手改善，也是重點之一。

重點三：物聯網創新趨勢重點

觀察物聯網時代接下來的發展趨勢，企業必須關注調整的四大營運策略發展方向。

1. 智慧製造與生產：朝生產數據化、客制化發展。
2. 智慧零售：朝虛實整合、個人喜好服務發展。
3. 智慧金融：朝數位金融、智慧理財、減少交易成本發展。
4. 智慧媒體：朝訂閱制、場景化、零碎時間運用發展。

在先前第五章已經介紹智慧製造與生產相關物聯網產業商業模式與應用，以下介紹智慧零售、智慧金融與智慧媒體相關商業模式。

6-4 智慧零售

　　智慧零售的定義，是運用科技，提供顧客更方便、快速、安全的消費體驗；並且幫助品牌打造線上、門市的銷售環境，優化消費者體驗和流程。常見的智慧零售應用例如：

1. 電商網站、購物手機應用軟體。
2. 智慧門市銷售信息系統 / 企業資源規劃，整合全通路庫存、會員和銷售數據。
3. 分析會員、客戶關係管理 (Customer Relationship Management, CRM) 大數據，運用個人化的精準行銷經營會員。
4. 人工智慧推薦商品、精準推銷與導流。
5. 用物聯網數據化管理商品供應鏈。

　　全球零售業掀起數位轉型風潮，越來越多企業品牌計畫導入智慧零售之商業模式，目的是運用大數據、人工智慧等物聯網相關新科技，提升全通路業績、並提高會員留存和顧客終身價值。企業品牌欲導入智慧零售，除了拓展電商通路外，整合品牌內的系統、資源、善用數據分析提高品牌營運效率、提供以顧客為中心的高品質服務，才是智慧零售的核心概念。

　　隨著電商、行動購物、直接面對消費者 (Direct to Customer, DTC 或 D2C) 等新銷售模式崛起，消費者期待在線上、線下都能獲得更好的服務，讓許多傳統零售品牌的地位受到挑戰。在 2020 全球新冠肺炎疫情爆發，明顯改變消費者購物的習慣，從實體店面購物的習慣轉到線上商店或電商購物，臺灣實體零售整體業績僅成長 0.2%，但電商銷售業績卻逆勢成長 16.1%，讓品牌不得不轉型智慧零售，加強服務全通路消費者。以下介紹近年常見的 5 種智慧零售應用情景：

一、整合零售系統 提升營運效率

　　許多品牌同時經營電商和門市，當商品庫存、會員資料、數據分散在不同系統後台，會大幅拖累營運效率。例如當電商和門市庫存不同步，就得耗費人力去不斷盤點。利用現金物聯網與資通訊技術整合，將許多系統進行整合，近期完整的零售業系統中有商品整合、銷售整合、會員整合與數據整合等四個整合，整合中包含八個系統，如圖 6-5，以下簡單介紹。

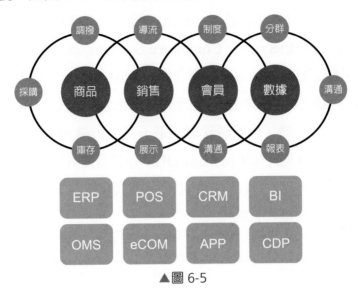

▲圖 6-5

1. 商品整合，目的整合全通路的庫存、出貨。此商品整合是企業資源規劃系統與訂單管理系統整合，以下分別介紹。

    (1) 企業資源規劃 (Enterprise Resource Planning, ERP)，是管理企業日常業務活動的一種軟體，管理公司的財務、供應鏈、營運、商務、報告、製造和人力資源活動，例如會計、採購、專案管理、風險管理與合規及供應鏈運作。

    (2) 訂單管理系統 (Order Management System, OMS)，是一種自動追蹤銷售、訂單、庫存和履行數量的電腦軟體系統。其中一些解決方案還可以幫助品牌監視人員、程序和合作夥伴關係。處理與管理客戶訂單有關的所有職能，可讓您的團隊和客戶從頭到尾追蹤程序並分析其效率。

2. 銷售整合，目的將消費者在線上電商、線下門市購買等資訊，都可同步累積並保護會員權益，分析消費者在全通路的購物旅程資訊。此銷售整合是門市銷售時點信息系統與電子商務系統整合，以下分別介紹。

    (1) 門市銷售時點信息系統 (Point of Sale, POS)，是軟硬體整合設備，能夠協助處理店家諸如庫存、進銷存、發票管理等店務的一套系統。根據產業的不同如餐飲、零售、複合式商店、服務型產業等店面類型的不同，也會有功能上的差異。例如餐飲需要區分外帶內用、新增口味調整的功能，而零售 POS 則需要商品進貨、解決消費者的退換貨問題等功能。

(2) 電子商務系統 (Electronic Commerce Systems, eCom)，企業角度下的電子商務系統架構如圖 6-6，是指在網際網路或電子交易方式進行交易活動和相關服務活動，是傳統商業活動各環節的電子化、網路化。電子商務包括電子貨幣交換、供應鏈管理、電子交易市場、網路購物、網路行銷、線上事務處理、電子資料交換 (EDI)、存貨管理和自動資料收集系統。在此過程中，利用到的資訊科技包括網際網路、全球資訊網、電子郵件、資料庫、電子目錄和行動電話。

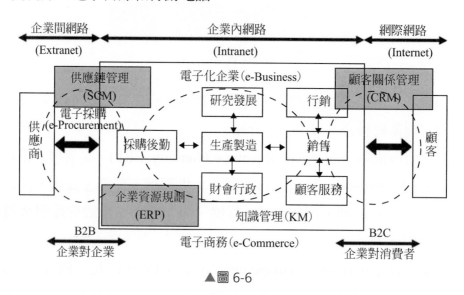

▲圖 6-6

3. 會員整合，目的是紀錄每個會員在全通路的消費歷程、購物喜好等大數據，讓顧客可以線上購物、查詢會員權益、也可以在門市手機掃碼辨認會員、累積點數，這些行為數據又會被系統記錄下來。此會員整合是顧客關係管理系統與企業品牌專屬應用程式整合，以下分別介紹。

(1) 顧客關係管理系統 (Customer Relationship Management, CRM)，是管理顧客關係的軟體系統，好的 CRM 系統能夠整合各種顧客數據資料，將顧客來源、消費內容、顧客行為、產品口碑等指標數據化。企業隨著對客戶的深入了解，企業可以提供並銷售全新的附加產品可以在合適的時間，以合適的方式與價格供應和銷售，從數據中可以幫助服務團隊更快地了解顧客方的問題並解決問題，並且協助開發團隊可以創造更好的產品和服務。

(2) 企業品牌專屬應用程式 (Application Program, APP)，是企業針對商業模式打造的應用軟體，通常在使用者常用的電子裝置，如電腦、智慧型手機或平板等設備，企業會員或消費者可以藉此 APP 綁定信用卡後進行在門市或線上下單消費，並經由 APP 進行支付購買產品或服務，選購後也有完整的物流配送及線上服務支援。尤其是週期性消費品利用訂閱制進行推廣時，消費者不僅能透過定額預付款項購買到優惠價，甚至訂閱方案到期後，再續訂也可一鍵快速完成訂閱，無斷點的服務流程無疑是透過優質的顧客體驗流程創造新營收，達到消費者會員訂閱制商業模式。所有消費者消費行為、採購商品習慣、購買問卷回饋與口碑推薦等資訊都將全部數據化並分析，更貼近了解會員消費者需求，幫助企業未來的改善產品與服務、開發產品與服務與針對性精準推銷等執行動作都有數據分析為基礎。

4. 數據整合，目的是收集會員在全通路的瀏覽、消費行為，並存為數據，再將數據進行整理拉出各種維度的分析報表，協助企業做出精準的行銷決策、分眾經營會員。此數據整合是商業智慧軟體與客戶資料平台整合，以下分別介紹。

(1) 商業智慧 (Business Intelligence, BI) 軟體，是支援資料準備、資料採礦、資料管理及資料視覺化的技術之總稱。商業智慧工具和程序可讓一般使用者從原始資料中識別可據以行動的資訊，促進各產業組織內部的資料驅動決策制定。按照不同的功能模式，當前的 BI 可以分為報表式、傳統式和自助式三類。

① 報表式 BI 是過去使用已久常見的報表工具。報表工具是資料展示工具，主要面向 IT 人員，適用於各類固定式的報表設計，通常用來呈現業務指標體系，支援的資料量並不大。可以用來製作各類資料報表、圖形報表的工具，甚至還可以製作電子發票聯、流程單、收據等

等。因為非常多的企業對報表有著較為基礎和普遍的要求，所以報表工具常常是企業替代 Excel 製表，入門 BI 的基礎。比如過去比較流行的 Crystal Report, Fastreport，還有近幾年越來越多企業選擇的 FineReport，都是報表式 BI。

② 傳統式 BI 是偏向於線上分析處理 (Online analytical processing, OLAP)，可即時分析與資料視覺化分析。傳統式 BI 以 IBM 的 Cognos，SAP 的 BO 等國外產品為代表，其優勢是面對大資料量時具有高效能和高穩定性，缺點是資料分析的能力和靈活性差，還有軟體耗資不菲，系統實施週期極長、風險大、對使用者技術要求高等特點，這也是傳統式 BI 今年來逐漸被替代的原因。

③ 自助式 BI 也叫敏捷 BI，近年來 BI 工具的概念越來越接近自助式 BI。自助式 BI 面向業務人員，追求業務人員與 IT 人員的高效配合，讓 IT 人員迴歸技術本位，做好資料底層支撐工作，另一方面讓業務人員透過簡單易用的前端分析工具，基於業務理解輕鬆開展自助式分析，探索資料價值，實現資料驅動業務發展。比較熱門的有 FineBI，PowerBI 和 Tableau。

(2) 客戶資料平台 (Customer Database Platform, CDP) 是可以建立一個具有永久性、統一性的客戶數據庫，並可串接至其他系統，如圖 6-7，以促進廣泛的行動，包括客戶細分、個人化 Web 體驗、旅程優化、行銷活動、下一步最佳行動、推薦產品 / 服務、客戶流失偵測、情感分析和案例解決。

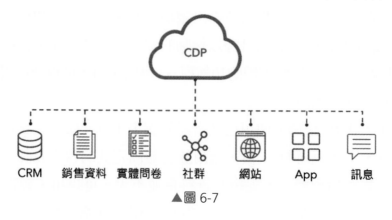

▲圖 6-7

進一步簡單介紹 CDP 主要運作流程，總共有四個步驟，分別如下：

① 步驟一：集中管理數據全面瞭解顧客，CDP 是一個協助整合所有資料的平台，可能包含的數據來源有：

   (a) CRM 資料：品牌記錄在資料庫中的客戶資料，例如姓名、電話、電子郵件等。線上／線下銷售紀錄：線上例如訂單資料；線下例如 POS 機所記錄的資料。

   (b) 實體店面問卷：客戶的回饋與喜好，例如餐廳隨桌附上的顧客意見表。

   (c) 訊息紀錄資料：客戶與品牌聯繫的內容，例如客戶致電、私訊、電郵品牌的資料。

   (d) 官網互動行為：客戶在品牌官網中的行為資料，例如瀏覽頁面、點擊按鈕、停留時間等。

   (e) 社群互動行為：客戶在品牌自媒體中的互動，例如社群中的按讚、留言、分享等行為。

   (f) 顧客手機 APP 中操作行為：如果品牌有發展自家的 APP，也可收集顧客在應用程式內的各種行為資料。

上述總體數據中，收集顧客購買前的行為資料，CDP 強大之處在於能夠整合這些數據，並能識別、歸因到單一顧客資訊，能對每位顧客的樣貌有更全面、精準的了解。

② 步驟二：用戶貼標為資料賦予意義，透過為顧客貼上標籤，能夠區隔出各種不同類型的受眾。常見的標籤類型如：基本的人口統計資料、興趣標籤、財務屬性狀態及購買行為等。

③ 步驟三：受眾分群進行客製化行銷，在有了用戶貼標的基礎之後，行銷人員就能依照行銷目標對顧客進行分群，根據指定標籤來篩選出目標受眾。

④ 步驟四：行銷自動化在對的時間用對的管道發送對的內容，運用串接技術，CDP 能和多個行銷通路連動，也與行銷自動化工具整合，讓行銷人員可根據自己的需求，制定規則安排使用特定管道與消費者進行

接觸，也免去每換一個工具就必須做相關設置的繁雜流程。例如設定先發送電子郵件，若經過 2 天收件者仍沒開信，改以 Line 訊息推播，如果 Line 經過 2 天仍然未讀，則透過簡訊通知。

另一方面，CDP 也能根據消費者過往累積的數據，利用過去經驗建立的判斷方式，或者利用 AI 的數據模型中，藉以預測哪些產品可能是消費者會喜歡的，並讓消費者看到對應的產品，例如根據過去的數據，發現購買 T-Shirt 的顧客在一個星期後，有極高的比例再回購牛仔褲或棒球帽，因此寄出郵件的時候，列出這些品項推薦作爲 EDM 的客製化主打商品。透過 CDP 進行設定，就能將素材依照指定的管道、時間傳遞給受眾，相當輕鬆便利。

以上完成個系統整合後，接下來就要推動虛實融合 (Online Merge Offline, OMO)，又稱全通路行銷，以下進行介紹。

二、建立 OMO 虛實融合策略提升全通路銷售業績

智慧型手機的社群媒體幾乎攻佔了現代人的生活，各家品牌競爭也越趨激烈，消費者開始更加重視商品的獨特性、品牌特色，會因爲有趣的行銷活動、實體店面吸睛的裝潢，而激起消費、分享在社群網站的慾望。因此，零售業經營模式逐漸從線上線下通路整合 (Online to Offline, O2O) 發展至線上線下通路整合 Online Merge Offline, OMO)，比起跨通路的經營，更重視「精準行銷」，講求顧客體驗，提供專屬的推播訊息和個人化服務，牢牢抓住顧客的心。OMO 虛實融合的目的，是讓電商爲實體所用，電商和門市全通路業績要一起成長、一起服務更多客人。藉由整合全通路的消費數據、會員權益、行銷策略，推動消費者跨通路消費，品牌將達到業績綜效。

經研究發現，當消費者在門市、官網、智慧手機 APP 跨通路消費、成爲 OMO 客人，平均一年內消費頻率翻倍、消費金額更成長到 1.6 倍。品牌培養出更多忠實的 OMO 會員，將有感提升全通路的業績和利潤。整合系統、推動全通路 OMO，門市也要轉型爲智慧門市，才能提升銷售，以下介紹智慧門市。

三、智慧門市讓店員推動線上線下銷售

　　企業品牌成功推動智慧零售的關鍵，是要累積足夠多的線上會員，這些會員無論在線上、門市消費，都能獲得一致的會員權益、購買體驗。在線上能享受便利、在門市能享有貼心服務。要順利推動智慧門市，除了實體門市的硬體，還需要搭配虛擬門市 APP 應用軟體才能達成。虛擬門市 APP 讓企業門市店員在實體門市，或在家中利用虛擬門市 APP，都能關懷會員熟客、全方位服務客人，虛擬門市主要有幾項功能：

1. 拉升會員數：店員輸入客人電話，協助加會員、發送入會禮。
2. 了解會員喜好：店員查詢客人的瀏覽、購買紀錄。
3. 促進結帳銷售：店員用手機 APP(如店員幫手)發送優惠券、幫客人加入購物車，讓客人一點就結帳，店員會獲得業績歸屬。
4. 查看績效：店員可以用手機 APP 店員幫手隨時查看自己的線上業績績效。

四、分析會員大數據，精準行銷讓經營貼近會員

　　智慧零售的重要價值之一，是透過數據分析，掌握整體營運狀況。在銷售端可以根據一站式的後台數據，了解如何提升服務品質、精準抓住會員喜好。透過分析客人在線上、線下全通路的瀏覽、購物行為，讓品牌知道如何針對不同屬性的會員，提供精準的銷售訊息，提升轉換率和顧客終身價值。

五、流程自動化減少人力負擔

　　繁瑣、重複性高的作業，可以用科技簡化。例如用聊天機器人 (chat bot) 自動將官網、LINE、臉書客服問題分流、自動化提供解答，減少客服人力。

6-5 智慧金融

　　介紹智慧金融之前，我們先了解甚麼是金融，進一步了解智慧金融的目的，進一步智慧金融使用哪些金融科技 (Fintech) 技術，一步步往智慧金融的目標前進。

6-5-1 何謂金融

　　介紹智慧金融之前，須先了解甚麼是金融。金融 (Finance) 是資金的融通。金融的金指的是黃金，融最早指融成液體，也有融通的意思。所以，金融就是將黃金融化分開交易流通，即價洽通達，意指貨幣流通和銀行信用相關的各種活動。主要內容包含貨幣的發行、投放、流通和回籠，各種存款的吸收和提取，各項貸款的發放和收回，銀行會計、出納、轉賬、結算、保險、投資、信託、租賃、匯兌、貼現、抵押、證券買賣以及國際間的貿易和非貿易的結算、黃金白銀買賣、輸出、輸入等。在經濟生活中，銀行、證券或保險業者從金融市場主體募集資金，並借貸給其它市場主體的經濟活動。從事這一業務的業者稱之為金融業。有關金融業的學術研究稱之為金融學。

6-5-2 智慧金融特性

　　智慧金融是利用物聯網技術與資通訊等技術整合而成，運用大數據、人工智慧、雲端計算、無線通訊技術與各項數據感測與採集技術等金融科技手段，使金融行業在業務流程、業務開拓和客戶服務等方面得到全面的智慧提升，實現金融產品、風控、獲客、服務的智慧化。

　　各金融主體之間利用各項物聯網技術將資訊開放和聯網合作，使得智慧金融具有高效率、低風險等特點。綜觀智慧金融具有的特性有透明性、便捷性、靈活性、即時性、高效性和安全性。以下進一步介紹。

1. 透明性：傳統金融系統的信息通常具有極高封閉性，造成訊息不對稱。智慧金融體系利用各項快速連線的聯網技術，建立公開透明資訊的網絡平台，共享信息流，許多以前封閉的信息，通過網絡變得越來越透明化。

2. 即時性：智慧金融體系下利用各種具聯網技術設備，讓用戶使用應用金融服務與設備更加便利，用戶也不會願意再因為存錢、貸款，去實體銀行排隊幾個小時。未來即時性將成為衡量金融企業核心競爭力的重要指標，即時金融服務肯定會成為未來的發展趨勢。

3. 便捷性、靈活性、高效性：智慧金融體系下，將可公開的資訊放置平台供體系下的金融事業單位共享使用，並讓體系下金融單位用戶應用，提供更加靈活便利的金融服務。同時，金融機構獲得充足的信息後，經過大數據引擎統計分析和決策就能夠即時做出反應，為用戶提供有針對性的服務，滿足用戶的需求。另外，開放平台融合各種金融機構和中介機構，能夠為用戶提供豐富多彩的金融服務。這些金融服務既是多樣化的，又是個性化的；既是打包的一站式服務，也可以由用戶根據需要進行個性化選擇、組合。

4. 安全性：智慧金融機構在為用戶提供服務時，依託大數據徵信彌補我國徵信體系不完善的缺陷，在進行風控時數據維度更多，決策引擎判斷更精準，反欺詐成效更好。進一步，物聯網技術對用戶資訊加密技術、資金安全保護等技術更加注重與完善。

　　上述提到智慧金融在業務流程、業務開拓和客戶服務等方面得到全面的智慧提升，實現金融產品、風控、獲客、服務的智慧化。將金融智慧化的過程中，人工智慧技術是非常重要的一環。目前人工智慧應用於金融領域主要有以下項目。

1. 認識客戶：利用自然語言處理及語意分析技術，辨識及蒐集客戶往來交易資訊，並評估交易之風險。

2. 身分辨識：以生物感測訊號與生物辨識技術(如指紋、瞳孔與人臉等生物辨識技術)作為客戶金融交易安全防護的方法。

3. 簡化人工作業：運用影像辨識技術，簡化人工檢核財務文件作業。

4. 提升信用評分系統：透過社群媒體及第三方支付商等其他數據擁有者，增加蒐集客戶行為資料，改善信用分級之準確性。

5. 監測交易風險：分析客戶歷史交易行為，利用機器學習於監測交易風險模式，以辨識未來交易風險可能升高之帳戶。

6. 智慧客服：利用客服機器人，先行了解使用者需求，自動回覆消費者之諮詢，回答常規問題，簡化申辦流程及例行服務，降低工作人員業務壓力，提升效率。

7. 理財諮詢－依據客戶不同財務目標及需求，規劃不同投資組合商品或服務。

8. 精準行銷－分析各類顧客特性，區隔不同商品與訂價，提供差異化金融服務。
9. 詐欺偵測－針對高敏感度之洗錢、資恐及理賠等行為，提供預警功能。

　　金融業導入人工智慧技術主要目的為降低人工成本及提升服務作業效能，以及透過科技、金融、社群等三大範疇之串聯整合，讓金融商品及服務透過多重管道服務用戶，能更即時提供客戶所需與最適合的金融服務，進而帶給使用者更便捷的金融體驗。

相關影片

6-5-3 金融科技重要發展

　　智慧金融演進中需要透過許多資通訊科技手段達到進步便利的金融服務，讓企業可以提供更有效率的服務，也讓使用者可以更便利更即時的操作，其中所使用的金融相關科技手段，通常簡稱金融科技 (Fintech)。換一個角度也可以想成是，科技業所開發的技術漸漸應用到以往傳統的金融業，試圖帶來一波新的衝擊性改變。不論從哪一個角度來解讀，由目前智慧金融所提供眾多服務來看，金融科技提供的服務大幅改變使用者資金使用的習慣，是目前金融活動發展的重要趨勢。目前金融科技有幾種重要發展，以下介紹。

　　第一種重要發展是行動支付。過去在支付行為中都以現金進行，如今支付行為轉為電子行動支付方式進行，目前有四種行動支付形式，有以簡訊為基礎的轉帳方式，有以行動裝置網路支付，有以行動帳單付款，以及用非接觸型近場通訊 (Near Field Communication, NFC) 技術支付。

　　行動支付是指透過行動裝置 (如智慧型手機、智慧型手錶等) 來進行付款，也就不需要傳統的現金或是信用卡，主要的形式有四種，一個是以簡訊為基礎的轉帳方式，指消費者透過簡訊發送支付請求至一個號碼，款項就可以從電子錢包中扣除。第二三類分別是行動裝置網路支付和行動帳單付款，其中行動帳單付款是現在亞洲最通行的一種方式，指透過密碼授權後，消費款項將會轉嫁到行動服務帳單中。以上通常稱為行動支付中的遠端支付。最後一種非接觸型 NFC 支付，就是一種利用智慧行動裝置貼近電子支付設備做近端無線通訊連線傳送買賣資訊進行支付做動。NFC 是以無線方式進行近場通訊技術，通訊距離約 5 ～ 10 公分，是一種可以讓兩台智慧行動裝置在近距離下無線通訊的通訊技術，若將智

慧型手機具備 NFC 通訊模組，就可以透過手機來進行感應支付。如美國 Google 公司開發的 Google Pay，美國 Apple 公司開發的 Apple Pay，韓國三星公司開發的 Samsung Pay，都是使用 NFC 技術來支付的電子錢包平台，同時提供指紋、臉與瞳孔等生物辨識技術來提高使用者安全性，目前 Google Pay、Apple Pay 與 Samsung Pay 在臺灣已經可以結合多家銀行信用卡使用，讓使用者只需要帶著智慧型手機就可以進行消費，不需要數錢幣金額，不需要找零錢，非常方便。

▲圖 6-8

　　行動支付幾乎是金融科技中被使用最廣泛，因為生活消費就是金融業在民生面向的根基，我們生活中從早到晚都離不開消費，縱使目前金融科技有許多安全考量，但無現金交易的方便性在基本消費中還是比傳統支付來得大許多，可以大大地加快消費過程，及後續的金流處理步驟。

　　第二種重要發展 API 系統開放平台商業模式，API 是開放應用軟體程式介面 (Application Programming Interface)，利用 API 將各自系統的平台建立開放資料 (Open Data) 界面，各種應用軟體可藉由 API 分享平台資訊建立服務，形成的具有經濟價值的資訊分享服務。應用軟體 API 不會涉及應用程式的實際操作，是應用軟體體 APP 所提供的函數庫，通常由開發應用軟體廠商提供，能讓其他第三方應用軟體透過 API 來達到溝通目的，如此一來應用軟體的功能可以讓第三方軟體透過免費或收費的方式使用，提升應用軟體服務的功能與價值。例如 Google 地圖應用軟體提供使用者搜尋位址與導航的功能，許多美食餐廳介紹軟體會透過

Google 地圖應用軟體的 API，進行開發，使用者可以利用美食餐廳介紹軟體得到美食餐廳的資訊，同時可以經 API 得到 Google 地圖導航服務到達美食餐廳的目的。API 經濟模式是金融科技發展的重要一環，這種模式建立有幾個不可或缺的關鍵，首先就是雲端大資料庫的出現，當數據被規模性的使用時，就必須靠 API 將其他應用程式串接整合，規模越大就更有價值，而我們的使用裝置也漸漸從過去的個人電腦往個人行動裝置拓展，許多和生活相關的操作皆是不同系統或應用軟體藉由 API 完成整合應用，比方說透過網路來執行的訂票系統。

API 經濟的運作模式依公司而定，有些企業是採用直接收費的方式營利，也有提供給開發商功能服務或開發環境的互補型方式，例如上述提到的 Google 地圖 API，可以給其他開發商使用進而提升自己的服務完整性，還有一些電子商務平台會提供 API 給開發商，開發商就能夠在平台上提供商品檢索，雙方互利開啟了更多營收的管道，同時也強化合作關係，這樣分享利潤的方式也是一種開放 API 建立經濟模式，Google、亞馬遜等公司每天通過 API 處理的交易都是數十億筆，商業對開發者 (Business to Developer, B2D) 的交易方式在 API 經濟中越來越常見，金融業將也漸漸跟上開放 API 的腳步。

第三種重要發展是建立雲端大數據，上述金融科技可以成功的前提，以行動支付而言，不斷強調的是一切金流的過程是否安全，這些客戶使用者的資訊全都立足於雲端之上，雲端能否提供安全穩定的儲存空間十分重要。金融業業務能否掌握客戶的理財習慣、對於客戶的資料分析是絕對必要的。過去傳統金融服務利用定點當面諮詢取得客戶的理財習慣相關資訊，訊息容易錯誤與不完整，如何利用資通訊科技不需當面與客戶對接並且客戶自主提供理財資訊與喜好方式，有效的蒐集並運用大數據資料可以讓金融業服務轉為主動，提出更有利於使用者的策略，讓金融業在物聯網的大環境中創新一直都是金融科技發展的重要方向。

目前已經許多金融機構近期已採用 Google Cloud Platform 雲端金融解決方案，雲端可以提供金融業強而有力的 Cloud Data Storage 之外，雲端的運算功能也能夠整合在商業分析，甚至機器學習在金融領域的發展快速並取得重要的成果，例如機器人理財，可以想像現在多數的理財專員在未來都將被機器人取代，因為理財機器人可以執行更精準的交易運算，提供使用者更多詳細的金融資訊，進而得出更聰明的選擇。對經濟世界的投資人來說也許會比現行的分析師更加可靠，理財機器人相對更加理性與客觀，更重要是機器人不會疲勞，更不會受到人為的欺騙造成損失。藉著大數據、深度學習等人工智慧技術，智慧金融服務將會更加深入客群、更加貼近客戶需求，更融入日常的消費生活。

相關影片

6-5-4 數位資產

數位資產 (Digital Asset) 是指企業或個人擁有 (可控制的) 以電子資料形式存在的非貨幣性資產，數位資產是經過二進位編碼的任何被授權使用的文字或媒體資源，數位資產包括虛擬機器 (VM)、伺服器、應用程式、文字內容、圖片和多媒體等資料，以及網站及其內容、域名、應用軟體、代碼、電子文件、圖片內容、媒體內容、電子貨幣、電子郵件、遊戲帳號、帳號及其內容、社群網路帳戶及其關係和內容、雲端服務帳戶及其資料等。從經濟學角度來說，數位資產是以資料形態存在的，在日常活動中生產、經營或持有待售的可變資產，數字資產屬於網路財產。

數位資產的發展源自於一位網路虛擬人物中本聰，自稱日裔美國人，是比特幣協定及其相關軟體 Bitcoin-Qt 的創造者，但真實身分未知。中本聰於 2008 年發表了一篇名為《比特幣：一種對等式的電子現金系統》(Bitcoin: A Peer-to-Peer Electronic Cash System) 的論文，提出「區塊鏈」概念，並在 2009 年創立了比特幣網路 (英語：Bitcoin network)，開發出第一個區塊，即「創世區塊」。

自 2008 年金融危機以來，人們對主流銀行部門的信任度逐年降低，金融局面已經不再如同以往朝向線性成長發展，數位銀行與金融科技在不到十年的時間，發展出天翻地覆的應用變化，現在的人們更相信數位金融的服務令人更加興奮。傳統金融平台和破壞式創新的新進者都希望為更廣泛的支付和銀行業務提供一個集中的環境以留住客戶，隨著這些大型企業開始向核心業務以外的領域提供多樣化服務時，數位貨幣、加密貨幣、非同質化代幣 (Non-fungible token, NFT)、去中心化金融 (Decentralized Finance, DeFi)、區塊鍊和代幣化資產正在逐漸萌芽。如今區塊鏈熱潮席捲全球，新冠疫情持續蔓延的情況下，全世界共同經歷一場趨勢的改革，自科技巨頭臉書發表其元宇宙概念迄今，經濟數位化，消費、醫療、金融支付生態全面航向 Web 3.0 新時代，讓加密貨幣 (又稱虛擬貨幣) 如比特幣 (BTC) 及以太幣 (ETH) 價值水漲船高，變成特殊的投資目標，形成一股數位資產投資潮流。

美國知名企業 Tesla 及 MicroStrategy 等上市公司紛紛增購虛擬通貨，更將其視為公司資產管理的一環，機構投資者開始密切關注加密貨幣領域，而加密貨幣相關的 ETF 也將成為一種新的資產類別，造成數位資產理財漸成為現今社會主流趨勢，讓數位資產與其管理方式廣受重視。如新加坡銀行於 2020 年推出數位交易平台 (Digital Exchange)，同時於 2021 年啟動首次證券型代幣發行 (STO)。國際發卡組織 Visa 近年來與加密貨幣平台 Coinbase 和高盛 (Goldman Sachs) 投資的支付新創 Circle 共同開發的穩定幣 USDC 合作，將其納入結算交易的支付網路。

必須注意的是，虛擬通貨不是貨幣，然而，虛擬通貨價格波動性劇烈難以作為值儲藏的工具，其動性劇烈難以作為值儲藏的工具，其價格漲跌快速，易受投機人士炒作，僅極少數用作交易媒介，同時，虛擬通貨非由任何國家貨幣當局所發行，非由任何國家貨幣當局所發行，不具法償效力亦無準非由任何國家貨幣當局所發行，不具法償效力，非由任何國家貨幣當局所發行，不具法償效力亦無準非由任何國家貨幣當局所發行，不具法償效力亦無準備及兌償保證，因此風險極高。

6-5-5 智慧金融未來發展

相關影片

智慧電子金融商務因疫情和遠距辦公的關係加速成長，美國為例自 2019 年與 2020 年之間就從 16% 成長到 27%，特別是線上服務的註冊企業，在同一時段也成長增加 22 倍。伴隨著線上通路的使用率大增，許多如數位支付、電子錢包等金融科技服務相關產業也被帶動一起蓬勃發展起來。其次帶動發展則是資訊安全技術的越來越受重視的趨勢。由於利用網路技術建立之遠端服務盛行，各種假冒金融身分的網路詐騙、金融機構資安問題層出不窮，如何運用資訊科技包括 AI、區塊鏈等技術進行事前防禦與事後止損，將會受到更多重視。

自 2019 年冠病毒 (COVID-19) 疫情肆虐全球，許多城市進行階段性的封城、居家隔離等政策，上班族居家上班與學生網路上課情況下，造就無接觸時代已經來臨。讓金融業未來將以數據作爲核心，並在數位化的發展下提升客戶體驗，以提供安全、效率、個人化服務。在無接觸時代衝擊下，傳統金融應該要重新審視企業政策並加速佈局金融科技，在 2030 年前轉變爲以線上及數位爲主的服務型態，開放銀行 (Open Banking) 透過 API 深化大數據的資料價值，在完善建置 API 的基礎工程後，可以加速開放銀行架構下的業務綜效，使金融機構和金融科技公司的合作更加密切。

6-6 智慧媒體

　　視覺和聽覺是人類最基礎的感觀，人類可以溝通也是利用這兩感觀進行對話模式，同時也藉由這兩感觀接收視聽媒體，如音響、電視、電腦與網路等，從媒體中得到生活中重要資訊，也是主要的休閒娛樂形式來源。文明發展至今，一般認爲人類社會的歷史進程中迄今一共發生過五次信息革命，第一次是語言的誕生，第二次是文字的創造，第三次是以造紙術爲前提的印刷術的使用，第四次是以光電信號和無線電技術爲基礎的電報、電話、廣播和電視的相繼發明。最近的一次信息革命是上世紀下半葉計算機的發明，以及電腦、個人行動設備、無線通訊、物聯網與數字通信技術的整合。

　　過去到現在，傳播媒介形態的變化會因爲大眾對最新信息感知的需要、媒體之間競爭、媒體傳播技術革新的相互作用引起，衍生到今天的智慧媒體的出現，智慧媒體的形態是傳統媒體和新媒體共同演化、增殖產生的新形態。通過智慧媒體的情景感知，客群可以有效地獲取自己想要得到的內容，通過大數據的分析、挖掘，將信息進行選擇與重裝，爲人們提供有效、即時和個性化的服務，通過精準的傳送訊息，將客群信息轉化爲價值。在大數據逐步由概念變爲現實的當下，智慧媒體變得越來越觸手可及，更是傳播革命帶來的新興的、實用的、蓄勢待發的媒介形態。

　　智慧媒體的特徵是提供具備思考、感知、多樣識別與貼近觀看者客製化之智慧型傳播媒體，能主動尋求目標客群並融入客群的社會關係網，出現核裂變式的傳播，如根據用戶的情緒感知爲其提供高清、娛樂的內容，根據客群所在的地方、時間和消費習慣，智慧媒體能主動提供家庭娛樂、親子和家庭購物等信息。要達到這些情境功能必須包含雲端伺服器、雲端計算、高速無線連網、人工智慧、個人智慧化行動設備、高清顯示器等多項技術。

另外智慧媒體具有三種主要特徵，一是要多終端全天候的覆蓋。智慧型手機的普及使人們隨時隨地都能夠獲取信息，用戶時間極具碎片化，所以在用戶接觸移動終端的同時，媒體要多終端的覆蓋並不間斷的提供相應服務。二是從資訊媒體發展到智慧服務，智慧媒體不僅要發布資訊信息，而且要根據分析讀者的需求提供個性化的服務，如工作、生活、社交等，特別是本地化的服務更能貼近用戶的需求。三是從大眾行銷轉化為精準行銷，根據網路文本分析來匹配相對應的廣告，並通過分析讀者的偏好來提供個性化的行銷策略。也藉由此三種重要的特性，建立了智慧媒體之客製化商業模式，系統可以讓不同使用者在不同時間，推播不同使用者偏愛的影片、音樂與文章內容，同時進行不時進行置入行銷，建立龐大的具經濟價值媒體市場。

6-6-1 社交媒體

目前智慧媒體中最具指標性的就是社交媒體 (Social Media)，社交媒體也稱為社會化媒體、社會性媒體，是一個大型網路社交平台技術，提供使用者 (註冊會員)彼此之間撰寫分享意見、見解、經驗與觀點，對事件評價討論，並具有相互傳訊溝通的網路媒體工具。早期網路媒體是電子佈告欄系統 (Bulletin Board System, BBS)、論壇、部落格與 Plurk(噗浪)，近期受歡迎的社交媒體有 Youtube、Twitter、Instagram 與 Facebook。社交媒體近年來在網際網路上蓬勃發展。其傳播的信息已成為人們瀏覽網際網路的重要內容，不僅製造人們社交生活中爭相討論的一個又一個熱門話題，更進而吸引傳統媒體爭相跟進。

當社交媒體平台中註冊登記龐大的使用會員之後，就會形成了行銷潛力價值，即社交網路行銷 (Social Network Marketing)，或稱為社交媒體行銷 (Social Media Marketing)。社交網路行銷是指企業為了行銷的目的，在網路社交媒體服務上創造特定的訊息或內容來吸引消費大眾的注意，引起線上民眾的討論，並鼓勵讀者透過其個人的社會網路去傳播散佈這些行銷內容，並進而提升與客戶的關係與滿意度的行銷策略。社群網路行銷需要透過一個能夠產生群聚效應的網路服務媒體來運作或經營。這個網路社交媒體行銷主要常見的平台如 Facebook、Instagram 與 Linkedin 等。由於上述的這些網路服務媒體具有互動性，因此，能夠讓網友在一個平台上，彼此溝通與交流。以下簡單介紹主要網路社交平台。

1. **Facebook**

   於 2004 年由祖柏克 (Mark Zuckerberg) 與其室友在美國共同創立，如今已經發展成最大的社群媒體，全球擁有著 26 億月活躍用戶，如今的 Facebook 不僅僅只是一個社群媒體，而是一個連接人與人之間聯繫溝通重要的媒介、縮短品牌與消費者之間的距離、同時也隨著 Facebook 積極推廣社群建立，驅動消費者與消費者間互動的平台。

   在臺灣 Facebook 的月活躍用戶就有著一千九百萬，是全球臉書滲透度最高的國家之一。近幾年 Facebook 在臺灣的用戶在性別與年齡上較為平均的分佈在中老年上的用戶呈現成長，然而在年輕人間卻逐漸地失去相關性，用戶數也下降。

   於 2018 年的 3 月時，劍橋分析的醜聞曝光後，臉書於用戶隱私及資料管理的運營流程隨即被公眾拿起放大鏡檢視，而也因如此，在這兩年多的期間，其演算法的調整與更新都劇烈的在進行。意圖讓臉書成為一個更為透明，以及能讓用戶的時間更有價值且更具意義的平台。2020 年提出平台的演算法將重心放更多在社群的凝聚力、個人化與高相關的內容、同時對於品牌主來說，還有具意義的互動。

   隔年 2021 年，Facebook 正式宣布將公司名稱改為「Meta」，未來將積極發展元宇宙。祖克柏表示 Facebook 是希望以科技連結大眾，而 Metaverse 將會成為新一代的網際網路新趨勢，是一個可以讓虛擬與現實深度互動的網際網路世界。而 Meta，主要著眼於最近科技界最熱的 Metaverse(元宇宙)，同時，Meta 也來自希臘文字根，有超越 (beyond) 之意。所謂的元宇宙，指的是「虛擬世界」，在這個虛擬世界中，人們可以盡情做想做的事情，包含與朋友交流、工作、娛樂、學習、購物和創作等。除了更改公司名稱之外，並把應用軟體 (App)、實境實驗室 (Reality Labs) 分作兩個部分獨立運作，也為開發者釋出專為 Metaverse 準備的幾款軟體開發套件 (SDK) 與應用程式介面 (API)，另外，祖克柏也展示 Metaverse 未來將很可能使用非同質化代幣 (NFT) 來建立虛擬金流系統。

2. LinkedIn

LinkedIn 於 2003 年創立，LinkedIn 誕生之初是一個為職場人士提供線上履歷展示的平台。很多人是出於找工作以及讓同事和上級評價自己的履歷，使之更可信的目的使用 LinkedIn。但 LinkedIn 在這十年中，逐漸從最初的模樣進化到如今為個人提供職業人脈管理服務的形態。目前全球的使用者數已經突破 2 億 2 千 5 百萬人，其中，大部分來自美國，使用者數高達 7 千 7 百萬人，是 LinkedIn 最大的市場，其次則是使用者數達到 2 千萬人的印度，緊接在後的有巴西 (1 千 2 百萬名使用者) 與英國 (1 千 1 百萬名使用者)。根據 LinkedIn 與惠普共同發布的數據發現，高達 57% 的社群使用者，並非來自資訊科技領域，與惠普同屬於資訊科技產業的社群，占居 43%。其中，有 3 成來自公司員工人數超過 5 千的大型企業。在這 1 百萬人中，有 12 萬人是企業高層，包括執行長、副總經理或企業主等，也有 23 萬人是部門主管或管理階層。另外還有 32 萬人是具有影響力的獨立貢獻者。

LinkedIn 共同創辦人 Allen 表示 LinkedIn 希望幫助每一個人找到他們自己由衷喜歡且擅長的工作。只要人們從事的是他們發自內心喜歡的工作，而不是必須完成的任務，他們的工作就是有價值的，這種價值不僅僅對他們自身有益，還將回饋給他們所處的社群，乃至世界。

▲圖 6-9

3. Instagram

在 2012 年被 Facebook 以十億美金收購後，現在已成長至一個全球擁有超過 10 億活躍用戶的社群平台，以圖片、長短影片、直播等高互動性的互動方式，吸引廣大的年輕族群，僅 18 ～ 34 歲的用戶占比將近全球整體用戶數的 70%。

在臺灣 2020 年 Instagram 高達 867.8 萬的用戶數，於整個臺灣網路人口中取得 42.3% 的滲透率。其較爲專注的用戶群以及高互動的特性，也讓相關產業 (譬如服飾、美妝及網紅等) 於廣告及有機互動的 ROI 遠高於其他平台。於演算法中，Instagram 根據使用者的興趣、用戶之間的關係、內容本身的時效性、使用者於 Instagram 上的頻率、追蹤對象的類別與型態及使用者的應用等六項指標來餵食演算法，以更好的推放用戶相關的內容，並且最大化廣告主的投放效益。

Instagram 平台中品牌與消費者的互動方式也漸漸的轉向平台的經營模式，不再僅是單向投放，而是通過與 KOL 合作、直播及互動式影片的模式與消費者更近一步的接觸，如此的做法也讓 Instagram 在品牌與消費者互動率中，創下最好的成績。

參考資料

1. Alexander Osterwalder and Yves Pigneur, "Business Model Generation: A Handbook for Visionaries, Game Changers, and Challengers", Wiley, 2010/07/23.

2. 翁書婷,"你一定要認識的物聯網商業模式:羊毛出在狗身上,豬來買單",數位時代,2014/12/01。
   https://www.bnext.com.tw/article/34569/BN-ARTICLE-34569

3. "有了 IoT 數據然後呢?物聯網數據的 6 種商業應用類型",SoftChef,2020/10/28。
   https://www.softchef.com.tw/articles/6IoTscenarios

4. 張世模,"物聯網最有效的 7 種商業模式 (上)",asmag,2019/07/02。
   https://www.asmag.com.tw/showpost/11438.aspx

5. 張世模,"物聯網最有效的 7 種商業模式 (中)",asmag,2019/07/09。
   https://www.asmag.com.tw/showpost/11445.aspx

6. 張世模,"物聯網最有效的 7 種商業模式 (下)",asmag,2019/07/15。
   https://www.asmag.com.tw/showpost/11449.aspx

7. 舒能翊,"物聯網創新商業模式下的企業轉型三大要點",DIGITIMES,2022/07/06。
   https://www.digitimes.com.tw/iot/article.asp?id=0000639158_EJG05B2B6HTCGL7D95A5N

8. angelayang,"提升全通路銷售!「智慧零售」五大應用場景、商業模式和案例",91APP,2021/07/01。
   https://www.91app.com/blog/smart-retail/

9. 陳美君,"人工智慧守住你的錢!央行:金融業導入 AI 有九大方向",經濟日報,2022/07/21。
   https://money.udn.com/money/story/5613/6478290?from=edn_referralnews_story_ch5590

10. 葉明桂,"品牌的技術和藝術:向廣告鬼才葉明桂學洞察力與故事力",時報出版,2022/09/13。

7 物聯網內網技術

7-1 物聯網網路架構

　　物聯網網路的結構分成了內網及外網，內網即一般所說的區域網路，像是公司或者是學校都會擁有屬於自己的區域網路。在區域網路中，每台主機可以相互交換資訊，但是彼此所使用的 IP 位址是不可重複的；外網即為網際網路，是區域網路經由路由器對外連接的大型網路；在外網中，IP 地址是唯一的，也就是說在內網中的所有主機都是連接到外網的其中一個 IP 上，並透過這個 IP 和其他外網的主機交換資訊。因此，在一個環境當中，所有的感測器會彼此建立一個內網交換訊息，之後再透過外網將收集的資訊傳送出去。

　　物聯網架構中的網路層就像是人體結構中的神經，負責將感知層所收集到的資料傳輸至應用層進行處理。由於網路層是建立在數據網路或電信網路的基礎上，(因為感知層的特性，使得無線網路的使用較為頻繁) 因此在網路層中將會依照網路傳輸的需求使用到各種不同的無線網路服務，以下將個別介紹常使用到的網路服務及技術。

7-1-1 無線電信網路

　　無線電信網路是由「基地台」與「行動電話」等設備所組成，處於基地台服務範圍內的手機可以用無線的方式與基地台傳輸語音。隨著技術的演進，無線電信網路也從 1G 傳輸的「類比聲音訊號」，到 2G 傳送的「數位語音訊號」，進而發展至 3G 的整合語音，甚至 5G 的移動網際網路和物聯網等服務，並且提高了傳輸速率，將語音為主的電信網路和資料傳輸為主的數據網路整合於手機中，提供使用者不僅可以使用手機進行語音通訊，亦能透過手機使用如電子郵件、網頁瀏覽、電話會議、電子商務、電影觀賞等多項多媒體服務。

7-1-2 無線數據網路

　　無線數據網路的應用在我們的日常生活中已經非常普及，其依照通訊範圍的大小將會使用到不同的通訊技術，例如：使用 WiMAX 這種遠距離 (約 48 公里)、高速率 (一個基地台提供 70 Mbps 的無線頻寬) 的無線數據網路作為通訊標準時是提供給網路範圍涵蓋了一個校園或一座城市的「無線都會網路」；以 WiFi 的無線數據網路作為通訊標準，並使用「無線電波」做為資料傳送媒介時，則是給通訊範圍為數十公尺至一百多公尺的「無線區域網路」使用，其提供了人們在佈有存取站的場所中享有網際網路的服務；以藍牙為主的通訊技術也提供了一種小範圍的無線通訊，通訊範圍為十至數十公尺的「無線個人網路」，是除了 WiFi 外的另一種提供可攜式裝置，並與其他設備間通訊的短距離無線通訊技術。在傳送資料的過程中，網路層會依照不同的通訊範圍使用相對應的通訊技術。其中，Zigbee 是一種廣泛應用於感測器的無線通訊標準，Zigbee 的通訊標準主要是考量到感測器不需要很高的傳輸頻寬，反而是需要將電量消耗至最低，以延長電池壽命，因此，目前 Zigbee 的通訊標準是以低功率、價格低廉、支援許多設備等優點大量地運用在感測器當中。

　　透過上述所提到的不同無線網路服務，網路層可以依照各種場景選擇合適的傳輸方式，因此根據不同的網路需求，在網路層中也發展了各種關鍵技術，以下將分別介紹異質網路整合、移動通信網路技術及雲端運算技術。

7-1-3 異質網路整合

在物聯網的應用中，不同的物聯網設備會因應其所使用的不同網路技術連結至網路上，如 Zigbee、WiFi、LAN、WiMAX、GSM... 等。然而，不同的網路技術彼此無法相互溝通，也因為各自使用不同的網路規範，導致彼此協調不使得網路頻道中的某個頻道同時被多個網路技術所使用，產生共用問題，進而無法使用設備，因此，在不同的環境中常會要求各種類型的網路能夠相互通訊。此外，在場景應用上還會要求網路設備及智慧終端根據自己的應用需求、通訊能力、網路環境選擇適合的互通及連線方式，不同的網路技術必須能夠支援多種終端或網路間相互協同的功能，以達成資料完整傳輸的任務，並且還能夠臨時組成一個動態網路以提高物與物互聯的效率，如圖 7-1 為多種無線通訊透過閘道器控制 Zigbee 家電。

在物聯網的環境中，由於嵌入在物件上面的無線感測平台僅有提供 ZigBee 的通訊協定，礙於無線感測平台和使用者的終端裝置之通訊協定不同，如藍牙、紅外線、WiFi 等，因此需要一台儀器可以將無線感測平台與使用者終端裝置之間的通訊協定作轉換。

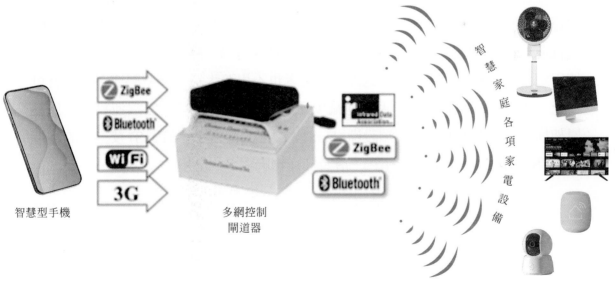

▲圖 7-1　多種無線通訊透過閘道器控制 Zigbee 家電

7-1-4 移動通信網路技術

在透過上述無線電信網路中所提到各種技術的發展下，將會形成移動通信網路技術，移動通信網路技術為覆蓋範圍最廣且應用最為普及的無線通信網路。由於為物聯網發展初期中最主要的終端接入連結技術，因此在物聯網上最具有不可替代的價值。但是，由於目前的移動通信網路技術尚未考慮到人與物、物與物的通信需求，因此隨著物聯網的發展將從物與物通訊的模型出發，設計出低頻寬、低碼率的傳輸方式，以支援更小資源的分配及大量低數據率的終端連結，並達成隨機切換及移動性管理。

7-1-5 雲端運算技術 (Cloud Computing)

雲端運算是一種基於網際網路的運算方式，是將許多「端」點串聯起來，這些端點也就是所謂的物聯網的設備，諸如電腦、手機等，每一「端」集合起來將形成如同「雲」般豐富的運算資源，依照使用者的需求，方便且快速地提供各式各樣的應用服務。透過這項技術，遠端的服務供應商可以在數秒之內，處理數以千萬計甚至億計的資訊，提供如同「超級電腦」般同樣強大效能的網路服務。雲端運算對於使用者而言，不需了解其所享受的該項服務，是由「雲」中哪台電腦進行運算、由哪個儲存設備進行資料查詢，只要透過一條網路線連上網路，即可使用龐大的電腦及網路資源。此外，使用者也不用花大錢升級電腦或手機等就可連上「雲」中的硬體設備，大幅地減少硬體成本。如圖 7-2，雲端運算共分為三層架構，分別為：下層的雲端設備 (IaaS)、中層的雲端平台 (PaaS) 及上層的雲端軟體 (SaaS)，以下將各自介紹這三層及其在物聯網上的應用。

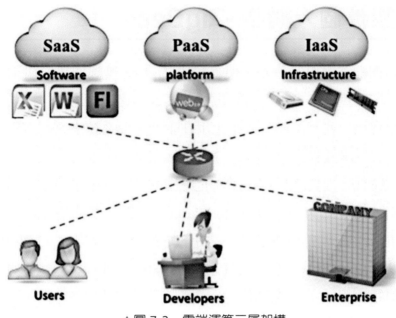

▲圖 7-2　雲端運算三層架構

1. **架構服務 Infrastructure as a Service(IaaS)**

   提供使用者使用「基礎運算資源」，如：處理能力、儲存空間、網路元件或中介軟體，讓使用者能夠掌握作業系統、儲存空間、已部署的應用程式以及網路元件。IaaS 技術對於處理物聯網應用的大量資料與數據處理提供了有效的用途，此外，IaaS 對各類內部不同的資源環境提供了一致的服務介面。

2. **平台服務 Platform as a Service(PaaS)**

   使用者建立應用程式，其掌握應用程式的環境。其又分為 APaaS 及 IPaaS，APaaS 主要是為應用程式提供執行環境及數據儲存；IPaaS 是用於集合和建立多種應用程式。在物聯網中，由於建構者的應用目的不同，PaaS 的應用常具有不同的應用模式及應用方向。

3. **軟體服務 Software as a Service(SaaS)**

   消費者使用應用程式，是一種服務觀念的基礎。在物聯網中，SaaS 依照感知層的各種資料的收集大量的數據，並對這些數據進行分析和處理，最後依用戶的需求提供相對應的服務。

7-2　無線個人網路 -ZigBee

　　隨著物聯網網路應用的普及，使得利用 ZigBee 無線通訊模組來建構無線個人網路成為熱門的選項，再加上各類數位感測儀器之廣泛應用，例如無線居家照護、周遭環境資訊、安全監控、或是應用在生產作業系統之系統資訊搜集，行動運算及無所不在的網路世界逐漸成為我們生活環境的一部分，人類將進入所謂智慧型生活環境時代，而資訊科技除了原有應用的領域外，也將在人們居家生活中大放異彩，這是近年來「Ubiquitous Networking」急欲實現的概念。

　　ZigBee 是一種無線網路協定，主要由 Honeywell 公司組成的 ZigBee Alliance 制定，從 1998 年開始發展，底層是採用 IEEE 802.15.4 標準規範的媒體存取層與實體層，主要特色有低速、低耗電、低成本、支援大量網路節點、支援多種網路拓撲、低複雜度、快速、可靠、安全。

7-2-1 ZigBee 技術

　　ZigBee 基於 WPAN(Wireless Personal Area Network；無線個人區域網路) 的應用，其底層採用 IEEE 802.15.4 標準規範的媒體存取控制層 (Media Access Control Layer；MAC) 與實體層 (Physical Layer；PHY)，主要特色有短距離 (50 公尺內)、低速率(250 Kbps)、低耗電、低成本、低複雜度、安裝快速、可靠、安全，可支援大量網路節點 (高達 65,000 個)，以及支援多種網路拓撲 (如圖 7-3，Star 星狀、Cluster Tree 簇樹狀、Mesh 網狀)。

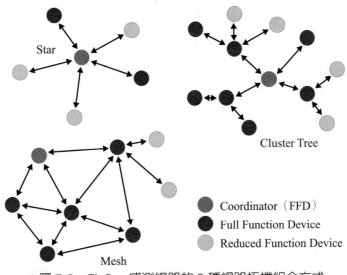

Star

Cluster Tree

Mesh

Coordinator（FFD）
Full Function Device
Reduced Function Device

▲圖 7-3　ZigBee 感測網路的 3 種網路拓樸組合方式

　　由於 ZigBee 的網路拓樸跟網際網路一樣都具有多種傳輸途徑，每個 ZigBee 節點本身可以擷取資料，或傳遞來自其他節點的資料，因此當一個 ZigBee 網路節點被移除或是斷訊，其周遭的 ZigBee 裝置能夠透過 ZigZag(蜿蜒曲折) 的傳輸方式，如同大黃蜂那樣的連接到其目的地 (Zigzag like a Bee)，這也就是 ZigBee 的名稱由來。更是被業界視爲智慧建築 (Smart Building)、物聯網最廣泛的協定之一。

　　現今的家電控制、物件辨識、醫療照護、建築自動化、WSN 等 IoT 應用，很多都不需要用到高耗電的 Wi-Fi 傳輸協定，而藍牙的成本又較高，因此業界大都選擇低耗電、使用一個鈕扣電池即可運作長達 1 年的 ZigBee 無線通訊標準，來建構該領域專屬的 WPAN 網路。ZigBee 的節點角色可分爲 FFD(Full Function Device；全功能裝置) 與 RFD(Reduced Function Device；縮減功能裝置) 兩種。

　　FFD 可在星狀或網狀的網路拓樸中，與任何一個節點溝通，可擔任整個 ZigBee 網路的控制中心 (Coordinator)，或者負責擔任延展整個網路的中繼路由器 (Router)，因此必須擁有 IEEE 802.15.4 MAC 層的全部功能。至於 RFD 則是屬於整個 ZigBee 網路中的末端裝置 (End Device)，只能點對點溝通，其可省略 IEEE 802.15.4 的 MAC 層功能，因此耗費的記憶體與電源更小。

ZigBee 使用的頻段有 3 個：ISM 的 2.4 GHz(全世界共通頻段標準，資料傳輸率 250 Kbps，16 組頻道)、915 MHz 頻段 (美洲採用，資料傳輸率 40 Kbps，10 組頻道)、868MHz 頻段 (歐洲採用，資料傳輸率 20 Kbps，1 組頻道)，如圖 7-4 所示。雖然不同頻段有不同的傳輸速率和距離，尤其後兩者都是 Sub-GHz(低於 1GHz) 的頻寬，但藉由提升 ZigBee 的射頻功率，還是能將傳輸速率提高。

以 ISM 的 2.4 GHz 頻段來說，被切割成 16 個頻道，其採用 DSSP(Direct Sequence Spread Spectrum；直接序列展頻) 的展頻方式，將要發送的基頻 (Base Band) 訊號，轉換成低能量、高頻寬的展頻訊號 (Spreading Signal) 之後，再傳送出去，因此可以提高抗環境干擾的能力。

頻率	頻帶	覆蓋範圍	數據傳輸速度	通道數量
2.4 GHz	ISM	全球	250 kbps	16
912 MHz	ISM	美洲	40 kbps	10
868 MHz	ISM	歐洲	20 kbps	1

▲圖 7-4　ZigBee 使用的頻段

7-2-2 ZigBee 技術特點

1. 低功耗：在低耗電待機模式下，2 顆 5 號乾電池可支持 1 個 ZigBee 節點 (node) 工作 6-24 個月，甚至更長，這是 ZigBee 的突出優勢，相比之下傳統藍牙 (藍牙 4.0 以下版本，以下統稱藍牙) 可以工作數周、WiFi 可以工作數小時。

2. 低成本：透過大幅簡化協議 (不足藍牙的 1/10)，降低了對通訊控制器的要求，按預測分析，以 8051 的 8 位微控制器測算，全功能的主節點需要 32KB 代碼，子功能節點少至 4KB 代碼，而且 ZigBee 的協議專利免費。

3. 低速率：ZigBee 工作在 250 kbps 的通訊速率，滿足低速率傳輸數據的應用需求。

4. 近距離：傳輸範圍一般介於 10 ～ 100 m 之間，增加了 RF 發射功率後，亦可增加到 1 ～ 3 km，這指的是相鄰節點間的距離，如果通過路由和節點間通訊的接力，傳輸距離將可以更遠。

5. 短時延：ZigBee 的響應速度較快，一般從睡眠轉入工作狀態只需 15 ms，節點連接進入網路只需 30 ms，進一步節省了電能。相比較，藍牙需要 3-10 s、WiFi 需要 3 s。

6. 高容量：ZigBee 可採用星狀、片狀和網狀網路結構，由一個主節點管理若干子節點，最多一個主節點可管理 254 個子節點；同時主節點還可由上一層網路節點管理，最多可組成 65000 個節點的大網。

7. 高安全：ZigBee 提供了三級安全模式，包括無安全設定、使用接入控制清單 (ACL) 防止非法獲取數據以及採用高級加密標準 (AES128) 的對稱密碼，以靈活確定其安全屬性。

8. 免執照頻段：採用直接序列擴頻在工業科學醫療 (ISM) 頻段，2.4 GHz(全球)、915 MHz(美國) 和 868 MHz(歐洲)。

7-2-3 ZigBee 的性能分析

1. 資料速率比較低：在 2.4 GHz 的頻段只有 250 Kb/s，扣掉通道競爭應答和重傳等消耗，真正能被應用所利用的速率可能不足 100 Kb/s，且餘下的速率可能要被鄰近多個節點和同一個節點的多個應用所瓜分，因此不適合做視頻，但適合做傳感和控制。

2. 可靠性：在可靠性方面，ZigBee 有很多方面進行保證。物理層採用了擴頻技術，能夠在一定程度上抵抗干擾；MAC 應用層 (APS 部分) 有應答重傳功能；MAC 層的 CSMA 機制使節點發送前先監聽通道，可以避開干擾的作用。當 ZigBee 網路受到外界干擾，無法正常工作時，整個網路可以動態的切換到另一個工作通道上。

3. 時延：由於 ZigBee 採用隨機接入 MAC 層，且不支援分時多工 (Time-Division Multiplexing；TDM) 的通道接入方式，因此不能很好的支援一些即時的應用。

4. 能耗特性：能耗特性是 ZigBee 的一個技術優勢，通常 ZigBee 節點所承載的應用資料速率都比較低，在不需要通訊時，節點可以進入很低功耗的休眠狀態，此時能耗可能只有正常工作狀態下的千分之一，由於一般情況下，休眠時間占總執行時間的大部分，有時正常工作的時間還不到百分之一，因此達到很高的節能效果。

7-2-4 ZigBee 的網路特性

ZigBee 大規模的組網能力每個網路 65000 個節點，Bluetooth 每個網路 8 個節點，因為 ZigBee 底層採用了直接序列展頻 (Direct-Sequence Spread Spectrum；DSSS) 技術，如果採用非信標 (Non-Beacon) 模式，網路可以擴展得很大，因為不需同步而且節點加入網路和重新加入網路的過程很快，一般可以做到 1 秒以內，甚至更快；Bluetooth 通常需要 3 秒。在路由方面，ZigBee 支持可靠性很高的網狀網路路由，所以可以佈置範圍很廣的網路，並支援多播和廣播特性，能夠給豐富的應用帶來有力的支持。

網路的構成方式又稱為**拓樸 (Topology)**。ZigBee 支援**點對點 (Point-to-Point)、單點對多點 (Point-to-Multipoint)** 或**星狀 (Star)** 及**網狀 (Mesh)** 架構，每個網路設備都稱作「節點」。設置 ZigBee 網路時，要決定每個裝置 (節點) 的任務：

(1) 協調器 (Coordinator)：ZigBee 網路包含唯一的協調器，管理網路的設置。

(2) 路由器 (Router)：同一個網路可以包含多個路由，負責轉發其他節點的訊號。

(3) 終端 (Endpoint)：同一個網路可以包含多個終端，ZigBee 的終端無法直接和其他終端通訊。

點對點通訊，指的是兩個網路設備直接相連，像手機藍牙連接 Arduino 藍牙序列埠模組，或者手機畫面透過 **Miracast/WiFi-Direct** 技術投影到電視機，都是點對點連線。一般家庭的網路都屬於星狀架構，中心節點是基地台，每個節點的訊息都要經過它收發，萬一基地台故障，整個網路就中斷了。網狀網路用在網路節點彼此距離超過無線傳輸範圍的場合，像普及於台灣各縣市的 iTaiwan 免費無線網路，就是由許多路由器交織而成。

7-2-5 ZigBee 聯盟

ZigBee 聯盟是一個高速成長的非盈利業界組織，成員包括國際著名半導體生產商、技術提供者、技術整合商以及最終使用者。聯盟制定了基於 IEEE 802.15.4，具有高可靠、高性價比、低功耗的網路應用規格。

ZigBee 聯盟的主要目標是以透過加入無線網路功能，為消費者提供更富有彈性、更容易使用的電子產品。ZigBee 技術能融入各類電子產品，應用範圍橫跨全球的民用、商用、公共事業以及工業等市場，使得聯盟會員可以利用 ZigBee 這個標準化無線網路平台，設計出簡單、可靠、便宜又節省電力的各種產品。

ZigBee 聯盟所鎖定的焦點為制定網路、安全和應用軟體層；提供不同產品的協調性及互通性測試規格；在世界各地推廣 ZigBee 品牌並爭取市場的關注；管理技術的發展。

7-2-6 ZigBee 標準的制定

IEEE 802.15.4 的物理層、MAC 層及資料連結層，標準已在 2003 年 5 月發佈，ZigBee 網路層、加密層及應用描述層的制定也取得了較大的進展。由於 ZigBee 不僅只是 802.15.4 的代名詞，而且 IEEE 僅處理低級 MAC 層和物理層協定，因此 ZigBee 聯盟對其網路層協定和 API 進行了標準化，完全協定用於一次可直接連接到一個設備的基本節點的 4K 位元組或者作為 Hub 或路由器的協調器的 32K 位元組，每個協調器可連接多達 255 個節點，而幾個協調器則可形成一個網路，對路由傳輸的數目則沒有限制。

7-2-7 ZigBee 協議棧架構

軟體架構建立在 IEEE 802.15.4(已認證的無線通訊標準) 上，從更高的一個角度來說，任何 ZigBee 網路的軟體架構包含四個基本的協議：應用層、網路層、媒體存取層和實體層；應用層最高，實體層最低，如圖 7-5：

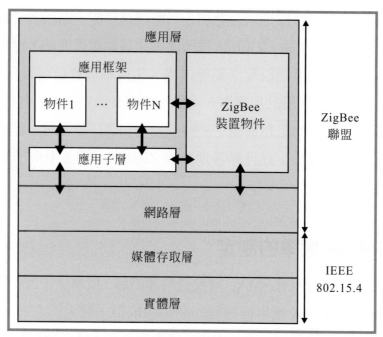

▲圖 7-5　ZigBee 網路架構與運作功能示意圖

1. **應用層**：應用層包含在網路節點上執行的應用程式，這些應用程式給裝置自身的功能本質上是應用程式將輸入轉換成數字資料，再將數字資料轉換成輸出。一個節點可能執行多個應用程式，例如一個環境感測器可能包含獨立的應用程式去測量溫度、溼度和大氣壓。

2. **網路層**：網路層提供了 ZigBee 協議功能和 IEEE 802.15.4 層的應用介面，該層涉及網路結構和多級路由。

3. **媒體存取層**：媒體存取層由 IEEE 802.15.4 提供，負責定址，對於傳出資料，它確定往哪裡傳；對於輸入資料，它確定資料從哪裡來的，它也負責組裝傳輸的資料封包，拆解收到的封包。在 IEEE 802.15.4 標準中，被稱為 IEEE 802.15.4 MAC(媒體訪問控制)。

4. **實體層**：實體層由 IEEE 802.15.4 標準提供，涉及物理傳輸介質的介面 (廣播)，在這種介質中交換資料位，也可以在上一層交換資料位 (媒體存取層)，在 IEEE 802.15.4 標準中，實體層被稱為 IEEE 802.15.4 PHY。

7-2-8 ZigBee 的應用前景

　　ZigBee 並不是用來與藍牙或者其他已經存在的標準競爭，它的目標定位於現存的系統還不能滿足其需求的特定的市場，它有著廣闊的應用前景，其應用領域主要包括：

- 家庭和樓宇網路：空調系統的溫度控制、照明的自動控制、窗簾的自動控制、煤氣計量控制、家用電器的遠程控制。
- 工業控制：各種監控器、感測器的自動化控制。
- 商業：智慧型標籤。
- 公共場所：煙霧探測器等。
- 農業控制：收集各種土壤資訊和氣候資訊。
- 醫療：老人與行動不便者的緊急呼叫器和醫療感測器。

7-3 無線個人網路 - 藍牙 (Bluetooth)

　　「Bluetooth」名稱取自西元 10 世紀丹麥國王 Harald II 的名字，紀念他統一丹麥和瑞典的貢獻。在藍牙 (Bluetooth) 的早期發展過程中，是由 Ericsson 負責無線射頻及基頻技術的研發，Nokia 則發展無線技術與行動電話之間所使用的軟體；另一方面，由 Intel 負責半導體晶片及傳輸軟體的開發，Toshiba 及 IBM 負責開發攜帶式電腦介面規格。

　　經過這幾年的努力及推廣，全球大部份的資訊、通訊、半導體、消費性電子、網路及汽車等製造廠商，也都相繼加入為 Bluetooth SIG 會員，Bluetooth 儼然成為目前消費性產品最主要的通訊技術。另一方面，雖然 Bluetooth 也提出區域網路規範，但主要訴求是短距離之間的通訊，與 IEEE 802.11 系列有所區別；再者，若能將 Bluetooth 及 IEEE 802.11 網路連結起來，網路功能便能更深入到一般性消費產品，進而使網路應用更加廣闊。

藍牙的運作原理是在 2.45 GHz 的頻帶上傳輸作業，除了資料外，也可以傳送聲音，每個藍牙技術連接裝置都具有根據 IEEE 802 標準所制定的 48-bit 地址；可以一對一或一對多來連接，藍牙的傳輸範圍在 10 公尺 (0 dBm) 到 100 公尺 (20 dBm) 左右，採用每秒 1600 次跳頻展頻技術。

7-3-1 藍牙運作原理

在資料傳輸上，藍牙以 ACL(Asynchronous Connection-Less) 的連線方式，提供最高下載資料 723.2 kbps 及上傳資料 57.6 kbps 的非對稱性質傳輸速率或 433.9 kbps 的對稱性質傳輸速率；在語音部分，以 SCO(Synchronous Connection-Oriented) 的連線方式，提供 64 kbps 的音訊傳輸速率。

此外，跳頻展頻(frequency-hopping spread spectrum, FHSS) 在同步的情況下，發射與接收兩端以特定型式的窄頻電波來傳送訊號，為了避免在一特定頻段受其他雜訊干擾，收發兩端傳送資料經過一段極短的時間後，便同時切換到另一個頻段，由於不斷的切換頻段，因此較能減少在一個特定頻道受到的干擾，也不容易被竊聽或盜取。

7-3-2 藍牙協定標準

藍牙相容大部份電子裝置的通訊系統，其規格可被區分為兩大類：「**核心規格**」(Core Specification) 和『**草案規格**』(Profile Specification)；**核心規格**主要描述藍牙的協定堆疊架構，以及各個層次應具有的功能，範圍可由無線電波到網路應用軟體之間的連結規範；**草案規格**是描述建立在藍牙技術上的各種應用領域，它是期望各種電子裝置都能夠有一個標準規範來實作藍牙，使各設備之間的通訊較容易達成。簡單的說，**草案規格**是架設在**核心規格**上的各種應用標準，並且希望每一特殊應用都能有一標準規範來做依據。

7-3-3 藍牙協定堆疊

圖 7-6 是由核心規格所制定的協定堆疊，其中包含核心 (Core)、纜線替換 (Cable Replacement)、電話控制 (Telephony Control)、採用協議 (Adoption Protocol) 等四種協定。核心規格包含有下列五個層次：

1. **無線電協定 (Radio Protocol)**：描述有關無線電介面規格，包含電波頻段、跳頻技術、調變技術、以及發射功率等。

2. **基頻協定 (Baseband Protocol)**：規範微型網路 (Piconet) 內的連線建立方式，其中包含定址方式、封包格式、時序、以及電源控制。

3. **鏈路管理協定 (Link Manager Protocol；LMP)**：負責藍牙和其它設備之間連結鏈路的建立與管理，其中包含安全性規範，如認證 (Authentication) 和加密 (Encryption)，也包含控制與協調基頻封包的大小。

4. **邏輯鏈路控制與調適協定 (Logical Link Control and Adaptation Protocol；L2CAP)**：調適上層的通訊協定和基頻協定之間的連結，L2CAP 提供連接導向和非連接等兩種連線方式。

5. **服務發現協定 (Service Discovery Protocol；SDP)**：提供服務的裝置訊息、服務項目、以及特性的訊息供查詢，並提供兩個或兩個以上的藍牙裝置之間彼此建立連線。

至於 Cable Replacement Protocol 中的 RFCOMM(Radio Frequency Communication) 是提供一個『**虛擬串列埠口**』**(Virtual Serial Port)** 來取代電腦設備中的低速率傳輸埠口 (如 RS-232C)，以達到省略連線的功能；Telephony Control Protocol 是由 TCS BIN(Telephone Control Specification - Binary) 來製作，TCS BIN 可模擬電話系統的撥號、提起話機、忙線狀態的處理，並且也提供行動電話的管理程序；Adopted Protocol 是依各種需求而加入的協定，譬如 PPP、IP、UDP、WAP 等等。

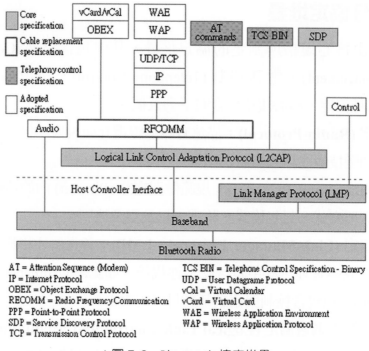

▲圖 7-6　Bluetooth 協定堆疊

　　圖 7-6 中的主機控制部份包含了 LMP、Baseband 和 Bluetooth Radio 三個功能層次，這三個功能層次在所有藍牙裝置上都必須具備，其它層次則依照各種裝置的環境需求來實現。

7-3-4 藍牙網路架構

　　藍牙的網路型態可由若干個 (最多 10 個)Piconet 網路構成一個較大的分散網路 (Scatternet)，分別敘述如下：

一、Piconet 網路

　　若干個藍牙裝置互相連結，即可成為一個 Piconet 網路，如圖 7-7 所示，這是藍牙最基本的網路架構。在一個 Piconet 網路中，可經由競爭選擇來產生一個 Master，由它來管理該 Piconet 網路；Master 分配網路上所有 Slave 的媒介使用權，一個 Master 同時最多可與 7 個處於 Active 狀態的 Slave 裝置通訊。一般 Slave 裝置只和 Piconet 的時序同步但不傳輸資料，此種情況下稱之為 Park 狀態，一個 Piconet 網路可同時存在 256 個處於 Park 狀態的 Slave。

　　雖然所有藍牙網路都在 2.4 GHz ISM 頻段上通訊，但可利用跳頻展頻的跳越順序來決定各個 Piconet 網路的通訊領域，每一 Piconet 網路上的跳越順序是由 Master 來決定，亦是利用 Master 裝置的位址來制定該網路的「**虛擬亂數序列**」**(Pseudo Noise Sequence, PNS)**，如此便可達到各個 Piconet 都有獨立的通訊領域。

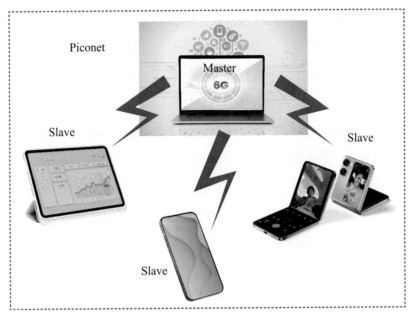

▲圖 7-7　Piconet 網路

　　藍牙網路並不使用分散式的媒介存取技術，而是採用集中控制法，由 Master 來分配頻道使用權給各個 Slave。此外，1 Mbps 的頻寬是由 Piconet 網路內所有裝置共享，所以 Slave 數目愈多，各個裝置所能分配到的頻寬就愈少。基本上，在一個 Piconet 網路內的 Slave 裝置之間並不互相通訊，每個 Slave 都只能和 Master 通訊，也只有 Master 才能控制整個 Piconet 網路內的傳輸。

　　依照藍牙的定義，所有裝置的地位是平等的，任何藍牙裝置都可以成為 Master 或 Slave。原則上是首先提出連線要求者便成為 Master，被動和 Master 要求連線者便成為 Slave；也就是說，第一個發起 Piconet 網路連線者便是 Master。Master 也可以隨時退出，換其它 Slave 來承當 Master 工作。從另一方面來看，藍牙利用 Master 來負責管理整個 Piconet 網路的工作，並沒有基地台的概念。

二、Scatternet 網路

在 Piconet 網路中的所有裝置共用 1 Mbps 的傳輸速率，所以當有更多的 Slave 加入時，每個 Slave 所能分配到的頻寬便將隨之下降。藍牙的解決方法是減少單一 Piconet 的裝置數量，而讓較多個 Piconet 網路能互相通訊；此方法事實上就是結合多個 Piconet 網路，構成一個較大的 Scatternet 網路，如圖 7-8 所示。Scatternet 的建構方法是某一裝置雖然是某一個 Piconet 網路的 Master 成員，但它也可以成為另一個 Piconet 網路的 Slave 成員。基本上，每一個 Piconet 網路都有自己的跳頻順序，因此，Piconet 網路之間的頻道使用並不衝突。在一個 Scatternet 網路上，Master 裝置可以成為各個 Piconet 網路之間的溝通橋樑。

如圖 7-8 中筆記型電腦在自家網路是扮演 Master，但在另一個網路則是 Slave 角色。手機電話欲傳送資料給另一個 Piconet 網路的固定電話，首先手機電話將資料傳送給筆記型電腦 (Master)，筆記型電腦 (Slave) 再將資料傳送給另一網路的 PDA(Master)，最後 PDA 才將資料傳送給固定電話 (Slave)。

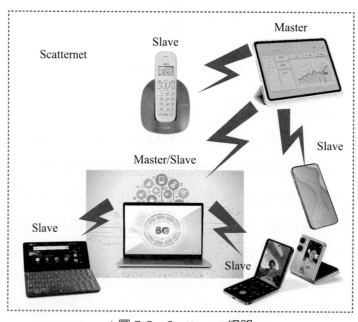

▲圖 7-8　Scatternet 網路

雖然每一個 Piconet 網路都有自己的跳頻順序，但當 Scatternet 網路內有太多 Piconet 時，也會產生碰撞的現象，使傳輸效率降低。但依照統計分析，當一個 Scatternet 網路內有 10 個 Piconet 時，每個 Piconet 所減少的資料傳輸量 (Throughput) 大約 10%，似乎不會造成太大的影響。

7-3-5 藍牙網路特性

1. 傳輸速率：1 Mbps(同一個 Piconet 網路內所有裝置共享)。

2. 網路範圍：大約 10 公尺左右，室外加裝功率放大器可達 100 公尺。

3. 網路環境：一個藍牙 Radio 最多可包含十個 Piconet 網路，一個 Piconet 最多可包含 8 個活動的藍牙裝置 (有安裝藍牙技術的設備稱之)。

4. 通訊頻段：2.4 GHz ISM 免授權頻段。

5. 跳頻技術：採用 FHSS 展頻技術，將 2.4 GHz 頻段劃分為 79 頻道 (其中 32 個頻道另做控制使用)，每秒跳越 1600 次。

6. 媒介存取：採用主從式的集中處理，在一個 Piconet 網路中，由藍牙裝置中自由競爭選擇一個 Master 設備，由 Master 來分配其它 Slave 的媒介使用權，且 Master 和 Slave 之間的角色可隨時互換。

7. 傳輸訊息：可同時傳遞語音與資料的訊息。

8. 編碼技巧：語音訊號採用 CVSD(Continuous Variable Slope Delta)，傳輸速率為 64 Kbps。數據資料採用 GFSK(Gaussian Frequency Shift Keying) 調變技術。

9. 多工技術：採用『分時雙工』(Time Division Duplex) 機制。

10. 連線方式：提供兩種連接方式，一者為『同步連結導向』(Synchronous Connection-Oriented, SCO) 鏈路，是針對語音通訊使用；另一則是針對資料傳輸的『非同步非連接』(Asynchronous Connectionless Link, ACL) 鏈路。

7-3-6 藍牙 4.0

　　藍牙 4.0 最重要的特性是省電科技，極低的執行和待機功耗可以使一粒鈕釦電池連續工作數年之久。此外，低成本和跨廠商互操作性，3 毫秒連線超低延遲、100 米以上超長距離通訊、AES-128 加密等諸多特色，可以應用於計步器、心律監視器、智能儀表、感測網路、物聯網等眾多領域，大大擴展藍牙技術的應用範圍。藍牙 4.0 依舊向下兼容，包含經典藍牙技術規範和最高速度 24 Mbps 的藍牙高速技術規範。三種技術規範可單獨使用，也可同時運行。

現在的藍牙 4.0 已經走向了商用，在最新款的智慧型手機與平板電腦上都已應用了藍牙 4.0 技術。藍牙 4.0 它支持兩種部署方式：雙模式和單模式。雙模式中，低功耗藍牙功能集成在現有的經典藍牙控制器中，或再在現有經典藍牙技術 (2.1 + EDR/3.0 + HS) 晶片上增加低功耗堆棧，整體架構基本不變，因此成本增加有限。單模式面向高度集成、緊湊的設備，使用一個輕量級連接層 (Link Layer) 提供超低功耗的待機模式操作、簡單設備恢復和可靠的點對多點數據傳輸，還能讓無線感測網路應用中在藍牙傳輸中安排好低功耗藍牙流量的次序，同時還有高級節能和安全加密連接。藍牙 4.0 技術通訊協定細節：

1. 速度：支持 1 Mbps 數據傳輸率下的超短數據包，最少 8 個位元，最多 27 個。所有連接都使用藍牙 2.1 加入的減速呼吸模式 (Sniff Subrating) 來達到超低工作循環。

2. 跳頻：使用所有藍牙規範版本通用的自適應跳頻，最大程度地減少和其他 2.4 GHz ISM 頻段無線技術的串擾。

3. 主控制：更加智能，可以休眠更長時間，只在需要執行動作的時候才喚醒。

4. 延遲：最短可在 3 毫秒內完成連接設置並開始傳輸數據。

5. 範圍：提高調變功率，最大範圍可超過 100 米。

6. 健壯性：所有數據包都使用 24-bitCRC 校驗，確保最大程度抵禦干擾。

7. 安全：使用 AES-128 CCM 加密算法進行數據包加密和認證。

8. 拓撲：每個數據包的每次接收都使用 32 位尋址，理論上可連接數十億設備；針對一對一連接優化，並支持星形拓撲的一對多連接；使用快速連接和斷開，數據可以再網狀拓撲內轉移而無需維持複雜的網狀網路。

　　藍牙 4.0 技術的核心架構可以參考圖 7-9 所示，其中圖中左半部為傳統的標準藍牙技術 BR/EDR 架構，而圖中右半部則是在此版本中新增加的低耗電單工 (Bluetooth Low Energy；BLE) 架構，不過最為特別就是圖中間部分的 Dual-Mode 雙工架構。我們可以輕易看出該雙工架構就是將 BR/EDR 架構以及 BLE 單工架構一起結合施行的模式，在此雙工模式下系統會根據當時的環境隨時切換使用不同的傳輸方式，因此理論上可以達到系統優化以及節省耗電量的目的。此雙工模式的架構等於是將不同的藍牙技術相互結合 (例如 v2.1 + EDR 或是 v3.0 高速藍牙)，用戶或是裝置可以自由切換運行高速傳輸模式或是低耗電的運作方式。

因此單工的低耗電模式就適合應用在需要長時間連接但是不會時常傳輸數據的裝置上，而一般在 PC 及手機等不同裝置間的數據傳輸則是較適合使用雙工模式來做運行。簡單來說新的 BTv4.0 技術除了可以讓傳統標準藍牙技術、高速藍牙技術以及低耗電藍牙技術單獨運行之外，更能夠彼此共同運用而達到 " 三位一體 " 的操作模式。

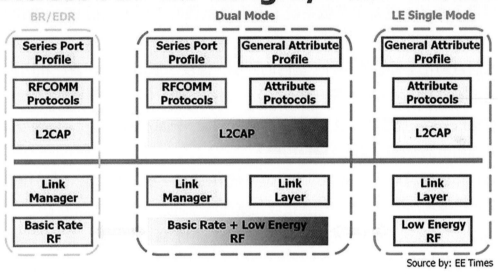

▲圖 7-9　藍牙 4.0 技術的核心架構

7-3-7 比較

1. 藍牙 v.s. 紅外線傳輸 (IrDA)
   (1) 穿透性的差別，藍牙克服了地形地物的影響。
   (2) 藍牙傳輸距離及可連結裝置數的限制都優於 IrDA。
   (3) 藍牙無方向性限制。
2. 藍牙 v.s. IEEE 802.11
   (1) IEEE 802.11 具有訊號距離長 / 容納裝置數量多 / 傳輸速度更快的優點。
   (2) IEEE 802.11 專為電腦設計，而藍牙具有跨越各種使用領域的優勢。
   (3) 藍牙晶片價格遠比 IEEE 802.11 的裝置價格便宜。

7-3-8 藍牙的應用前景

藍牙技術已經應用到超過 3 萬個聯盟技術成員的 82 億件產品之中。依靠藍牙支援，電腦或 PDA 能通過手機的數據機實現撥號上網。可以在一定距離內架設電腦間的無線網路或數個乙太網路之間的無線橋架。藍牙裝置之間可以傳輸檔案。

1. 汽車：藍牙免提呼叫系統；車載音訊娛樂系統；監測和診斷機電系統。消費類電子產品：電視和遊戲系統，家用遊戲機的手柄，包括 PS4、PSP Go、Nintendo Wii。

2. 家居自動化：智慧型家居，室內的照明、溫度、家用電器、窗戶和門鎖等安全系統以及牙刷、鞋墊等日常用品。

3. 可穿戴裝置：智慧型眼鏡、耳機、活動監測儀、兒童和寵物監視器、醫療救助、頭部和手部安裝終端以及攝錄影機。

4. 零售和位置導向式服務：即時定位系統 (RTLS)，應用 " 節點 " 或 " 標籤 " 嵌入被跟蹤物品中讀卡機從標籤接收並處理無線訊號以確定物品位置。

5. iBeacon：iBeacon 是建立在 BLE 基礎上的，用於做室內定位、室內行動導覽、票券驗證。

7-4 物聯網中的 IPv6

近幾年，物聯網技術與應用服務快速發展。物聯網是一種網際網路服務的延伸，讓一般物體 (Things) 支援網路功能，並且形成物體與物體之互聯網路，規模大小可能從數個物體之小型物聯網，大到上萬或上億個物體之物聯網。

7-4-1 IPv6 於物聯網之必要性

物聯網的概念在於萬物皆可上網，利用網路將物件串聯在一起；要達到這個目的，必須在各種設備及物件上安裝感測器，但現在的感測器節點只有 ID，沒有 IP 位址，因此無法達到 M2M(Machine to Machine) 之間的資料交換的目的。如果要達到 M2M 傳輸，就必須讓感測器具備網路傳輸能力，因此需要大量的 IP 位址，而物聯網感測器的 IP 位址需求，對 IPv6 的應用及建設可謂時勢所趨，相輔相成。

由於網際網路版本 4(Internet Protocol version 4；IPv4) 位址空間有限，因此許多定址方案常會採用 NAT(Network Address Translation) IP 位址分享之解決方案。然而，NAT 會破壞網路互連透通性，因此對於資料雙向傳輸需求之物聯網應用，將會產生雙向互聯問題。雖然目前有其他解決方案可以處理 NAT 透通性問題，但卻會提高網路複雜度與維護管理成本。

網際網路版本 6(Internet Protocol version 6；IPv6) 是下一代網際網路協定，它被設計用來替代當前網際網路 IPv4，位址長度由 32 位元提升至 128 位元，IPv6 位址空間多達 2128 個位址。因此，IPv6 可以直接解決物聯網面臨之位址不足問題，並且保持網路互連透通性，物體裝置可以進行任何形式之雙向連線。

7-4-2 6LoWPAN 架構

IPv6 低功率無線個人區域網路 (IPv6 over Low Power Wireless Personal Area Networks；6LoWPAN) 能夠連結許多事物至雲端，由於其低功率 IP 節點與大型網狀網路等特質，這項技術相當適合物聯網應用。6LoWPAN 做為一種網路技術或調節層，可在以 IEEE 802.15.4 定義的小型連接層架構中，迅速傳輸 IPv6 封包。

6LoWPAN 為「網際網路工程任務組」(IETF) 在 RFC 6282 內定義的開放標準。該組織訂定網際網路上使用的諸多開放標準，如 UDP、TCP、HTTP 等，6LoWPAN 原本是為支援 2.4GHz 頻段的 IEEE 802.15.4 低功率無線網路，但經過調節後，可應用於多種其他網路媒介，如 Sub-GHz 低功率射頻、電力線控制、低功率 Wi-Fi 等。

6LowPAN 技術底層採用 IEEE 802.15.4 規定的 PHY 層和 MAC 層，網路層採用 IPv6 協議。由於 IPv6 中，MAC 支持的載荷長度遠大於 6LowPAN 底層所能提供的載荷長度，為了實現 MAC 層與網路層的無縫連接，6LowPAN 工作組建議在網路層和 MAC 層之間增加一個網路適配層 (Adaptation Layer)，用來完成包頭壓縮、分片與重組以及網狀路由轉發等工作。

6LoWPAN 技術具有普及性、適應性、更多地址空間、支持無狀態自動地址配置、易接入、易開發等方面的優勢：

1. 普及性：IP 網路應用廣泛，作為下一代互聯網核心技術的 IPv6，也在加速普及的步伐，在 LR-WPAN 網路中使用 IPv6 更易於被接受。

2. 適用性：IP 網路協議棧架構受到廣泛的認可，LR-WPAN 網路完全可以基於此架構進行簡單、有效地開發。

3. 更多地址空間：IPv6 應用於 LR-WPAN 最大的亮點是龐大的地址空間，這恰恰滿足了部署大規模、高密度 LR-WPAN 網路設備的需要。

4. 支持無狀態自動地址配置：IPv6 中當節點啟動時，可以自動讀取 MAC 地址，並根據相關規配置好所需的 IPv6 地址。這個特性對傳感器網路來說，非常具有吸引力，因為在大多數情況下，不可能對傳感器節點配置用用戶界面，節點必須具備自動配置功能。

5. 易接入：LR-WPAN 使用 IPv6 技術，更易於接入其他基於 IP 技術的網路及下一代互聯網，使其可以充分利用 IP 網路的技術進行發展。

6. 易開發：目前基於 IPv6 的許多技術已比較成熟，並被廣泛接受，針對 LR-WPAN 的特性需進行適當的精簡和取捨，簡化協議開發的過程。

儘管 6LoWPAN 技術存在許多優勢，但仍然需要解決許多問題，如 IP 連接、網路拓撲、報文長度限制、組播限制以及安全特性，以實現 LR-WPAN 網路與 IPv6 網路的無縫連接。

7-4-3 6LoWPAN 關鍵技術

要將 IPv6 的封包以 IEEE 802.15.4 來傳送，將遭遇到許多挑戰，這是由於 IPv6 定義的最大傳輸單位 (MTU) 為 1280 bytes，其長度遠大於 IEEE 802.15.4 中 MAC Layer 的最大傳輸單位 (僅有 127 bytes)，為了解決此一問題，6LoWPAN 於 MAC 層與網路層之間提出了 adaptation 層，這一層主要提供了表頭壓縮 (Headercompression)、分割 (Fragmentation)、與重組 (Reassembly) 的功能，分別減少了傳輸時的負載、將 IPv6 的封包分割成符合底層 IEEE 802.15.4 規格之封包，稱作 fragment、以及將所有收到的 IEEE 802.15.4 之 fragments 重組回 IPv6 的封包並供上層應用。

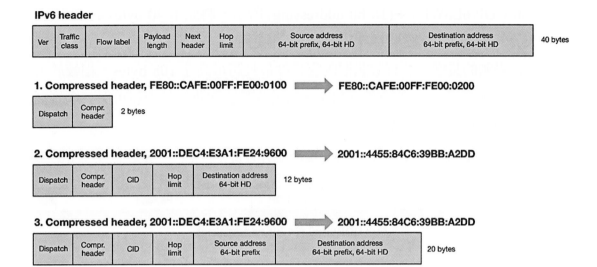

▲圖 7-10　6LoWPAN 以 HC1 壓縮編碼過程

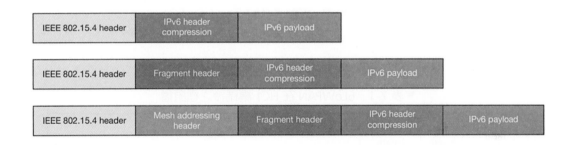

▲圖 7-11　6LoWPAN 封包標頭檔

　　將 IPv6 應用在 IEEE 802.15.4 低耗電的底層協定所產生的挑戰在於 IPv6 要求支援 1280 bytes 的 MTU，如圖 7-12 中 Full UDP/IPv6 (64-bit addressing) 所示，而 IEEE 802.15.4 標準規範中，MAC 層的 MTU 為 127 bytes，除去 25 bytes 的訊框負載 (MAC 表頭 21 bytes + FCS 4 bytes) 且在無安全機制的情況下，MAC 層最大訊框內容長度 (Payload) 為 102 bytes，再扣除 IPv6 表頭長度 40 bytes 以及 8 bytes 的 UDP 表頭，實際可有效使用之訊框內容長度將僅有 53 bytes。因此，為了在 IEEE 802.15.4 上更加有效的傳輸 IPv6 封包，提高有效傳輸率，表頭壓縮是一個較佳的解決方案，6LoWPAN 定義了 HC1 的編碼方式作為最佳的表頭壓縮方法，表 7-1 為表頭壓縮欄位的比較，當使用 IPv6 表頭壓縮技術，如圖 7-12 中

Minimal UDP/6LoWPAN (16-bit addressing) 所示，將原本 40 bytes 的 IPv6 表頭壓縮為 2 bytes，UDP 壓縮為 4 bytes，此外使用 16-bit 的 short address，亦減少了 MAC 表頭的長度，其有效訊框內容長度最長將可高達 108 bytes，相較於未執行壓縮前增加了近 50% 的有效傳輸率，因此採用表頭壓縮技術將可保有網際網路通訊協定有較佳的有效傳輸率。

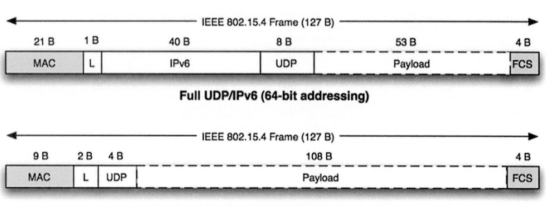

▲圖 7-12　Full UDP/IPv6 與 Minimal UDP/6LoWPAN

▼表 7-1　6LoWPAN 在 HC1 編碼後之標頭檔

Header Field	IPv6 header length	6LoWPAN HC1 length	Explanation
Version	4 bits	------	Assuming communicating with IPv6.
Traffic class	8 bits	1 bit	0 = Not compressed. The field is in full size.
Flow label	20 bits		1 = Compressed. The traffic class and flow label are both zero.
Payload length	16 bits	------	Can be derived from MAC frame length or adaptation layer datagram size (6LoWPAN fragmentation header).
Next header	8 bits	2 bits	Compressed whenever the packet uses UDP, TCP or Internet Control Message Protocol version 6 (ICMPv6).
Hop limit	8 bits	8 bits	The only field always not compressed.
Source address	128 bits	2 bits	If Both source and destination IPv6 addresses are in link local, their 64-bit network prefix are compressed into a single bit each with a value of one. Another single bit is set to one to indicate that 64-bit interface identifier are elided if the destination can derive them from the corresponding link-layer address in the link-layer frame or mesh addressing header when routing in a mesh.
Destination address	128 bits	2 bits	
HC2 encoding	------	1 bit	Another compression scheme follows a HC1 header.
Total	40 bytes	2 bytes	Fully compressed, the HC1 encoding reduces the IPv6 header to two bytes.

　　IP Fragmentation 也是 6LoWPAN adaptation 層的主要功能之一，由於 IPv6 的封包長度遠大於 IEEE 802.15.4 MAC 層的訊框內容 (Payload) 長度 102 bytes，因此將 IPv6 的封包分割成數個可符合 MAC 層大小的 fragments，此時，每個

fragment 都會產生 fragmentation 表頭，圖 7-13 為 fragmentation 表頭內容欄位介紹，圖中 (a) 為第一個 fragment (4 bytes)(b) 為後續之 fragments 格式 (5 bytes)，其中表頭的最前頭兩個 bits 若都為 1 就代表為 fragmentation 表頭，而 datagram_size 此欄位長度佔 11 bits，用來說明原本的 IPv6 封包在尚未被分割前的長度為何，此欄位的數值應與其它由原 IPv6 封包所分割的封包相同，另外，datagram_tag 則是用來識別所有的片段封包是來自於同一個 IPv6 封包，所以來自同一個 IPv6 封包的 fragment 在此欄位的數值也應相同，而除了分割的第一個 fragment 外，後續其餘的 fragments 都有 datagram_offset 欄位，主要目的是辨識 fragment 的順序，以利接收端重組。

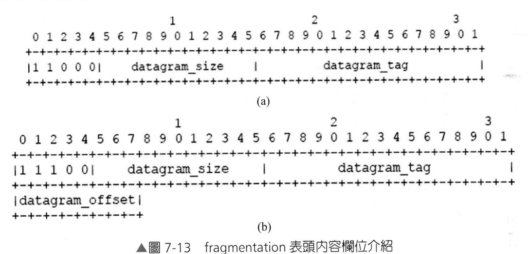

▲圖 7-13　fragmentation 表頭內容欄位介紹

　　當 PAN 內的每個 IEEE 802.15.4 的節點都具有 IP 位址時，IPv6 的網路層要達成 PAN 內部的路由並且為多跳的封包轉送時，就必須透過 adaptation 層加入 mesh 表頭。圖 7-14 為 mesh 表頭之欄位介紹，首先，當開頭前兩個 bits 為 1 與 0 時，辨識為 mesh 表頭，V 與 F 分別代表了 originator address 以及 final address 的長度為何，當數值為 0 代表採用的是 IEEE 較長的 64-bits 位址，數值為 1 則是使用了短的 16-bits 位址，此外，4 個 bits 的 HopsLft 欄位則是用來表示距離送到目的端節點，所剩餘的跳數有多少，一般可支援上限為 15 個跳數，倘若超過，則欄位會改成 0xF 可支援上限為 255 個跳數，HopsLft 的數值會隨著封包轉送至下一跳而減少，最後分別是起始端位址與目的端位址的欄位。

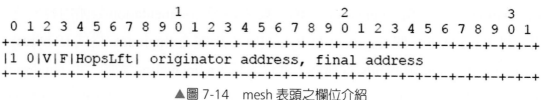

```
                    1                   2                   3
0 1 2 3 4 5 6 7 8 9 0 1 2 3 4 5 6 7 8 9 0 1 2 3 4 5 6 7 8 9 0 1
+-+-+-+-+-+-+-+-+-+-+-+-+-+-+-+-+-+-+-+-+-+-+-+-+-+-+-+-+-+-+-+-+
|1 0|V|F|HopsLft| originator address, final address
+-+-+-+-+-+-+-+-+-+-+-+-+-+-+-+-+-+-+-+-+-+-+-+-+-+-+-+-+-+-+-+-+
```

▲圖 7-14　mesh 表頭之欄位介紹

7-4-4 6LoWPAN 路由演算法

近 10 年來，隨著微機電感測器製造技術及無線感測網路通訊技術的快速發展，目前已經有許多無線感測網路相關的應用問世，例如個人健康醫療照護、先進電表系統架構 (AMI)、家庭能源管理系統 (HEMS) 等。然而，隨著感測器節點的增加，讓原有的無線感測網路架構也面臨極大的挑戰。有鑑於此，IETF 從 2005 年開始為了因應此挑戰，也陸續成立兩個工作團隊 (Working Group；WG)：6LoWPAN WG 及 ROLL WG。以 IPv6 通訊協定為基礎，開始訂定針對 IEEE 802.15.4 的低功率、低可靠度網路裝置的互通網際網路協定。其中，6LoWPAN WG 負責制定有關網路連結建立、封包分割及封包壓縮的協定。而 ROLL WG 負責針對這樣的網路環境提出合適的路由演算法通訊協定，詳細的通訊協定堆疊如圖 7-15 所示。

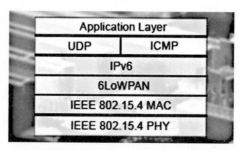

▲圖 7-15　6LoWPAN 堆疊

因為 IEEE 802.15.4 網路連結技術，與先前 IPv6 常用的網路連結技術如 IEEE 802.11 和乙太網路 (Ethernet)，有著極大不同的特性。舉例來說，最大傳輸單位 (MTU)，IEEE 802.15.4 只能支援 127 位元組 (Bytes)，遠小於 IEEE 802.11 與 Ethernet 所能支援的 1,500 位元組。除此之外，IEEE 802.15.4 受限於其無線傳輸技術，所以無法具備讓所有網路節點都接收到訊息的廣播能力，資料的傳輸會受限於無線射頻天線的最大傳輸範圍。因此，IETF 於 2005 年開始成立 6LoWPAN WG，著手制定適用於 IEEE 802.15.4 的 IPv6 技術，同時，把此工作組的重點分類為兩大項工作項目：一是如何能讓 IEEE 802.15.4 的網路連結技術，攜帶 IPv6 的資料封包；二是如何在 IEEE 802.15.4 的無線環境下，運行必要的 IPv6 鄰居尋找功能，以建立起網路拓撲。

因為 IPv6 通訊協定的標準裡，網路連結層必須要具備傳輸 1,280 位元組資料封包的能力，而這是 IEEE 802.15.4 所辦不到的 (其最大封包大小為 127 位元組)，因此，必須另外定義資料封包分割及重組的技術，以達到此要求，所以 6LoWPAN WG 在 2008 年發布 RFC 4944，以支援與 IPv6 層的封包相容性，並定義封包分割的格式。

此外，在此 RFC(Request For Comments) 中並沒有包含已分割封包遺失的回復機制，而是定義封包傳輸時，收到資料封包的一方，必須要回覆 ACK 封包，以此確保可以達到足夠高的成功率，而詳細的封包格式如圖 7-16 所示。另外，為了配合 IEEE 802.15.4 的特性，6LoWPAN WG 也另外定義不同於以往 IPv6 所使用的封包標頭壓縮技術，分別制定出 RFC 6282 及仍在討論中的 draft-bormann-6lowpan-ghc-04(通用封包壓縮格式)。

21B	1B	40B	8B	53B	4B
MAC	L	IPv6	UDP	PAYLOAD	FCS

▲圖 7-16　6LoWPAN 封包格式

除了定義資料傳輸的封包外，鄰居發現協定 (Neighbor Discovery；ND)，也是建立 IPv6 網路不可或缺的項目。而典型 IPv6 所使用的 ND 協定，必須要網路連結層能夠支援群播 (Multicast) 能力，但 IEEE 802.15.4 並沒有此能力，所以 6LoWPAN WG 為此也制定了新的 ND 協定，並發布尚在討論中未正式定案的 RFC 草案：draft-ietf-6lowpan-nd-19。在此協定中，依然使用與 IPv6 ND 相同的 Router Advertisement 及 Router Solicitation 封包來讓新加入網路的節點找到已在網路上的鄰居，藉此成功加入網路中。與先前 ND 機制的不同點在於，此協定假設 Link-local 的 IPv6 位址會來自於裝置原來的媒體存取控制 (MAC) 位址，因此 6LoWPAN 的網路節不再須要使用群播來解譯未知的連結層位址，並能利用此位址建立出 IPv6 位址。

在網路協定內，除了定義出封包格式及網路建立的方法外，如何建立適當的網路封包繞送路徑，也是必須要定義的規範。然而，在 6LoWPAN WG 只提出 RFC6606 定義在這些網路環境下，路由演算法所必須滿足的條件，而不去定義所使用的演算法。

由於訂定在 6LoWPAN 網路下之路由演算法的標準，已經超出 6LoWPAN WG 原來的目標，原先網路上常用的路由演算法，也不能滿足 6LoWPAN 網路的需求，所以 IETF 在 2008 年另外成立 ROLL WG 來制定相關的路由演算法標準。

由於 6LoWPAN 所使用的網路環境最佳化定義，常會因應用情境而有所不同。所以，ROLL WG 在考量路由的最佳化會因環境有所差異的情境下，訂定一個可以通用的路由演算法 --IPv6 Routing Protocol for LLNs(簡稱 RPL)。並且定義此演算法可支援的三種傳輸模式，包括 Point-to-point Traffic、Point-to-multi-point Traffic 及 Multi-point-to-point Traffic。以下簡略說明，此路由演算法與典型常用路由演算法不同之處。

首先，典型的連結狀態路由演算法，在傳遞路由狀態資訊時，經常須要用到一定範圍的氾洪式 (Flooding) 資訊傳送，並且必須週期性的傳送這些封包，以保持最新的網路路由狀態。但在 6LoWPAN 這種低功率、大量節點的網路環境下，這樣須發出大量控制封包的演算法並不實際，因此在 RPL 中利用了有名的 Trickle 演算法 [RFC6206] 來滿足此需求。

使用 Trickle 演算法，可以藉由偷聽鄰居封包，減少路由資訊交換封包的特性，使得 RPL 可以用極小封包交換，讓網路的路由資訊保持在最新的狀態。此外，在 6LoWPAN 網路環境下，節點可能會常變化 (突然消失)，所以 RPL 也納入空間多樣化的特性，讓一個節點同時有機會選擇多個不同節點做資料封包的轉傳。

如先前所述，6LoWPAN 常會因不同的應用情境，而有不同的路徑繞送最佳化因素 (例如有些考慮最少的轉傳節點，有些則考慮較穩定的傳送品質，其他也可能都要考慮)，而這卻是典型使用單純成本計算方式的路由演算法所無法達到的，所以，在 RPL 中會在路由資訊封包資訊交換時，帶進 Objective Functions(OFs) 的資訊，讓 RPL 路由演算法在計算最佳化路徑時，根據不同的 OFs，計算出最符合實際網路應用需求的路徑。關於更完整的 RPL 演算法說明，可以參考 RFC6550，找到更多的資訊。

目前關於 6LoWPAN 網路協定較有名的實作，分別為在無線感測網路上常用的作業系統 TinyOS，實作的 Blip 及 TinyRPL。另一個則是在近年來，慢慢興起專為 IoT 所發展的 Contiki 作業系統。以下將分別介紹這兩個專案。

Blip 專案的目的，是想在 TinyOS 系統上發展出一個適合使用者開發實際無線感測網路應用的通訊協定，後來為了因應 IoT 的發展，更加入了 6LoWPAN 相關的通訊協定，發布了 Blip 2.0。目前其所支援的協定標準分別為 Draft-6lowpan-hc-06、Draft-roll-rpl-17 及 RFC1661(Complient PPP Daemon for Communicating with External Networks)。雖然此專案尚未更新到最新的協定標準，但也已經可以滿足大多數的實際應用情景。根據文獻，Blip 可以在只有極小 48 kbytes 唯讀記憶體 (ROM) 及 10 kbytes 隨機存取記憶體 (RAM) 的 MSP430F1611 上運作，並且也已有實際布建的網路在運作中。

Contiki 專案是由瑞典資訊科學院專為 IoT 所發展出的作業系統，並且得到許多國際大廠，如愛特梅爾 (Atmel)、思科 (Cisco) 的支持，目前已經發展出一套從應用層 --CoAP(Constrained Application Protocol) 到網路層符合 6LoWPAN 協定的軟體架構，並且也包含完整的軟體開發環境及網路模擬測試環境。此專案已經相當成熟，也在許多硬體平台，如德州儀器 (TI) MSP430x、愛特梅爾 AVR、愛特梅爾 Atmega128RFA1、飛思卡爾 (Freescale) MC1322x 及意法半導體 (STMicroelectronics) STM32w 等，皆可成功移植。

7-5 結論

物聯網內網技術讓物與物、人與物、人與人都有相互連結及溝通的能力。本章節從 Zigbee、Bluetooth 到 IPv6 這些知名的通訊技術加以介紹，讓讀者對於物聯網在形成個人區域網路時是如何建構其溝通方式而有所了解。

參考資料

1. A. Bahga and V. Madisetti, "Internet of Things: A Hands-On Approach," Arshdeep Bahga & Vijay Madisetti, 2014.

2. K. Sohraby, D. Minoli, and T. Znati, "Wireless Sensor Networks: Technology, Protocols, and Applications," Wiley Interscience, 2007.

3. G. Montenegro, N. Kushalnagar, J. Hui, D. Culler, "IPv6 Packets over IEEE 802.15.4 Networks," IETF, RFC 4944, 2007.

4. 張志勇，翁仲銘，石貴平，廖文華， "物聯網概論" 碁峯出版，2012。

8 物聯網外網技術

在本章節中，我們將針對通訊距離較長的網路技術，例如無線區域網路、電信網路及鄰近服務技術等進行介紹。

8-1 無線區域網路 (Wireless Local Area Network；WLAN)

區域網路主要是指在一地理區域中，由伺服器、數個終端機或終端裝置並透過網路線所連接而成之網路，而無線區域網路是經由無線射頻 (Radio Frequency；RF) 技術在一區域中傳輸資訊所形成之網路，以無線電波取代舊式雙絞銅線 (Coaxial) 做為資料傳輸媒介所構成之區域網路。也就是說，無線區域網路是以無線基地台 (Access Point；AP) 連上通往乙太網路 (Ethernet) 之集線器或伺服器，經由無線電波在一定區域內將資料訊號傳遞到各個終端機或電腦。值得注意的是，無線區域網路其骨幹架構仍是以有線區域網路為基礎，其主要將用戶端接取網路之線路傳輸部分轉為以無線傳輸之方式，解決有線網路受到實體線路限制行動性的問題，使得用戶端可以更加靈活地在基地台電波覆蓋範圍內自由地活動。因此，無線區域網路為相對於有線區域網路更加便利之資料傳輸系統，利用簡單方便之存取架構讓用戶端透過它，達到資料便利存取之目的。而常見的無線區域網路通訊協定各項標準及相關傳輸速度、頻寬彙整如下：

協定	頻率	最大傳輸率	室內距離	室外距離
802.11a	5.15-5.35GHz 5.47-5.72GHz 5.725-5.875GHz	54Mbps	30m	45m
802.11b	2.4-2.5GHz	11Mbps	30m	100m
802.11g	2.4-2.5GHz	54Mbps	30m	100m
802.11n	2.4/5GHz	150Mbps(40MHz*1MIMO) 600Mbps(40MHz*4MIMO)	70m	250m
802.11ac	5GHz	200Mbps(40MHz*1MIMO) 433.3Mbps(80MHz*1MIMO) 866.7Mbps(160MHz*1MIMO)	35m	

　　由於無線通訊協定規格發展相當快速，而在連線及傳輸速度也持續的精進。從上列表格可以看出，5G 具有較高的傳輸頻率與傳輸品質，但其在障礙物的穿透性如牆面的效果比較差，使得訊號容易因為障礙物的阻隔衰退很多；而在 2.4GHz 的部分，其傳輸效率較 5GHz 來得差，但在障礙物的穿透性上卻是比較好。因此，在現階段基地台的佈建上通常會整合這兩種通訊技術，而用戶可以依照環境狀況來選擇要用哪一個頻率。

▲圖 8-1

8-1-1 IEEE 802.11 a/b/g/n/ac

為提升無線區域網路技術廣泛之使用，電機電子工程師協會 (The Institute of Electrical and Electronics Engineers；IEEE) 建立技術共同之標準以確保各廠商生產之設備具備相容性與穩定性。

IEEE 802.11 為 1997 年所提出之最早規格，主要制定在 RF 射頻 2.4GHz 頻段上，並且提供 1Mbps、2Mbps 以及許多基礎訊號傳輸方式與服務傳輸速率規格，同時規範無線區域網路之介質存取控制層 (Medium Access Control Layer；MAC Layer) 及實體層 (Physical Layer；PHY Layer)，以因應目前情況及未來之技術發展。隨後，IEEE 在 1999 年 9 月又提出 IEEE 802.11a 和 IEEE 802.11b 兩項標準，分別對 5.8GHz 和 2.4GHz 頻段做定義，同時也重新定義 IEEE 802.11a 中 5Mbps、11Mbps 到 54Mbps 傳輸速率的實體層架構。這些標準可在工業、科學與醫療應用 (Industrial, Scientific and Medical；ISM) 頻段上使用，其中包括 902-928MHz、2.4-2.4835 GHz 及 5.725-5.850 GHz。

802.11g 為 802.11b 的升級版，最大實體層傳輸速率從 11Mbps 提升到 54Mbps。而 IEEE 802.11n 為 802.11a 和 802.11g 的改良版，除了通道 (channel) 可以使用 40MHz 的頻寬來增加實體層傳輸速率之外，還採用 MIMO(multiple-input and multiple-output) 的技術，使得可以一次多個通道傳送資料，也就是多個天線的裝置。在市面上挑選 802.11n 的無線基地台的時候，可以簡單用有幾支天線來看這個基地台支援最大的實體層傳輸速率是多少，一支天線為 150Mbps，兩隻就是 300Mbps，以此類推。

IEEE 802.11ac 為 802.11 家族的一通訊協定，其採用的是 5GHz 的頻率、20/40/80/160MHz 的通道頻寬，再配合多輸入多輸出系統 (Multi-input Multi-output；MIMO) 技術，可以使得一根天線在實體層傳輸速度上提升至 866.7Mbps。但 IEEE 802.11ac 在採用 5GHz 的頻率的缺點為傳輸的距離卻不像 2.4GHz 一樣長達 100 公尺，再則支援 IEEE 802.11ac 的基地台設施其價格比 802.11n 貴上許多；雖然傳輸速度變快，但傳輸距離變短、價格變貴。

8-1-2 無線區域網路傳輸技術

　　現階段市面上無線區域網路之產品，在傳輸設計上主要可分為：窄頻微波 (Narrowband Microwave) 技術、展頻 (Spread Spectrum) 技術及紅外線 (Infrared) 技術等三大類，每種技術皆有其優缺點及限制，其說明如下。

一、窄頻微波技術

　　窄頻微波技術為一種無線通訊系統，其只在一特定高頻內做資料傳輸且只允許資訊的寬度通過此頻寬，因此可以避免不同頻道傳輸之串音干擾。窄頻微波技術大多使用於不同網路或不同建築物間之連結。由於窄頻微波技術不需對資料進行展頻等數位處理，故資料傳輸速率高，但訊號容易受雜訊干擾，且防竊聽之能力不如展頻技術佳，因此需格外強調資訊加密之重要性。在特定頻率使用權必需保持視線範圍 (Line of Sight) 之距離 (約在 27.5 公里以內) 且使用微波頻率必須要向「美國聯邦通訊委員會」(Federal Communication Commission；FCC) 提出申請，付費取得頻譜資源之授權後才能正式使用，因此除申請不易外，範圍受限在使用上諸多不便。目前投入此方面研發者主要為 Cylink、Glenayre、RadioLAN 及 Windata 等廠商。

二、展頻技術

　　「展頻」(Spread Spectrum) 是指在欲傳遞之資料中加上調變型態、編碼型態、內容長度、收發識別碼、傳輸路徑等相關訊息，其在第二次世界大戰由美國軍方所發展之通訊技術，目的是希望在惡劣之戰爭環境中，依然能夠保持通信信號之穩定性及保密性。展頻技術之無線區域網路產品依據 FCC(Federal Communications Committee；美國聯邦通訊委員會) 所定之 ISM(Industrial Scientific,and Medical) 應用，頻率範圍在 902M ～ 928MHz 及 2.4G ～ 2.484GHz 兩個頻段。展頻技術可分為「直接序列展頻技術」(Direct Sequence Spread Spectrum；DSSS)、「跳頻展頻技術」(Frequency-Hopping Spread Spectrum；FHSS)、「跳時展頻技術」(Time-Hopping Spread Spectrum；THSS)、「線性調頻展頻技術」(Chirp Spread Spectrum；Chirp SS)。

1. **直接序列展頻技術 (Direct Sequence Spread Spectrum；DSSS)**

   直接序列展頻技術是在發送端將欲傳送之窄頻、高能量之數位訊號透過虛擬隨機碼 (Pseudo-Random code；PN code) 擴展成頻寬較大、能量較低的訊號。也就是將 1 位元之訊號，擴展成十個 (FCC 規定必須大於十) 以上之位元空間，使原先較高功率、較窄頻率變成具有較寬之低功率頻率。原一個位元展頻後的位元數稱為「展頻量」(Spread Ration)，例如展頻量為 11，原位元 1 之訊號轉換成 11 位元值 11010010111，位元 0 之展頻訊號則會與位元 1 相反為 00101101000。展頻量較大可提升抗雜訊干擾之功能，展頻量較小則可增加系統使用人數。經過實驗，最佳之展頻量約在 100 左右，然實際應用上，大部分 2.4GHz 無線區域網路產品所使用之展頻量皆少於 20，在 IEEE 802.11 之標準內，其展頻量只有 11。

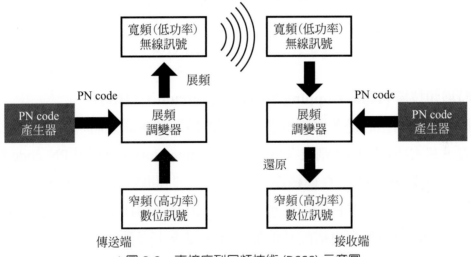

▲圖 8-2　直接序列展頻技術 (DSSS) 示意圖

2. **跳頻技術 (Frequency-Hopping Spread Spectrum；FHSS)**

   跳頻技術在同一時間下，同步接受兩端以特定型式之窄頻載波來傳送訊號，對於非特定之接受器，FHSS 所產生之跳動訊號對其而言也只是脈衝雜訊。FHSS 所展開之訊號可依特別設計來規避雜訊或一對多之非重覆頻道，但這些跳頻訊號必須遵守美國聯邦通訊委員會 (FCC) 之要求，使用 75 個以上之跳頻訊號且跳頻至下一個頻率之最大時間間隔須為 400ms。此外，FCC 規劃免

付費工業科學醫療 (Industrial Scientific, and Medical；ISM) 之 2.4GHz 頻段 (2.4GHz～2.4837GHz) 其約有 80MHz 可使用；IEEE 802.11 規範跳頻展頻 技術之跳頻頻道為 79 個，每個頻寬約為 1MHz，基本傳輸速率為 1Mbps；若 使用「高斯頻率鍵移調變」(Gaussian Frequency Shift Key；GFSK)，傳輸速 率最高可達 2Mbps。

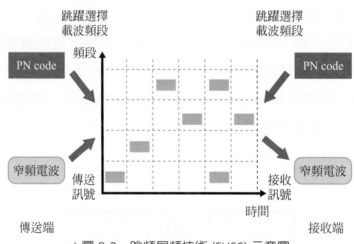

▲圖 8-3　跳頻展頻技術 (FHSS) 示意圖

3. **跳時展頻技術 (Time-Hopping Spread Spectrum；THSS)**

   跳時展頻技術指的是多個使用者在不同的時間傳輸訊息時，可以使用相同的 頻寬，其主要將時間切割成多個「時槽」(time slot)，並利用 PN code 控制按 一定的規律選擇時槽，在傳輸效率上是以同一時間內可傳遞的時槽數來決定， 傳遞的時槽數越多其傳輸速率也就越快。但此展頻技術在抗干擾性的能力並 不好，所以一般都會再搭配其他無線通訊技術來合併使用，以混合展頻方式 實現。

4. **線性調頻展頻技術 (Chirp Spread Spectrum；Chirp SS)**

   線性調頻展頻技術 (Chirp SS) 主要是應用在雷達訊號的傳輸，在一個周期內 所發射的射頻脈衝訊號會在一固定範圍內做線性變化，在較大的頻寬狀態下， 其訊號頻寬也會因此被延展。

8-2 電信網路

在電信網路中，我們過去從 1G 時代、2G 時代，到現在的 5G 時代，但這些名詞是否我們有真正了解其意義呢？這個 G 所代表的是 Generation「代」，也就是 1G 代表的是第一代移動通訊系統，而 5G 所代表的就是第五代移動通訊系統。1G 只能處理類比訊號；2G 能進一步處理數位的資訊，如聲音；到了 3G 的技術發展，由於頻寬相對於 2G 網路大許多，我們開始結合網際網路，而且可以將語音服務與網際網路進行整合，同時可以進行文字或語音簡訊的資料傳輸；網路技術發展到 4G 的時候，所提供的是更快速且低延遲的行動通訊系統，使得許多物聯網及雲端技術服務開始蓬勃發展。於 2020 年，5G 移動通訊系統開始商轉，其支援比 4G 更為高速的資料傳輸，徹底打開物物相連、資訊隨身數位服務應用的時代。

電信網路世代	起始年份	傳輸速率
1G	1980	只處理類比訊號
2G	1990	9.6kbps ～ 64kbps
3G	2000	144kbps ～ 2.4Mbps
4G	2010	100Mbps
5G	2020	10Gbps

8-2-1 電信網路技術發展歷史

移動無線網絡現在已成為我們生活中不可或缺的一部分，通訊技術也隨著時代的發展向前進，以下將個別介紹 1G、2G、3G、4G、5G 各階段的特點及差異。

一、第一代移動通訊系統 (The 1st Generation Mobile Communication System；1G)

即第一代移動通訊系統 (The 1st Generation Mobile Communication System)，也是類比式行動電話系統。1G 的類比通訊是將聲音訊號以調頻 (Frequency Modulation；FM) 訊號的方式進行調變，這原理就跟我們在收聽 FM 廣播的方式是一樣的。但是以這種調頻方式的通訊其保密性是比較差的，就如同我們在電影中或現實生活中所看到拿著對講機進行頻道搜尋，可能就會調頻到正在通訊電話的相同頻道，而可以進行監聽的動作。

1. **FM**

    FM 在資訊的呈現方式是透過載波其瞬時頻率的變化來表示。在類比通訊上，載波其瞬時頻率的變化會跟輸入訊號的振幅成等比；在數位通訊上，載波其瞬時頻率的變化會依據數據序列的值進行離散調變，也就是頻率偏移調變 (Frequency-Shift Keying；FSK)。

    調頻技術現今以普遍應用於現實生活中，如家庭類比視訊系統、個人電腦音效卡；透過控制訊號在頻譜範圍讓錄取視訊磁帶時，不造成大幅度的走樣所達到的調變技術。

    第一代移動通訊系統主要為類比式美國高級行動電話系統 (Advanced Mobile Phone System)、北歐行動電話系統 (Nordic Mobile Telephone) 及英國總訪問通訊系統 (Total Access Communications System)，該系統在加拿大、澳洲及亞太地區在當初都廣泛被採用。雖說如此，因為使用模擬調製及頻分多址設計，其抗擾性較差、系統容量跟頻率重複使用度都不高等這些技術上的限制，所以第一代移動通訊系統是已經被淘汰的蜂窩無線電話系統。

2. **應用**

    如前所說，第一代移動通訊系統是以「蜂巢式」的架構實現，透過基地台間的通訊，不同地區可以彼此相互連接通訊。以「蜂巢式」的架構實現的第一代商用行動電話在 1980 年代誕生，當初是耳熟能詳的黑金剛手機 (如圖 8-4)，但由於通話品質差、訊號不穩、支援同時連線數少，保密性也差，人們在追求更好的行動通訊技術時漸漸地將第一代移動通訊系統淘汰。

▲圖 8-4 　1980 年代黑金剛

二、第二代移動通訊系統 (The 2nd Generation Mobile Communication System；2G)

　　1999 年 1G 的電信網路正式關閉，也宣告著 2G 時代正式的來臨。2G 相較於 1G 的不同主要是在從 1G 的模擬調製演變到 2G 的數字調製，使得 2G 在通訊系統技術上更加成熟並有效提升系統容量及通話質量，2G 的通訊系統不僅可以打電話還可以發簡訊及上網。2G 時代代表性的產品就是諾基亞手機，諾基亞在手機界稱霸近十年。2G 的通訊系統中以全球行動通訊系統 GSM(Global System for Mobile communications) 及時分多址技術 TDMA(Time Division Multiple Access) 為主流。

1. GSM & TDMA

全球行動通訊系統 GSM(Global System for Mobile communications)，其核心技術是時分多址技術 TDMA(Time Division Multiple Access)，透過通道時間的平均分配，一次只允許一個人通話來達到時分多址技術的目的。

通過 GSM，我們的聲音可以被轉換為數字數據，它被給予一個通道和一個時間槽。在接收端，接收方只監聽指定的時間槽，並將調用拼接在一起，由於使用時間的切換相當快速，而接收者沒有注意到發生的「中斷」或時間劃分。GSM 的缺陷是用戶數的限制，當用戶數過多時，則必須擴充基地台數量。而 GSM 的優點是比較容易部署，其透過全新的數位訊號編碼取代原來 1G 通訊系統的模擬訊號；此外，2G 通訊系統支持國際漫遊，而用戶也可透過 SIM 卡儲存個人資料，方便用戶在更換手機時轉移資料。

2G 的 GSM 網路在 1991 年的時候率先由 Ericsson 和 Nokia 於歐洲大陸上先行架設，整個通訊技術有驚人的進步，十年之內，全球大約有超過 160 個國家建置 GSM 網路通訊架構，隨即使用人數超過 1 億個人並快速在市場上大約 75% 佔有率。2G 通訊系統除了通話功能外，也具有簡訊 (Short Message Service；SMS) 功能，隨後也支援資料傳輸及傳真等通訊功能，其中資料傳輸部分，由於傳述速度較為緩慢，所以當時只適合傳輸通訊量較低的電子郵件或軟體等。

1995 年到 1998 年之間，臺灣開始引進歐規的 GSM 行動電話通訊系統，由於數位通話品質較好、雜音較少，使得行動電話產業在當時開始急速崛起，推出了各式各樣的行動電話，在當時競爭激烈的情況下，價格也逐漸大眾化，甚至開始出現 0 元的手機綁定通話月租費以促銷。

2. 應用

1982 年歐洲郵電管理委員會成立「GSM」組織並負責新一代通訊協定的標準制定，透過數位化的方式強化蜂巢式網路架構，使得無線網路在延伸及擴充上更加容易，不僅室內可以通話，也具備國際漫遊功能。SIM 卡跟隨的 GSM 標準因應而生，使得 SIM 卡在手機之間移動裝載 (如圖 8-5) 的時候可以儲存資料及傳送文字簡訊。

▲圖 8-5　可拆裝 SIM 卡的手機

三、第三代移動通訊系統 (The 3rd Generation Mobile Communication System；3G)

3G 為第三代行動通訊系統，為具有高速資料傳輸的蜂巢式移動通訊技術，可以同時傳輸語音與資料，而且系統還可以提供例如數據上網、多媒體服務等其他寬頻應用。

第三代行動通訊系統被視為開啟行動通訊新紀元的重要里程碑，其在新的頻段上制定出新的標準協定，並擁有高頻寬、穩定的傳輸及更高的資料傳輸速率，讓影像電話和大量數據的傳送更為普遍，也讓行動通訊有更多樣化的應用。平板電腦具備 3G 網路資料傳輸也在這個時候出現各家廠商，如蘋果、聯想和華碩等都大量推出對應的平板電腦產品。

第三代行動通訊主要建立在分碼多工存取 (code division multiple access；CDMA) 技術，能將語音的類比訊號轉換為數位訊號，而每組數據的語音封包有增加了一個位址以進行訊號干擾處理，在封包傳輸過程中，透過解碼資訊，對應接收封包的人才能收到訊息。這技術就好比像在同一個空間有不同語系的人在對話，不同語系的聲音就彼此會互相干擾，但因為彼此對話的人對於交談的對象使用相同的語言，所以即使聲音有所干擾但還是不會影響辨識對方說話的內容。

1. **CDMA**

   CDMA 或碼分多址，是高通所設計且具有專利的標準，後來被用作 CDMA2000 和 WCDMA 標準的基礎。然而，由於其專用性，CDMA 尚未普及全球，CDMA 在世界各地分布不到 18%。CDMA 網路層對彼此進行數字化調用，分配獨特的代碼來區分它們。每個調用數據都用不同的鍵進行編碼，然後這些調用同時傳輸。接收器各有一個獨特的鍵，將組合信號分割為各自的調用。

   CDMA 優於 TDMA 好處在於，CDMA 採用加密技術，使得所有人在通話過程中不會被其他人所聽到，而且在用戶容量上也比 TDMA 來得大很多。此外，CDMA 的容量相比於 GSM 的容量大約是 10 倍以上，因此在使用上更具彈性，也廣泛被美國軍方所採用的通訊技術之一。

   早期有關 CDMA 的報導都是相當消極的，基地台不能達到預期的性能，CDMA 手機也無處可買，造就市場雷聲大、雨點小。與此同時，歐洲大力投資 GSM，短短數年內建立國際漫遊標準，在全球廣佈 GSM 基地台，最後使得 GSM 成為主流。

2. **應用**

   雖然第三代行動通訊系統在 2000 年就開始被使用，但市場整整花大約七年的時間才真正在 2007 年左右被普及運用。會花整整七、八年的時間市場才真正起來的原因是市場上沒有出現令人為之一亮的應用產品出現，而直到智慧型手機的出現，跨時代的行動通訊設備徹底打破了這樣沉寂的時期。講到劃時代的行動通訊設備智慧型手機，大家都會想起已逝的偉大人物，蘋果電腦的執行長賈伯斯 (Steven Jobs)。在 2007 年，蘋果電腦發表第一台 iPhone，掀起一個智慧型手機的大時代。雖然在 iPhone 問世之前已經有了諾基亞 Symbian 手機與微軟 Windows Phone，但在操作質感上並不受民眾所喜愛，由於 iPhone 手機精湛的設計感，開始帶動智慧型手機的浪潮。

3G 時代的熱潮，電信業者認為任何人都可以透過行動通訊設備，隨時、隨地的打電話、上網，甚至可以傳送語音、數據、影片及打遊戲等。因此，在 1994 年時，IBM Simon 開發全世界第一台以軟體應用程式為主軸的智慧型手機 (如圖 8-6)，以至於此概念一直沿用至今。

▲圖 8-6　IBM Simon 推出的智慧型手機

如前所提，微軟在 1996 年挾帶著電腦作業系統發展技術的優勢，發佈的 WindowsCE (如圖 8-7) 是最早發布的智慧型手機，但以電腦作業系統角度去設計手機的系統，導致系統執行速度相當緩慢，因為不被市場所青睞。而在 1998 年英國公司 Psion 和諾基亞、愛立信、摩托羅拉趁勢合作成立的 Symbian 公司，以研發手機專用的作業系統，企圖與微軟競爭手機市場，而事實也證明 Symbian 在穩定度上比 Windows 系統表現更加優異。

▲圖 8-7　Windows CE

四、第四代移動通訊系統(The 4th Generation Mobile Communication System；4G)

第四代通訊技術是集結 3G 與 WLAN 於一體，能傳輸高畫質的圖像及影像，而且能夠以 100Mbps 的速度進行資料下載，以 20Mbps 的速度進行上傳。

4G 通訊技術在下載速度部分甚至比一般撥接上網的的速度快上 2000 倍，徹底顛覆在通訊技術上的應用。實際上，現在我們所說的 4G 其實是 LTE-Advanced，LTE 只是作為 3.9G 移動網際網路技術。LTE 的歷史是由美國貝爾實驗室在 60 年代時從 OFDM(Orthogonal Frequency Division Multiplexing) 技術演進而來的，並在 80 年代完成技術架構，直到現今透過 4G 通訊技術的演進與應用而大放異彩。

LTE 主要網路制式有：TD-LTE(時分雙工) 和 FDD-LTE(頻分雙工)，二者相似度達 90%，差異較小。但市場上是以 FDD-LTE 較為廣泛被採用，主要原因在於 FDD-LTE 在標準化及產業發展部分都較於 TD-LTE 領先，因此 FDD-LTE 成為終端裝置普遍導入的一種 4G 標準。

1. **OFDM**

   OFDM，正交頻分負用技術 (Orthogonal Frequency Division Multiplexing)，是多載波調變 (Multi-Carrier Modulation；MCM) 技術的一種。透過將通道分成多個正交的子通道，使得高速數據可以透過多個子通道平行的進行低速的數據傳輸，而正交訊號在接收端可以透過每一個子通道上頻寬訊號帶小於通道的頻寬訊號帶，使得具有平坦性衰減以消除 / 減少這些子通道上的相互干擾，這個理論就像是在原本的 10 米寬的高架橋上面再建一個 5 米寬的較小高架橋，使得原本只有 10 米寬的道路可以在不增加水平面積的情況下多 5 米的空間可以使用，有效地提高可通行的流量。

2. **應用**

   在真正進入到 5G 時代之前，4G LTE 網路，徹底讓智慧型手機具有強大的功能性，如同個人行動電腦一般。日本、韓國、歐洲產業巨擎所組成的 3Gpp，集合 2G 至 4G 的技術；以 OFDM 為基礎的 LTE 不僅可以與 3G 通道共存，實現更多連線數、更快的傳輸速度、更長的傳輸距離。手機晶片大廠高通趁勢在 2009 年推出支援 3G 及 LTE 處理器晶片。透過一系列技術的演進，在 2G、3G 無法實現的高數據量個人影音直播以及線上手機遊戲，都因為 4G LTE 和智慧型手機的結合，開始突破性的行動網際網路的應用時代。

(1) 此階段為 2G 到 4G 技術的總成。

(2) 2011 年提出 OFDM-MIMO 技術。

(3) 各國想要突破高通專利技術。

(4) 臺灣支持的 Intel WiMax 標準失利。

▲圖 8-8 智慧型手機

五、第五代移動通訊系統 (The 5th Generation Mobile Communication System；5G)

近年來，全球積極佈建第五代移動通訊系統基地台及齊各種應用場景，其中應用場景可劃分為兩大類：移動網際網路和物聯網。5G 具有低延遲、高可靠性、低功號等特點，其主要透過整合多種新型及 4G 相關的無線接入技術而建構出的解決方案。5G 在速度方面可高達 10Gbps，比 4G 快大約 100 倍，讓行動裝置在看 3D 影片或 4K 電影可以更加順暢，且在物聯網及智慧家庭等場景中，5G 在維持低功耗的續航能力下還能容納更多設備連接。

要實現 5G，需要更多的基地台，也需要更換設備，因此在 2020 年各家廠商開始佈建 5G 的基礎設施，以因應後續出現商用的 5G 服務。5G 的價值是把行動通訊從通話、行動上網進化到整合物聯網、無所不在的網路的融合網路架構。

萬物皆聯網的時代可以說是從 5G 的應用真正的實現；高速的資料傳輸、高可靠低能耗的系統配置，完整建立端到端的生態系統，甚至是實現未來元宇宙的場景所不可或缺的一項元素。5G 移動通訊系統包括：生態建立、客戶聯結和商業模式，透過現有的與新的使用情境，一氣呵成的服務體驗，建立可持續發展的新商業模式，連結人與人之間的互動，創造出新的價值。

　　5G-AIoT 場景應用及元宇宙的世界不再是口號，透過 5G 的規格制訂成熟、更多元的電信基礎建設串接，逐漸的從商業化 4G 中的 IoT 與工業 4.0 應用慢慢地走向 5G 的世界。透過 5G 技術以更快的速度，更多的連線裝置與更即時的反應，將世界各種應用連結在一起，讓更多應用變可能。例如智慧城市應用 (如圖 8-9)，在交通上未來每輛車、公車站牌、紅綠燈都可以網路相互連結、相互溝通，除了車輛可以全自動駕駛，更可以透過收集環境的資訊進行更智慧化的操作模式，創造出新一代的商業應用服務。

▲圖 8-9　智慧城市

8-3　鄰近服務技術

一、LTE-Direct

　　由於行動通訊技術的發展，再加上穿戴式裝置、智慧型手機、平板電腦的普及運用，透過這些智慧型終端裝置傳輸高畫質的影音或者是進行各種網路服務，使得網路傳輸資料量爆炸性的成長。2014 年，思科 (Cisco) 於全球行動數據預測報告 (Global Mobile Data Traffic Forecast) 預估自 2013 年至 2018 年全球行動數據流量將會以超過 60% 的年均複合增長率 (Compound Average Growth Rate；CAGR) 成長，也就是說，到 2018 年的全球行動數據總流量可能高達約 16EB (Exabyte)，約為 2013 年的 11 倍之多，更不要說到現今 2023 年的狀況，以現在這樣的增長幅度未來行動通訊頻譜將出現供不應求的情況，而在現今 5GHz 以下的頻譜多已被分配的情況下，未來要增加也十分困難，所以在物聯網等新興通訊應用將更具挑戰。也因為如此，全球紛紛尋求解決方案，在提升頻譜所能容納的資料量，同時降低核心網路的負擔等為近程及遠程大家共同努力的目標，在這樣情況下，裝置間 (Device to Device；D2D) 通訊傳輸技術則越來越受到重視。

▲圖 8-10

　　D2D 通訊主要是不透過基地台，而是由裝置與裝置間直接進行無線通訊。此技術為未來物聯網及雲端應用發展中相當重要的一環。裝置間可透過彼此的算力交換達到普及運算 (Ubiquitous Computing)，更進一步建置近端互聯網路的新商業服務型態，例如區域廣告推播、即時服務導引等。

　　D2D 在這幾年隨著通訊技術的發展已漸漸標準化並實現在現今的通訊產品上面，例如藍牙 (Bluetooth)、WiFi Direct、LTE Direct 等。其中，藍牙 (Bluetooth)、WiFi Direct 在設計上大多是以免執照頻帶 (Unlicensed Band) 的方向是做設計，因此存在著許多先天性的問題，例如需處理訊號干擾、傳輸功率不足、時頻同步效率不彰等問題，使得服務品質 (Quality of Service；QoS) 不穩定、應用情境因此受限。

巢狀系統 (Cellular System) 技術發展已趨近成熟，在導入 D2D 架構以因應未來更龐大的傳輸資訊量及更低的傳輸延遲等需求逐漸成為通訊系統發展的趨勢。在 2012 年下半年時，第三代合作夥伴計畫 (3rd Generation Partnership Project；3GPP) 標準組織規劃整合 D2D 為 LTE 系統的主要發展重心。2014 年，高通 (Qualcomm) 與德國電信 (Deutsche Telekom) 更進一步宣布雙方將開始於德國境內試營運 LTE-Direct 服務，共同推出新一代鄰近服務 (Proximity-based Service；ProSe) 的電信平台，使得在維持電池高效率使用，同時保障用戶隱私隱私的情況下，利用 LTE-Direct 服務實現 D2D 應用。相較於在不受執照認證頻譜所設計的 Bluetooth、WiFi Direct，因為 LTE-Direct 運用受執照認證的頻譜且仰賴 LTE 實體層 (Physical Layer)，所以 LTE Direct 利用 LTE 大規模且全球通用的架構，可以探索並連接鄰近上千個裝置與服務資訊。

D2D 在巢狀系統架構下運作發揮了許多好處，例如讓每單位面積能提供較高的頻譜效率以提升整體的頻譜使用率、降低後端網路負載以更有效的提供在物聯網中的小封包傳輸、縮短傳輸距離而得以在較高頻 (> 5GHz) 的狀態下運作且幫助裝置省電。雖然這樣的架構提供許多優點，但也相對衍生出裝置間同步與干擾控制等問題，進而造成整個巢狀系統網路的服務品質的不穩定，這狀況是必須被進一步去考慮與解決的。

二、Wi-Fi Direct

Wi-Fi Direct 或稱 Wi-Fi P2P 於 2011 年由 Wi-Fi 聯盟所提出來的一項 D2D 通訊標準，可允許兩個 Wi-Fi 用戶端直接建立 Wi-Fi 連線並進行資料傳輸。但是，因為 Wi-Fi 本身是非同步 (Asynchronous) 的系統，無法做到時間同步，導致在此網路架構下的各裝置都必須持續的監聽無線通道，以確保能偵測到符元的邊界 (Symbol Boundary)，所以即使無線通道本身是閒置的，裝置仍然需要持續監聽而造成電力上的消耗、缺乏效率。

▲圖 8-11　Wi-Fi Direct 通訊示意圖

三、BT-LE

　　現在市面搭載在行動裝上的藍牙通訊主要有兩種版本，經典 4.0 與 BLE (Bluetooth Low Energy) 4.0 版本，經典 4.0 是從傳統藍牙 3.0 版本升級而來的，也具備向下版本相容的功能；而 BLE4.0 是另一個新的分支，具備低功耗數據傳輸及連接保持等優點，但數據傳輸速率大約在 1 ～ 6KB 之間，而物理頻寬也只有 1M 且沒有向下相容的設計，所以還是存在較大的使用限制。BLE 低功耗藍牙和傳統藍牙的五大差異點：

經典 4.0	BLE 4.0
會持續保持通訊通道連接	發送和接受任務會以最快的速度完成，完成之後會暫停發射無線訊號並等待下一次連接再激活
廣播通道有 32 個	廣播通道有 3 個
完成相同的連接 (即掃描其它設備、建立鏈路、發送數據、認證和適當地結束) 周期需要數百毫秒的時間	完成一次連接 (即掃描其它設備、建立鏈路、發送數據、認證和適當地結束) 只需 3ms 時間
數據封包長度較長，可用於數據量比較大的傳輸，如語音、音樂，較高數據量的傳輸等	數據封包非常短，多應用於實時性要求比較高，但是數據速率比較低的產品上，例如鍵盤、遙控滑鼠、傳感設備的訊號發送，或是像心跳帶、血壓計、溫度傳感器等資料量較小的訊號
有 3 個功率級別，Class1、Class2、Class3，分別支持 100m、10m、1m 的傳輸距離	發送功率固定在 + 4dBm，在空曠空間可達到 70m 的傳輸距離

四、FlashLinQ

高通 (Qualcomm) 於 2013 年提出以同步時槽式 (Synchronized Time-slotted) OFDM 作為實體層之 FlashLinQ 的 D2D 傳輸技術，其透過分散式的通道存取協定 (Distributed Channel Access Protocol)，根據通道量測結果與跳頻機制，選擇無線通道並傳送編碼後的探測訊號而讓周圍的裝置可以偵測其存在。依照此架構，預期在 8 秒內可以偵測出數千個 1 公里範圍內的 D2D 裝置；FlashLinQ 的偵測訊號使用單載波的傳輸方式，即使低功率的裝置仍能達到 1 公里的可偵測範圍，缺點是會導致延遲時間大幅增加，而且因為裝置監從一共通的外部時間來源取得時間同步，在實際情況下會有共通且可靠的時間來源取得不穩定的問題。

五、3GPP LTE

於 2011 年，美國聯邦通訊委員會 (Federal Communication Commission；FCC) 因應公共安全、防災與防恐等需求擴大，隨後公布採用第 8 版 3GPP LTE 並將此標準作為美國 700MHz 寬頻網路頻譜在公共安全網路的共同傳輸介面。於 2012 年，3GPP LTE 第 12 版開始新增 D2D 的功能，FCC 以支援公共安全的應用為優先考量，同時釋出了裝置間訊號同步、訊號設計和控制通道的處理及資源分配的通訊標準。

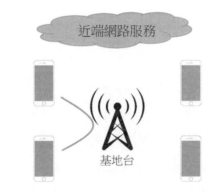

▲圖 8-12　近端網路服務場景案例

D2D 在 LTE 系統中又稱爲近端服務 (Proximity Service；ProSe)，ProSe 的應用場域是以區域路由通訊模式 (Locally Routed Communication) 及直接通訊模式 (Direct Communication) 爲主。區域路由通訊模式是裝置間透過基地台的轉傳進行通訊來實現；而直接通訊模式是裝置間直接進行通訊的技術。D2D 裝置在巢狀網路的架構下運行是下一世代通訊系統的趨勢，也是進入到後續物聯網、5G AIoT 時代的一項重要里程碑。即便如此，D2D 在巢狀網路的架構下運行仍存在著問題，例如無線通道存取設計上需要克服裝置間的時頻同步以及巢狀系統裝置間資源分配與通訊干擾控制等潛在問題。以下將針對這兩個問題進行探討。

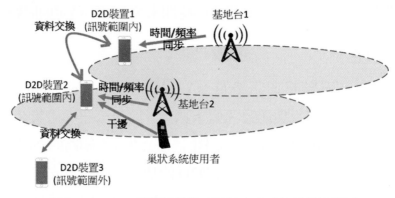

▲圖 8-13　D2D 與傳統巢狀系統結合之系統架構示意圖

六、D2D 裝置的時間同步問題

如圖 8-13 所示，device 1～3 在巢狀系統訊號覆蓋下運用 D2D 技術可透過基地台取得載波頻率與符元／子訊框等級的同步；但是，D2D 裝置與基地台的距離不相同的因素，使得與基地台的同步也存在估測的誤差，進而可能造成取樣點等級時域不對齊 (Time Domain Misalignment) 的問題，也直接導致裝置間進行通訊時的符元間干擾 (Inter-symbol-interference)。此外，若 D2D 裝置間的傳輸使用正交頻分多址 (Orthogonal Frequency Division Multiple Access；OFDMA) 技術時，時域不對齊將導致 D2D 裝置接收端的離散傅立葉轉換窗口 (Discrete Fourier Transform Window；DFT Window) 固定在不正確的區間，而造成子載波間干擾 (Inter Carrier Interference；ICI) 的情況發生，即使在頻域 (Frequency Domain) 上使用不同的子載波進行傳輸，依然會發生相同的情況。

　　雖然 D2D 裝置可各自從所屬的基地台取得時域同步,取樣點不同造成時域不對齊問題仍會在裝置接收端產生符元間和載波間的干擾,使得通訊品質受到影響。另外,若 D2D 裝置是在基地台訊號可以覆蓋的範圍外,處理同步的問題將會是更加明顯,不僅因無法與基地台進行時域同步,連在頻域同步上將造成更嚴重的潛在問題。

　　因應上述同步問題,一種做法是 D2D 裝置透過特定同步訊號來進行同步訊息交換,而這種方式也在 LTE 的近端服務系統實現。但是,使用這樣的方式仍會面臨額外的挑戰,例如對於傳統巢狀系統使用者與基地台的同步影響、臨近的裝置使用相同的同步訊號的影響、同步訊號傳送週期所造成的電力消耗與效能如何平衡等問題。此外,同步訊號的封包格式以及載波頻率同步的同步訊號設計在考量到峰均功率比 (Peak-to-Average Power Ratio) 等特徵使得同步訊號在相同的傳送端硬體下能有較好的覆蓋範圍。

七、D2D 裝置與巢狀系統使用者的資源分配與干擾控制問題

　　如同前面所談的,當裝置在巢狀系統下進行 D2D 通訊的時候,傳統巢狀系統使用者間的傳述資料會受到 D2D 服務的影響,而導致兩種服務品質都下降,因此,如何調配兩種服務的資源利用及干擾上的控制是相當關鍵。

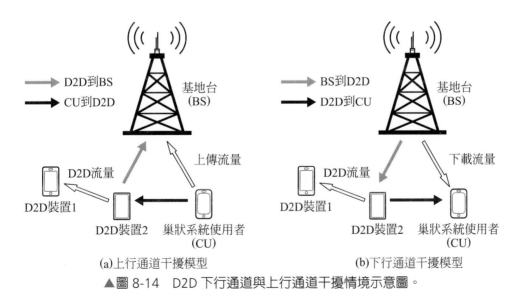

▲圖 8-14　D2D 下行通道與上行通道干擾情境示意圖。

根據干擾的狀況，可以將 D2D 的資源分配情境分為使用上行通道 (UL) 干擾模型與使用下行通道 (DL) 干擾模型。針對使用上行通道干擾模型，如圖 8-14(a)，是發生在 D2D 傳送端與基地台之間的干擾及傳統巢狀系統使用者傳輸上行資料時與 D2D 接收端的干擾；對於使用下行通道干擾而言，如圖 8-14(b)，是下行通道的巢狀系統使用者對於 D2D 裝置傳送端的干擾及基地台對 D2D 裝置接收端的干擾。

在現有的研究中，因為上行通道通常比下行通道較不擁擠且基地台通常有較強的抗干擾能力，以及修改裝置傳送端硬體通常比修改接收端硬體耗費較高的成本等，所以大多數是將 D2D 裝置建置在上行通道。

前面章節陸續提及幾個 D2D 的技術，例如 Wi-Fi-Direct、藍牙、LTE-Direct、FlashLinQ；Wi-Fi-Direct 與藍牙支援的 D2D 免執照頻帶技術的限制造成服務品質與應用情境的受限，而其他 D2D 在有執照頻段的巢狀系統下有效的彌補兩種通訊技術的不足，雖然也延伸出其他通訊干擾的問題，但總體而言還是提升頻譜利用率與降低後端負載，增加許多應用服務。

參考資料

1. Cisco, "Cisco Visual Networking Index: Global Mobile Data Traffic Forecast Update, 2013-2018," 2014.

2. WF-P2P1.1, "Wifi Peer-toPeer(P2P) Technical Specification Version 1.1," March 2011.

3. F. Baccelli, N. Khude, R. Laroia, J. Li, T. Richardson, S. Shakkottai, S. Tavildar, and X. Wu, "On the Design of Device-to-Device Autonomous Discovery," in Proc. 4th International Conference on Communication Systems and Networks, 2012.

4. 3GPP TR 22.803, "Feasibility Study for Proximity Services(ProSe)(Release 12)," Feb. 2014.

5. X. Lin et al., "An Overview on 3GPP Device-to-Device Proximity Services," IEEE Communication Magazine, DOI: 10.1109/MCOM.2014.6807945, 2014.

6. Qualcomm Technologies Inc., LTE Direct Trial White Paper, Feb. 2015.

7. 新通訊 - 融合 IPv6/802.15.4 優點 6LoWPAN 加速物聯網成形 -2015/03/02。
https://www.2cm.com.tw/2cm/zh-tw/tech/18CA22649C174D5DB87B451E1A8D6A69

8. 專利知識庫 - 當物聯網碰上 IPv6 商機以上兆美元計算 -2012/11/16。
http://www.naipo.com/Portals/1/web_tw/Knowledge_Center/Industry_Economy/publish-53.htm

9. 陳信養、李宗憲、馮立琪、沈仲九、李俊賢，linux 核心中 IEEE802.15.4 通訊協定之設計與實作。

10. 802.11 完全剖析無線網路技術 - Chapter6 WLAN 架構式設備。

11. 通信演進史，從 1G 到 5G，改變的不止一點點。
https://kknews.cc/tech/r9em3gn.html

12. 1G 到 5G 的艱辛歷程：一部波瀾壯闊的行動通訊史。

https://www.stockfeel.com.tw/1g-%E5%88%B0-5g-%E7%9A%84%E8%89%B1%
E8%BE%9B%E6%AD%B7%E7%A8%8B%EF%BC%9A%E4%B8%80%E9%83
%A8%E6%B3%A2%E7%80%BE%E5%A3%AF%E9%97%8A%E7%9A%84%E8
%A1%8C%E5%8B%95%E9%80%9A%E8%A8%8A%E5%8F%B2/

13. 陳裕賢，張志勇，陳宗禧，石貴平，吳世琳，廖文華，許智舜，林勻蔚等，無線
網路與行動通訊 (第二版)，全華，2014。

9 物聯網網路應用

　　物聯網主要是將物與物連接之一網路型態，資料可以在這網路中相互分享。在我們的生活周遭有許多電子裝置，透過某一網路技術將這些裝置相互溝通、訊息交換，甚至運作，即可進一步賦予這些裝置智慧，經由這些裝置所產生的訊息或狀態以供人們對裝置進行特定的操控，達到人機互動的目的。以下將透過建置感測網路資料收集與無線傳輸系統，讓裝置所產生的資訊相互分享並將蒐集到的資料數位化，進而被利用。

▲圖 9-1　物聯網中裝置互連的示意圖

在進行感測網路資料收集與無線傳輸時，整體實現架構我們需要透過一微控制器平台 (如樹莓派、Arduino 等) 來連接感測器 (如溫濕度感測器)，進而收集環境資料，並透過無線通訊模組 (如 XBee) 來進行無線傳輸。

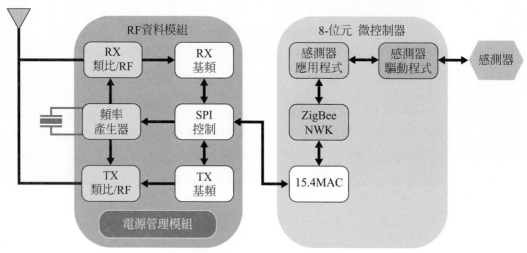

▲圖 9-2　感測網路資料收集與無線傳輸裝置連接示意圖

9-1 基於 XBee 進行 ZigBee 網路建置

　　XBee 模組是 Digi 公司的一款採用 ZigBee 技術的無線模組，通過序列通訊埠與嵌入式系統等設備裝置間進行通訊，能夠快速地將裝置接入到 ZigBee 網路的目的。此模組採用 802.15.4 通訊協定，通過配置可以用作 ZigBee 網路中的協調器 (Coordinator)、路由器 (Router) 或終端節點 (End Device)。XBee 按照性能分為 XBee 和 XBee pro 兩種，XBee pro 相對於 XBee 具有更高的功耗和更遠的傳輸距離，但它們對外的腳位接口是相同的；在使用上可以根據實際應用的需求來選擇使用 XBee 或 XBee pro。XBee 產品有不同的型號，各自擁有不同的天線類型和功能，比較常見的是 S1、S2、S2C 模組。XBee 的腳位及其功能如圖 9-3 所示。

腳位	名字	描述
1	VCC	Power supply
2	DOUT/DIO13	UART data out pin (TXD)/GPIO
3	DIN/CONFIG / DIO14	UART data in pin (RXD)/ GPIO
4	DIO12/SPI_MISO	GPIO/ Master Input-Slave Output pin of SPI interface
5	RESET	Module Reset pin
6	RSS PWM /DIO10	RX Signal Strength Indicator pin / GPIO
7	PWM1/DIO11	Pulse Width Modulator/GPIO
8	RESERVED	Do not connect
9	DTR/SLEEP_RQ/ DIO8	Pin Sleep Control line /GPIO
10	GND	Ground
11	DIO4/ SPI_MOSI	GPIO/Master Output-Slave Input pin of SPI interface
12	CTS/DIO7	Clear-to-send flow control/GPIO
13	ON_SLEEP/DIO9	Device status indicator/GPIO
14	VREF	Voltage Reference for ADC
15	ASC/DIO5	Associate Indicator/GPIO
16	RTS/DIO6	Request to send flow control/ GPIO
17	AD3/DIO3/SPI_SSEL	Analog input/GPIO/SPI slave select
18	AD2 /DIO2/SPI_CLK	Analog input/GPIO/SPI clock
19	AD1/DIO1/SPI_ATTN	Analog input/GPIO/SPI attention
20	AD0/DIO0/C	Analog input/GPIO/ Commissioning button

▲圖 9-3

　　最直接的使用方式下只需要將嵌入式系統的接口與 XBee 模組的接口 (Pin2、Pin3、Pin10) 相連即可，另外也可通過 RTS(Pin16)、CTS(Pin12) 進行序列通訊。嵌入式系統與 XBee 模組的連接如圖 9-4 所示。

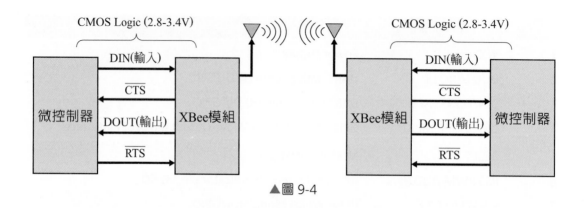

▲圖 9-4

　　XBee 和 XBee pro 在操作上有兩種模式：Transparent 模式及 API 模式。以下將各別介紹這兩種模式：

1. **Transparent 操作模式：**

　　嵌入式系統直接通過腳位接口將要傳輸的數據發送給 XBee，XBee 按照 ZigBee 協定將數據通過無線模組發送給遠端的 XBee，再通過腳位接口發送給遠端的嵌入式系統，就好像兩個嵌入式系統之間通過 XBee 模組建立一條透明傳輸通道。如果要通過接口配置本地 XBee 模組的參數，則可以向 XBee 模塊輸入 +++，等待 XBee 模組返回 OK 後即可通過 AT(即 Attention 縮寫) 指令集對 XBee 模組進行參數的配置。

2. **API 操作模式：**

　　在 API(即 Application Programming Interface 縮寫) 操作模式下，所有發送給 XBee 模組的數據或是從 XBee 模組接收的數據都會封裝成特殊的 API 封包的格式，包括 ZigBee 無線發送和接收的數據、XBee 模組配置的命令 (等同於 Transparent 操作模式裡面的 AT 指令)、命令響應、事件消息等。相比於 Transparent 操作模式，API 操作模式雖然相對複雜一點，但是提供很多 Transparent 操作模式下無法完成的功能。

　　API 操作模式下，只需要改變 API 封包裡面的目的地址，就可以將數據傳輸給多個不同的遠端節點，而 Transparent 操作模式下要改變遠端目的地址只能先進入 AT 命令下配置目的地址，在進行數據傳輸。而且 API 可以接收數據是否發送成功的狀態；

1. 接收到的遠端節點的數據可以獲取遠端節點的地址，以確認是哪個節點發送。

2. 獲取遠端節點的 Input/Output 採樣數據。

3. 通過 API 模式還可以配置遠端 XBee 模塊的參數。

XBee 模塊還具有以下的一些比較實用的功能：

1. I/O 的輸入輸出及 AD 採樣

上面針腳圖中的名字列含有 DIOx 字樣的針腳，其表示可以進行數字 I/O 的採樣輸入或者輸出高低電位，通過 AT 指令配置針腳複用的參數即可；含有 ADx 字樣的針腳表示可以進行模擬電壓的 AD 採樣輸入，採樣電壓範圍為 0~1200mV，採樣值範圍 0~0x3FF，此外還可以對 VCC 電壓進行採樣。XBee 可以將採樣數據直接通過 ZigBee 網路發送給遠端節點。在 API 操作模式下，可以使用遠端配置命令控制遠端 XBee 節點開啟採樣，採樣後的數據直接傳給原始節點，還可以控制遠端節點 I/O 輸出來控制遠端 XBee 接的周邊裝置。

2. ZigBee 網路安全

XBee 支持多個等級安全模式，加密方式採用 128 位的 AES(Advanced Encryption Standard) 加密。AES 是 DES 的下一代演算法，用來保護資料安全。AES 屬於對稱式加密系統，也就是說加 / 解密是用同一把金鑰 (key)。透過金鑰對明文 (plaintext) 加密成密文 (ciphertext)，然後用密文在 Zigbee 網路上傳輸，這樣即使截取到的人，截到的也是密文，無法看懂裡面的資訊，以達到加密保護的作用。收到密文的一端，再用同一把金鑰，把密文解譯成明文，以完成整個安全通訊程序。金鑰在此安全通訊過程中非常重要，一旦流出去整個安全通訊系統將會被破解，當金鑰長度越長則安全性也就越高，目前 Zigbee 只支援到 AES 128，也就是每次加密的單位為 128 位元。

9-2 XBee 的通訊頻道、PAN 和位址

同一網路中的每個 XBee 裝置都必須在相同的頻道中才能接收到彼此的訊息，因此對於 XBee 裝置的通訊上有三個網路相關參數必須要設定：

1. **頻道**：設定 XBee 模組之間的無線通訊操作頻道。頻道的數值範圍，以 "0x" 代表該數字為 16 進位格式的範圍為：

(1) 0x0B ～ 0x1A(XBee)

(2) 0x0C ～ 0x17(XBee Pro)

2. PAN 識別碼：代表 Personal Area Network(個人區域網路)，相當於在同一個通訊頻道中分組交談，設定範圍為：0 ～ 0xFFFF。

3. 位址：有分為 64 位元 (MAC 位址) 及 16 位元 (自訂位址) 兩種格式。MAC 位址相當於 XBee 的出廠序號，標示在裝置後面，每個都不一樣。

▲圖 9-5

　　XBee 的 MAC 位址分成高 (High)、低 (Low) 位址兩部份，只要是 Digi 公司生產的 XBee 裝置，其高位址必定是 0013A200；低位址則是 Digi 公司設定的唯一值，如上圖的 40CA509A。頻道、PAN 識別碼和位址的關係如圖 9-6。

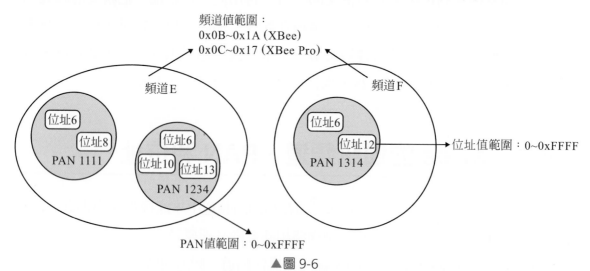

▲圖 9-6

註：「頻道」也代表無線電的運作頻率，802.15.4 協定的中心頻率計算式為：

　　2.405GHz ＋ (頻道值 – 11) x 5 MHz。XBee 只跟相同頻道、PAN 碼裝置通訊。

9-3 使用序列轉換板連接 XBee

　　XBee 模組本身具有 TTL(Transistor-Transistor Logic) 形式的序列輸出 / 輸入腳位，可以直接和 Arduino 或 USB 轉序列埠相連。但因為 XBee 模組的接腳間距是 2.0mm，而 Arduino 板和麵包板的腳位間距是 2.54mm，所以與 XBee 連接時，通常會將它接上一個轉接板。像下圖這個轉接板上面包含與 XBee 相容的排插，以及一個 USB 轉序列埠的 IC(FT232RL)，就可連接個人電腦：

▲圖 9-7

　　值得注意的是，這個轉換板通常只用在透過電腦設置 XBee 參數，若跟 Arduino 開發板相連就不一定需要用這轉換板。

使用 X-CTU 軟體設置 XBee 裝置的參數

使用 X-CTU 軟體設置 XBee 裝置的參數，如圖 9-8 所示。

▲圖 9-8

　　XBee 裝置可透過「序列埠通訊軟體」連線，並以 **AT 命令**設置參數。或者，採用 Digi 公司提供的 **X-CTU 軟體**設置。新版的 X-CTU 軟體支援 Windows、Mac OS X 及 Linux 系統，請在 Digi 公司的 X-CTU 網頁下載 (http://www.digi.com/xctu) 並安裝。X-CTU 軟體的操作示範：

1. 先把 XBee 插入 USB 序列埠轉換板，再接到電腦的 USB 埠，然後開啟 X-CTU 軟體，如圖 9-9 所示。

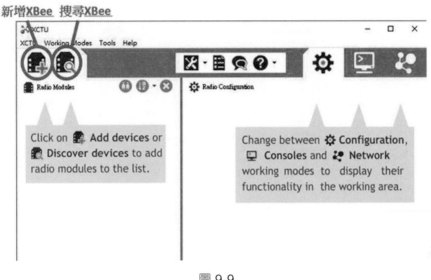

圖 9-9

2. 按下「**新增 XBee**」或「**搜尋 XBee**」鈕，加入 XBee 裝置。這是按下「搜尋 XBee」鈕的畫面，筆者在電腦上連接兩個 XBee 裝置，因此點選兩個序列埠，如圖 9-10 所示。

▲圖 9-10

3. 接下來的設定畫面用於選擇 XBee 模組的**序列通訊**參數，通常使用預設值即可，如圖 9-11 所示。

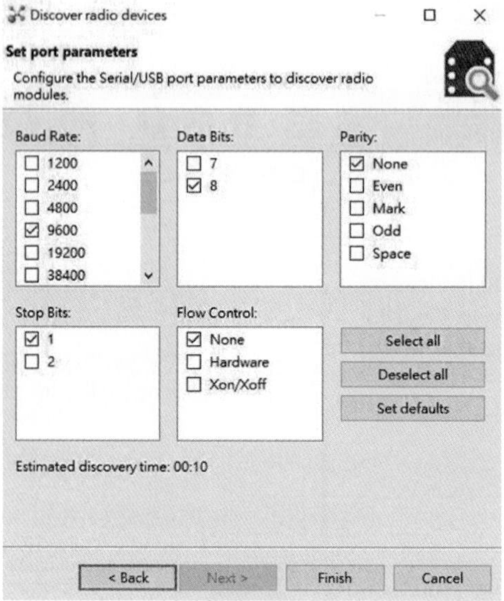

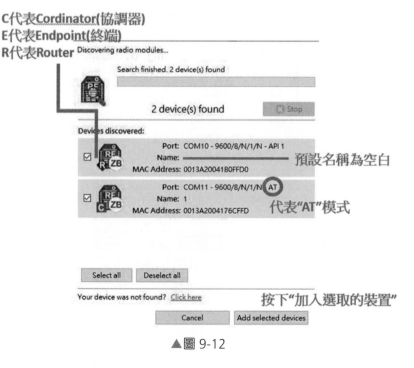

▲圖 9-11

4. 按下 **Finish(完成)** 鈕，X-CTU 工具將依據上圖的序列通訊參數，嘗試連結 XBee 模組。如圖 9-12 顯示找到兩個 XBee 模組 (註：XBee 模組預設是「終端」裝置)：

▲圖 9-12

5. 點選要加入的模組，並按下「**加入選取的裝置**」按鈕，即可開始在 X-CTU 中
讀取與設置 XBee 模組的參數，如圖 9-13 所示。

▲圖 9-13

6. 底下列舉即將使用的幾項「**網路與安全 (Networking & Security)**」參數，如圖 9-14 所示。

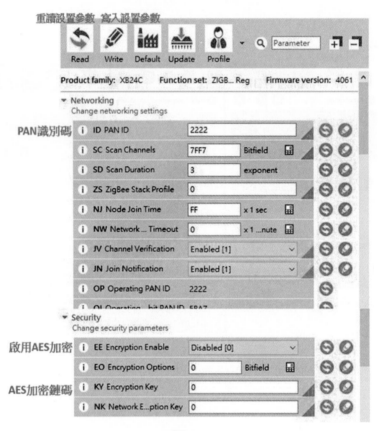

▲圖 9-14

  (1) CH(通訊頻道)：連線設備的頻道必須一致，預設為 C。

  (2) ID(PAN 識別碼)：連線設備的 PAN 識別碼必須一致，預設為 3332。

  (3) DH(目標高位址)：連線對象的高位址，預設為 0。

  (4) DL(目標低位址)：連線對象的低位址，預設為 0。

  (5) MY(16 位元位址)：用戶自訂的位址，可能值為 0~0xFFFF。

  (6) SH(裝置序號－高)：裝置的出廠高位序號，不可修改。

  (7) SH(裝置序號－低)：裝置的出廠低位序號，不可修改。

9-5 實驗

9-5-1 目標 1：建立 ZigBee Mesh Network

1. 建立兩個 ZigBee Mesh Network。
2. 利用 XCTU 看到拓樸。
3. 進行廣播。
4. 進行 unicast 傳輸。

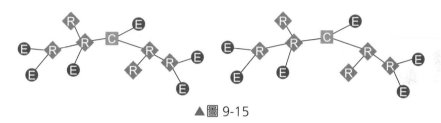

▲圖 9-15

一、Coordinator/Router/Endpoint 共同設定

>ID:3332	>ID:3333
>SC:7FFF	>SC:7777
>AP:Enabled[1]	>AP:Enabled[1]

二、個別設定

實驗設定如圖 9-16 所示。

	Coordinator	Router	Endpoint
JV	Disabled[0]	Enabled[1]	Enabled[1]
CE	Enabled[1]	Disabled[0]	Disabled[0]
SM	No Sleep[0]	No Sleep[0]	Cyclic Sleep[4]

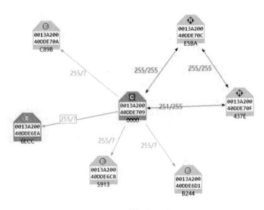

▲圖 9-16

三、廣播

傳送相同的資料到網路上所有節點。

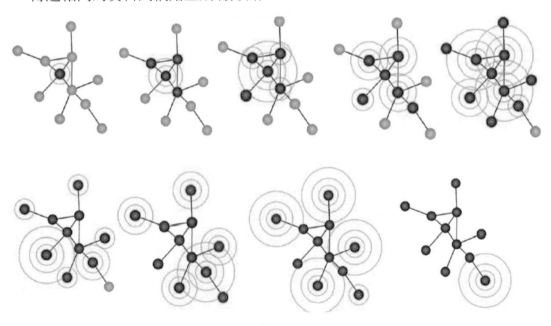

▲圖 9-17

此實驗的步驟流程，如圖 9-18 ～圖 9-25 所示。

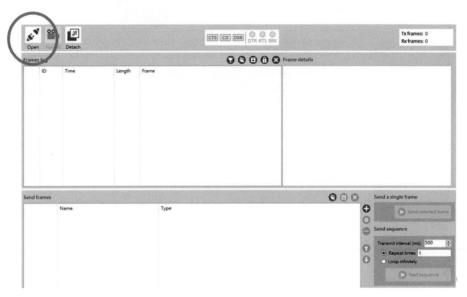

▲圖 9-18

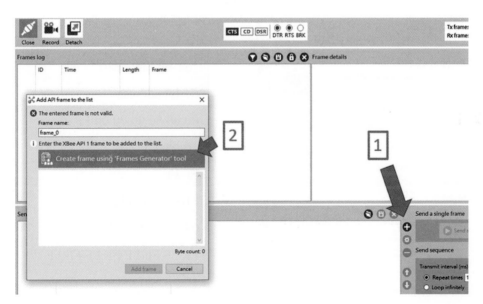

▲圖 9-19

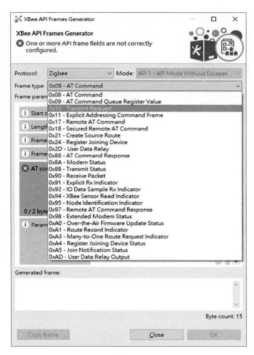

▲圖 9-20

▲圖 9-21

*64-bit broadcast

64-bit address：

00 00 00 00 00 00 FF FF

16-bit address：

FF FE

*16-bit broadcast

64-bit address：

FF FF FF FF FF FF FF FF

16-bit address：

FF FF

RF data：

[自行輸入欲傳送資料]

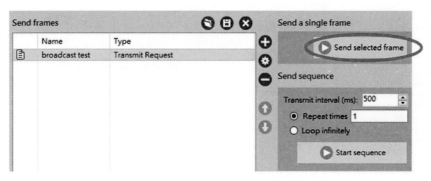

▲圖 9-22

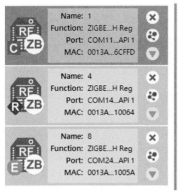

▲圖 9-23

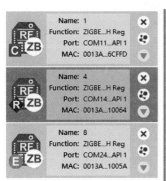

▲圖 9-24

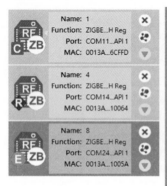 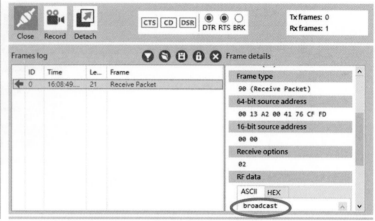

▲圖 9-25

四、Unicast 傳輸

傳送訊息到網路上的單一個節點，可單點跳躍或多點跳躍。

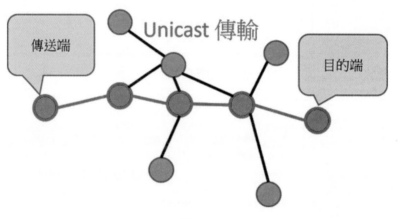

▲圖 9-26

以下步驟如圖 9-27 ~圖 9-34 所示。

1. 開啓

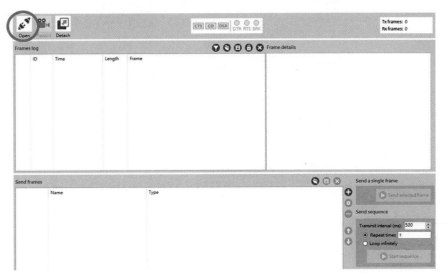

▲圖 9-27

2. 產生 API frame

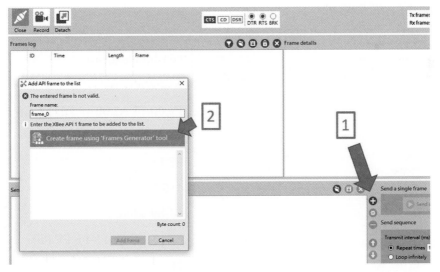

▲圖 9-28

3. 選擇 frame type

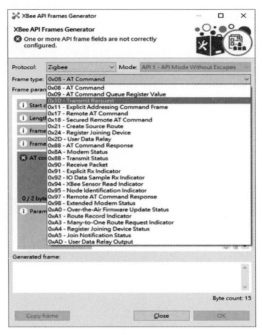

▲圖 9-29

4. 設定 64 位元廣播位址

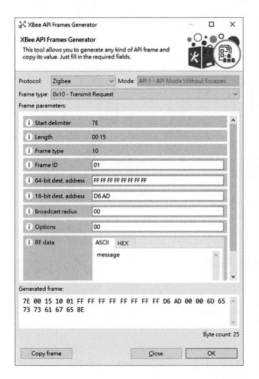

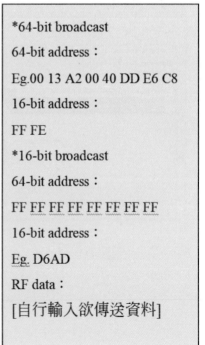

*64-bit broadcast

64-bit address：

Eg.00 13 A2 00 40 DD E6 C8

16-bit address：

FF FE

*16-bit broadcast

64-bit address：

FF FF FF FF FF FF FF FF

16-bit address：

Eg. D6AD

RF data：

[自行輸入欲傳送資料]

▲圖 9-30

5. 設定傳送目的端

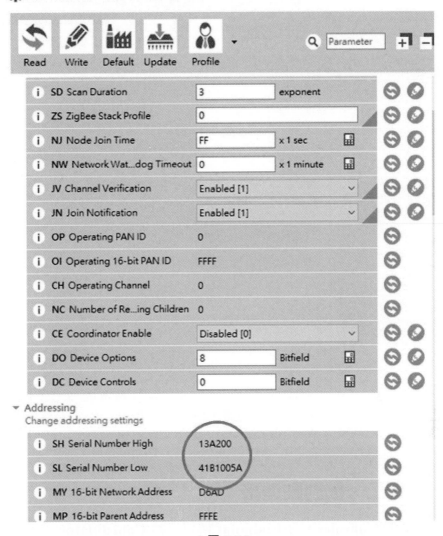

▲圖 9-31

▲圖 9-32

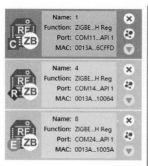
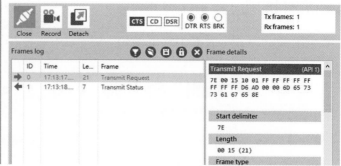

▲圖 9-33

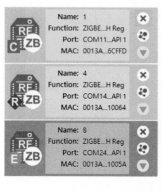
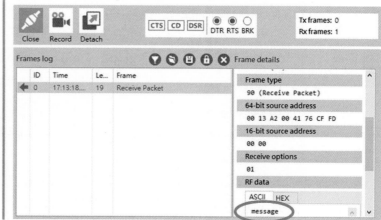

▲圖 9-34

9-5-2 目標二：點對點連接

1. 在 **X-CTU** 的 **Consoles**，令 **Endpoint** 傳訊息給 **Coordinator**
2. 兩組為一單位進行實習
   (1) 一個當 Coordinator，一個當 Endpoint
   (2) CH(Operating Channel) 要設相同
   (3) ID(PAN ID) 要設相同
   (4) DL(Destination Address Low) 可以設為對方自訂的 MY(16-bit Network Address)，或者是 SL(Serial Number Low)

(5) 當 DL(Destination Address Low) 設為對方的 SL(Serial Number Low)，
　　DH(Destination Address High) 也要填入 SH(Serial Number High)

(6) 使用 AT 模式

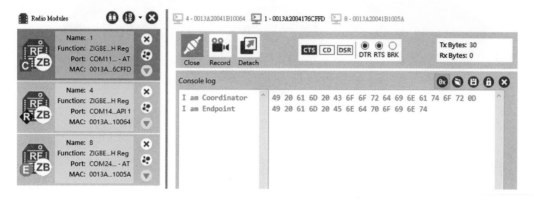

▲圖 9-35

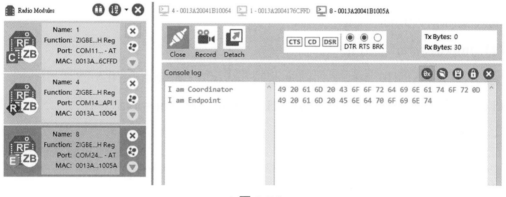

▲圖 9-36

9-5-3 目標三：通訊測試

運用樹莓派進行點對點傳輸。將 Xbee 插在樹莓派上，令 Endpoint 傳訊息給 Coordinator，再利用 Serial Monitor 收發訊息。

一、硬體設備

1. Raspberry Pi 3 × 1
2. XBee S2C × 1
3. XBee FT232RL × 1

▲圖 9-37

透過 python 進行資料傳接收程式撰寫。

二、傳送端執行步驟

1. 開啓樹莓派的命令列視窗
2. 匯入 serail 及 timer 模組
   (1) import serial 及 time
3. 開啓序列口 (USB0 連線序列口，波特率 9600，連線超時 0.5 秒)
   (1) ser = serial.Serial("/dev/ttyUSB0",9600, timeout = 0.5) # 使用 USB 連線序列口
   (2) print ser.name# 列印裝置名稱
   (3) print ser.port# 列印裝置名
4. 寫入資料
   (1) ser.write("hello") # 向埠寫資料
5. 其範例如下：

```
import serial
import time
ser = serial.Serial('/dev/ttyUSB0', 9600, timeout = 0.5)
sb = ser.write("hello".encode())
print('send:', sb)
time.sleep(0.5)
```

三、接收端執行步驟

1. 開啟樹莓派的命令列視窗
2. 匯入 serail 模組
   (1) import serial
3. 開啟序列口 (USB0 連線序列口，波特率 9600，連線超時 0.5 秒)
   (1) ser = serial.Serial("/dev/ttyUSB0", 9600, timeout = 0.5) # 使用 USB 連線序列口
   (2) print ser.name# 列印裝置名稱
   (3) print ser.port# 列印裝置名
4. 讀取資料
   (1) data = ser.readline() # 是讀一行，以 /n 結束，要是沒有 /n 就一直讀
5. 其範例如下：

```
import serial
import time
ser = serial.Serial('/dev/ttyUSB0', 9600, timeout = 0.5)
while True:
    data = ser.readline()
    print('Received:', data.decode())
```

四、結果

傳送端

▲圖 9-38

接收端

▲圖 9-39

目標四：溫度資料感測與傳輸

運用樹莓派連接溫度感測器進行環境溫度收集，並透過 Xbee 進行資料無線傳輸。

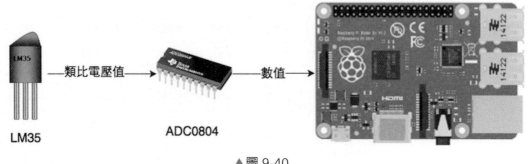

▲圖 9-40

一、硬體設備：

1. Raspberry Pi 3 × 1
2. XBee S2C × 1
3. XBee FTDI Board × 1
4. LM35 × 1
5. ADC0804 × 1
6. 10k resistance × 1
7. 150pf capacitance × 1

二、LM35 溫度感測器

基於 LM35 半導體的溫度感測器，可以用來對環境溫度進行定性的檢測。溫度測量常用的感測器包括熱電偶，鉑電阻，熱敏電阻和半導體測溫晶片，其中熱電偶常用於高溫測量，鉑電阻用於中溫測量 (到攝氏 800 度左右)，而熱敏電阻和半導體溫度感測器適合於 100-200 度以下的溫度測量，其中半導體溫度感測器的應用簡單，有較好的線性度和較高的靈敏度。LM35 半導體溫度感測器是美國國家半導體公司生產的線性溫度感測器。其測溫範圍是 -40°C 到 150°C，靈敏度為 10mV/°C，輸出電壓與溫度成正比。

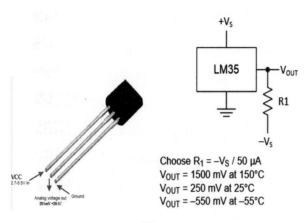

▲圖 9-41

三、產品規格：

1. 感測範圍：-40°C~150°C

2. 靈敏度：10mV/°C

3. 接腳定義：

   (1) OUT：類比輸出

   (2) VCC：電源 5V

   (3) GND：地線

▼表 9-1　LM35 溫度 / 電壓對照表

溫度	電壓
0V	0°C
10mV	1°C
20mV	2°C
1V	100°C

所以溫度與電壓值的關係為：Temp °C = 100 × 電壓值。

四、ADC0804 類比 - 數位轉換 IC

ADC0804 為 CMOS 的類比 - 數位轉換 IC，只需 5V 單電源即可正常工作，允許 0 ～ 5V 類比電壓輸入，若輸入電壓過高則易燒毀；具有三態輸出，與微處理機相容，不需配合其他介面，即可與 8x51 等微電腦一齊工作。不需要額外的石英震盪器，只要外接 R、C 即可使 IC 工作，且可由 R、C 控制其震盪頻率。

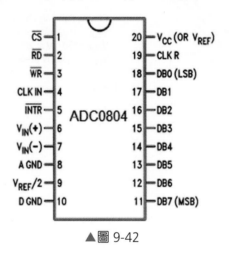

▲圖 9-42

腳位介紹如下：

1. 腳位 1、2、3、5 分別為 CS、RD、WR、INTR 控制信號端，使 A/D 可與微處理機配合使用。

2. 腳位 4 為時脈輸入接腳，時脈可由外接輸入或內建時脈電路產生。將腳 4 接電容 CT，腳 19 接電組 RT 即可。

3. 腳位 6 與腳位 7 為類比信號輸入端。

4. 腳位 8 與腳位 10 分別為類比及數位的接地端。

5. 腳位 9 為二分之一的參考電壓 VREF/2，若不接電壓，則腳位 20 的電源電壓成為參考電壓。

6. 腳位 11 ～ 18 為二進制數位信號輸出端。腳 11 為 MSB，腳 18 為 LSB。

7. 腳位 20 為 VCC，電壓輸入為 4.5 ～ 6.3V。

類比電壓與數位關係為

$$數位轉換值\,(DB0 \sim DB7) = \frac{類比電壓 \times 256}{參考電壓 \times 2}$$

五、溫度感測

以經過 ADC0804 轉換後的輸出數位值為 0b00010001(17) 為例，其輸入電壓為 0.33V。

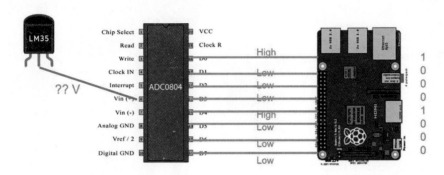

0b00010001 = 17
計算輸入電壓為 0.33V

▲圖 9-43

接下來，連接 LM35、ADC0804 及 Raspberry Pi，其電路圖如圖 9-44 所示。

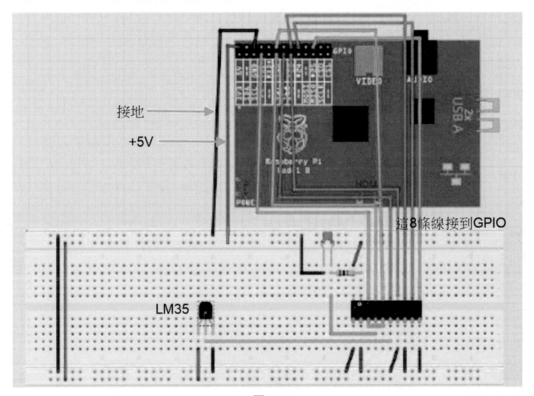

▲圖 9-44

其程式範例如下：

```
import RPi.GPIO as GPIO
import time
import sqlite3
# GPIO 腳位運用宣告
PIN7 = 7
PIN11 = 11
PIN12 = 12
PIN13 = 13
PIN15 = 15
PIN16 = 16
PIN18 = 18
PIN22 = 22
```

```
def setup_gpio():
    GPIO.setmode(GPIO.BOARD)
    # 設定 GPIO 腳位未輸入腳位
    GPIO.setup(PIN7, GPIO.IN)
    GPIO.setup(PIN11, GPIO.IN)
    GPIO.setup(PIN12, GPIO.IN)
    GPIO.setup(PIN13, GPIO.IN)
    GPIO.setup(PIN15, GPIO.IN)
    GPIO.setup(PIN16, GPIO.IN)
    GPIO.setup(PIN18, GPIO.IN)
    GPIO.setup(PIN22, GPIO.IN)
# 透過 GPIO 腳位進行資料讀取
def get_temp():
    d0 = GPIO.input(PIN7)
    d1 = GPIO.input(PIN11)
    d2 = GPIO.input(PIN12)
    d3 = GPIO.input(PIN13)
    d4 = GPIO.input(PIN15)
    d5 = GPIO.input(PIN16)
    d6 = GPIO.input(PIN18)
    d7 = GPIO.input(PIN22)
    value = (d7 << 7) + (d6 << 6) + (d5 << 5) + (d4 << 4) + (d3 << 3) + (d2 << 2)
    + (d1 << 1) + d0 # 將從 ADC0804 讀取到的二進制數值進行十進制轉換
    voltage = float(value*5)/256 # 計算 LM35 偵測到的類比電壓值
    temp = int(voltage*100) # 將類比電壓值轉換成攝氏溫度
    print "0b%d%d%d%d%d%d%d%d, value=%d, voltage=%f, temp=%f" % \
        (d7, d6, d5, d4, d3, d2, d1, d0, value, voltage, temp)
    return temp
```

```python
# 將溫度資料寫入 sqlite 資料庫
def insert_to_db(temp):
    # Connect to db.
    conn = sqlite3.connect('test.db')
    c = conn.cursor()
    # 產生資料表
    c.execute('''CREATE TABLE IF NOT EXISTS `stats`(
            id INTEGER PRIMARY KEY AUTOINCREMENT,
            date TIMESTAMP DEFAULT CURRENT_TIMESTAMP,
            temperature REAL
        )''')
    # 溫度資料寫入
    c.execute('INSERT INTO `stats`(`temperature`) VALUES(?)', (temp,))
    # 儲存
    conn.commit()
    # 關閉資料寫入
    conn.close()
# 主程式
if __name__ == "__main__":
    setup_gpio()
    while True:
        temp = get_temp() # 讀取溫度
        insert_to_db(temp) # 寫入資料庫
        time.sleep(5)
```

六、結果顯示

結果顯示如圖 9-46 所示。

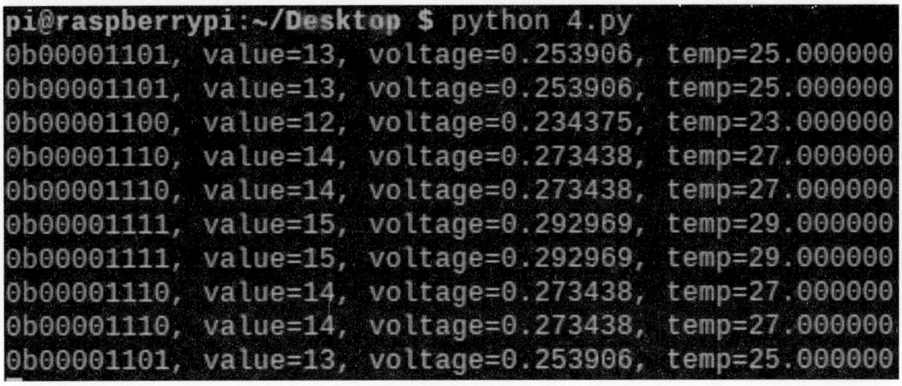

```
pi@raspberrypi:~/Desktop $ python 4.py
0b00001101, value=13, voltage=0.253906, temp=25.000000
0b00001101, value=13, voltage=0.253906, temp=25.000000
0b00001100, value=12, voltage=0.234375, temp=23.000000
0b00001110, value=14, voltage=0.273438, temp=27.000000
0b00001110, value=14, voltage=0.273438, temp=27.000000
0b00001111, value=15, voltage=0.292969, temp=29.000000
0b00001111, value=15, voltage=0.292969, temp=29.000000
0b00001110, value=14, voltage=0.273438, temp=27.000000
0b00001110, value=14, voltage=0.273438, temp=27.000000
0b00001101, value=13, voltage=0.253906, temp=25.000000
```

▲圖 9-46

七、溫度感測與資料傳輸

利用資料傳輸與溫度感測程式進行整合，其主程式架構為：

```python
# 主程式架構
if __name__ == "__main__":
    setup_gpio()
    while True:
        temp = get_temp() # 讀取溫度
            sb=ser.write(temp) # 向埠寫資料
            print "send=%d" % \
            (sb) # 印出傳送資料
        insert_to_db(temp) # 寫入資料庫
        time.sleep(5)
```

```
pi@raspberrypi:~/Desktop $ python 4.py
0b00001100, value=12, voltage=0.234375, temp=23.000000
send=23
0b00001100, value=12, voltage=0.234375, temp=23.000000
send=23
0b00001110, value=14, voltage=0.273438, temp=27.000000
send=27
0b00001111, value=15, voltage=0.292969, temp=29.000000
send=29
0b00001111, value=15, voltage=0.292969, temp=29.000000
send=29
0b00001110, value=14, voltage=0.273438, temp=27.000000
send=27
```

▲圖 9-47

9-6　結論

　　透過以上實驗，我們可將感測或蒐集到的資料數位化，完成物聯網區域網路資料應用之目的。除此之外，若能將專門性網路與網路層 (Internet) 進行結合，便能將蒐集到的資料加上 IP 位置或透過雲端方式，供外界透過網際網路對物件進行控制。與固定網路、行動網路或雲端進行相關性的結合，便能讓各系統的資訊更具有通透性且可彼此交換及解讀。如此，可將應用拓展至許多不同的網路，讓物聯網服務的範圍擴大，達到物與物、人與人和人與物之間的良好溝通與互動，進行落實智慧生活等環境。

參 考 資 料

1. "IEEE Standard for Air Interface for Broadband Wireless Access Systems," IEEE Std 802.16, 2012.

2. XBee 傳輸裝置應用介紹，普特企業有限公司。
   http://163.22.162.226/playrobot/Xbee_control_Boe Bot.pdf

3. 樹莓派基金會官方網站：https://www.raspberrypi.org/

4. 張志勇，翁仲銘，石貴平，廖文華，物聯網概論，碁峯，2013。

10 物聯網感測系統

物聯網感測系統應用非常廣泛，以下主題我們將針對四大應用：穿戴式裝置 (Wearable Device)、智慧運輸系統 (Intelligent Transportation Systems；ITS)、智慧電網系統 (Smart Grid)、智慧醫療系統 (Digital Health System)，進行介紹。

10-1 穿戴式裝置 (Wearable Device)

「穿戴式裝置」是以現有的軟 / 硬體整合科技技術開發出體積極小、便於攜帶的裝置，用以穿戴在人的身上來收集如使用者行為、生理訊號等相關資訊，最後可經由無線通訊的方式把資料傳遞到運算裝置或雲端伺服器，運算裝置 / 雲端伺服器再透過資料運算與分析把結果反饋到個人行動裝置上，讓使用者可以得到所需要的資訊。而智慧型穿戴式裝置的發展相當快速且多元，主要歸功於半導體技術的成熟、低功耗傳輸技術的突破及能源擷取技術的發展，並應用在一般消費者與特定產業：

1. **半導體技術的成熟**

   硬體裝置體積微小化，以及多重感測器能整合在一晶片中，同時有效縮小智慧型穿戴裝置所採用晶片的尺寸，甚至提升晶片的運算能力。

2. 低功耗傳輸技術的突破

以藍牙低功耗 (Bluetooth Low Energy；BLE) 為例，這技術能有效降低通訊時的功率消耗，使智慧型裝置可以採用較小體積、電力容量足夠的電池，進而有效降低穿戴式裝置的整體體積與重量。

3. 能源擷取技術的發展

一般使用者願意將裝置穿戴在身上有幾個必要的條件：微小、輕量、便於攜帶；然而微小化、輕量化的其中一項阻礙便是電池的尺寸，除了降低晶片與通訊傳輸的功耗以外，發展出能從環境中擷取能源的技術，是下一世代智慧型穿戴式裝置的核心需求。

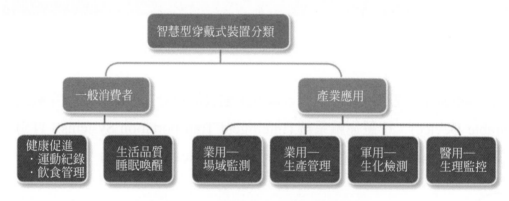

▲圖 10-1　智慧型穿戴式裝置應用分類

目前穿戴式裝置常用的感測技術，主要是微機電系統 (Micro Electro Mechanical Systems；MEMS) 運動感測器、生理健康感測器、使用者介面感測器以及環境感測器，其中運動感測器是穿戴式裝置感測器中較常見的感測器，包括陀螺儀 (Gyroscope) 感測水平改變、三軸重力加速器 (3-axis Accelerometer) 感測移動方向及速度、感測動作、走路或姿勢的變化、計步器 (Pedometer) 以計算步數、全球定位系統 (GPS) 感測所在地理位置。使用者介面感測器，包括 (微型) 麥克風、紅外線或超音波距離感測器等；生理健康感測器則是量測脈搏、血氧、表面皮膚溫度的感測器；環境感測器則包括濕度、環境溫度以及亮度感測元件等。

10-2 智慧運輸系統 (Intelligent Transportation Systems；ITS)

10-2-1 ITS 定義與內涵

　　ITS 利用先進的電子系統、傳感元件、通信技術、控制和管理策略、資料收集等技術，通過數據系統平台對交通系統中人、車、路採集的數據進行轉換。ITS 可以生成適當有用的信息，然後通過通信系統進行實時通信和連接，以改善或加強人、車、路之間的互動，提高對路人的交通服務質量和性能，進一步提高運輸系統的安全性與執行效率，同時減少交通環境的影響。

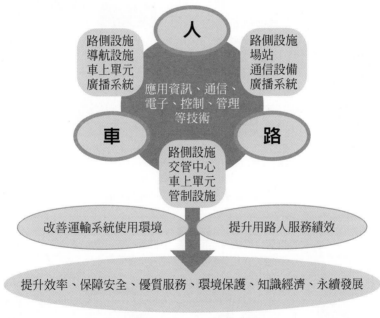

▲圖 10-2　ITS 基本概念

　　圖 10-3 顯示了 ITS 的基本結構。它通過安裝在車輛和道路上的個人或設施來檢測車輛和道路狀況，並通過通訊技術將數據傳輸到資訊系統，以響應各種訊息提供、交通管理、車輛管理和收費、數據的內容、數據量、應用的地域範圍、管理等目的所需的計算時間。

資訊系統可安裝在路邊、車載設備或遠程交通訊息或控制中心，收集、匯總和儲存交通數據，進行實時監控和計算分析，生成合適的即時交通訊息、應對策略或控制引導，將策略通過通訊技術傳遞給路人、車載、路邊發佈設備，引導大都市區、郊區和旅遊區的私人交通、公共交通等各種交通行為，滿足滿足路人的交通需求，提高交通系統的服務效率，以提高道路使用者的安全並實施環境保護。

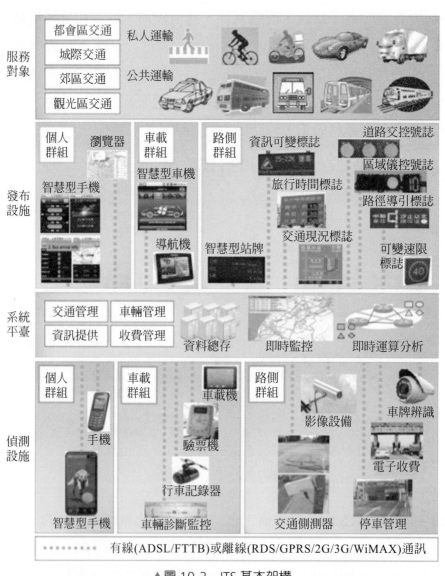

▲圖 10-3　ITS 基本架構

在此基本架構之下，下表列舉部分目前 ITS 相關服務的運作方式，各系統運用偵測及發布設施進行相關服務。有許多技術或設施發展已漸趨成熟，未來可利用新的感測技術或整合現有各種資料並進行分析及預測，提供資訊系統統合所有的資訊，強化各項服務的品質，多元化發布管道，產生其他的服務模式，滿足各用路人的交通需求。

10-2-2 ITS 應用系統

ITS 應用系統分布極廣，以下將針對先進交通管理系統、先進用路人資訊系統、先進車輛控制及安全系統、先進大眾運輸服務系統、商用車輛營運系統、電子收付費系統、緊急事故支援系統、弱勢使用者保護服務、資訊管理服務這九大項進行介紹。

1. 先進交通管理系統 (Advanced Traffic Management System：ATMS)

透過各種感測器蒐集路上交通狀況，再經由通訊技術傳至控制中心的資訊系統，此系統將結合各方面之路況訊息，而進一步研擬交通管理策略，並運用各項設施進行交通管制及將交通資訊傳送給用路人及相關單位，執行整體交通管理措施，如匝道管制、號誌控制、電子收費及高乘載管制等。

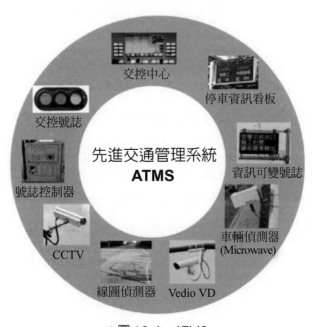

▲圖 10-4　ATMS

2. **先進用路人資訊系統 (Advanced Traveler Information System：ATIS)**

    該系統主要結合感測器及控制中心蒐集的訊息，透過通訊技術和訊息可視化，無論是在車內、家裡、辦公室還是在戶外，行人都可以輕鬆獲取所需的即時交通訊息，以供路人作為行程、貨運和路線選擇的參考。其中，訊息傳輸媒介包括車載導航、可變標誌、電話語音、傳真回覆、路況播報、網際網路、有線電視和訊息查詢網站等。

▲圖 10-5　ATIS

3. **先進車輛控制及安全系統 (Advanced Vehicle Control and Safety System：AVCSS)**

    主要是透過先進科技於車輛及道路設施上，協助駕駛對車輛之控制，以增進行車安全、減少交通事故，其中包括影像辨識、駕駛輔助、防撞警示、自動駕駛、自動公路系統等。以現在知名的電動車特斯拉為例，其具備 8 個環景鏡頭提供車體周圍 360 度的視角，12 個超音波感測器輔助視野並偵測硬物與柔性材質的物體，利用前置雷達能發送特定波長，在不受雨水、濃霧、灰塵以及前方車輛的影響下取得額外的路況資訊等，達到先進車輛控制及安全系統。

▲圖 10-6　AVCSS

4. 先進大眾運輸服務系統 (Advanced Public Transportation System：APTS)

主要將前面所介紹的 ATMS、ATIS 及 AVCSS 技術運用在大眾運輸系統上，透過資訊管理中心的資訊系統進行蒐集、整合資訊，並用以改善運輸服務品質、提昇營運效率及提高搭乘人數，其中包括自動車輛監控、車輛定位、電腦排班調度及電子票證等。

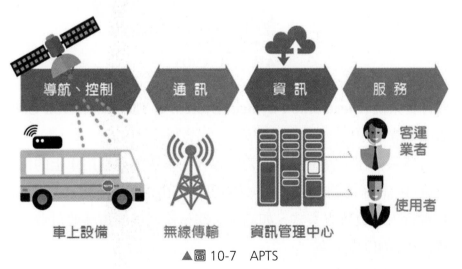

▲圖 10-7　APTS

5. **商用車輛營運系統 (Commercial Vehicle Operation：CVO)**

   與先進的大眾運輸服務系統不同，商用車運營系統將 ATMS、ATIS 和 AVCSS 技術應用於出租車、公共汽車、卡車和救護車等商用車輛，以提高運營效率和安全性，包括車隊管理、計算機排班、車輛監控、電子支付等。以優步(Uber)為例，除了 GPS 定位和行程分享，普通人只需通過 App 輸入乘車地點和目的地即可完成網約車服務。載著他而來的車輛和訊息，以亮點的形式，逐漸靠近乘客所在的位置，乘客無需站在路邊觀看；乘車結束後，他只需在 App 中預先輸入信用卡即可完成支付動作。

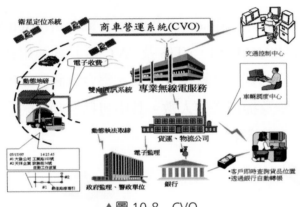

▲圖 10-8　CVO

6. **電子收付費系統 (Electronic Payment System & Electronic Toll Collection：EPS & ETC)**

   電子收付費系統在現實生活中已普遍存在，系統主要利用車上的電子卡或裝置與路邊具有電子感測設施作雙向之通訊，經由電子卡記帳之方式進行收費，以取代現行人工收費之方式，如高速公路、停車場的電子收付費系統。電子收付費系統有如下之功能：

   (1) 提供一種與旅行及停車有關的單一付費工具。
   (2) 減少現金的收取與處理。
   (3) 減少收費站區的交通延滯。
   (4) 降低收費單位的營運成本。
   (5) 使用共同的讀取器及辨識標籤。

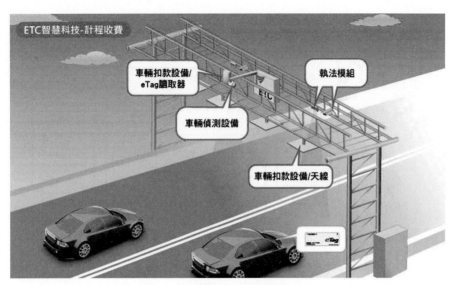

▲圖 10-9　EPS

7. **緊急事故支援系統 (Emergency Management Services：EMS)**

   EMS 是一種緊急應用系統，用於在發生緊急情況時如何到達車輛尋求幫助、救援和提醒他人。該系統包括車輛故障與事故救助、事故救援調度、救援車輛優先通行等部分。為了在最短時間內解除事故，降低傷害程度，EMS 技術包括：自動事件檢測、自動車輛定位、最佳路線引導、地理信息系統等。

8. **弱勢使用者保護服務 (Vulnerable Individual Protection Services：VIPS)**

   VIPS 以交通弱勢使用者為主體，考量其安全問題，對象包括行人、兒童、老年人、殘障人士及自行車與機車騎士之需求。使用者服務項目包括：

   (1) 行人 / 自行車騎士安全：提供行人與自行車騎士安全維護之服務

   (2) 機車騎士安全：提供機車騎士安全維護之服務

9. **資訊管理服務 (Information Management Services：IMS)**

   IMS 是透過 ITS 相關資料文件管理系統之建立，提供資料文件蒐集、歸檔、管理及應用之服務。使用者服務項目包括：

   (1) 資料蒐集彙整：提供歸檔資料蒐集彙整服務

   (2) 資料歸檔：提供資料歸檔服務

   (3) 歸檔資料管理：提供歸檔資料的管理服務

   (4) 歸檔資料應用：提供歸檔資料應用之服務

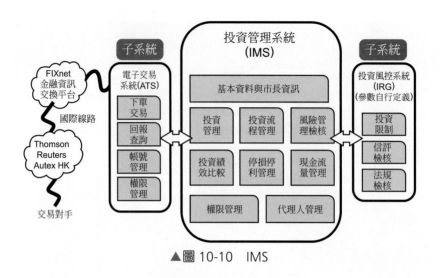

▲圖 10-10　IMS

ITS 的應用對於開放環境及需求上主要希望達到安全、環保、效率，及經濟等目標，以增進交通安全、降低環境衝擊、改善運輸效率、提升經濟生產力。

10-3　智慧電網 (Smart Grid)

10-3-1 智慧電網定義及內涵

在電力系統中，大致可分為發電、輸配電、終端用戶三部分，如圖 10-11 所示。發電端通過電力系統的高速公路 (即電纜線)，通過電桿、電纜、開關、設備和軟體系統等龐大的基礎設施，將電力輸送到終端用戶，並將電力分配給終端用戶，我們所說的智慧電網是通過數位技術傳輸和分配電力，意味著使用資通訊技術、電力電子和先進材料對電力基礎設施進行現代化和優化，其中電網可分為：特高壓電網 (SHV)、高壓電網 (HV) 和低壓電網 (LV)。全球電網基礎設施市場可分為電力線路 (電線桿、電纜、配件、感測器)、變電站及控制設施 (變電站、變壓器、開關、軟體)、終端設備 (連接設備、儀表等運行軟硬體) 有分為三大類，每一類都有傳統的、智能的或下一代的設備和產品。在運行方面，傳統電網是集中發電，單向輸電，憑經驗運配；在智慧電網架構下，配電網可以先進行區域電力交換，如果電力過剩或不足，將在區域內進行分配。因此，智慧電網的分佈式控制過程是自下而上的調度和控制，有別於傳統電網的集中控制過程。

輸電　　　　變電　　　配電

發電　　　　　　　　傳送　　　　　　　終端使用

▲圖 10-11　傳統電網架構

　　智慧電網是集發電、輸電、配電和用戶為一體的先進電網系統。具有自動化和訊息化的優勢，具有自檢、診斷、維修等功能。它提供高可靠性、高質量、高效率和清潔度。電力能夠適應世界各國能源政策的發展方向，滿足社會對提高供電可靠性和供電質量的要求。另一方面，可引入大量可再生能源發電，結合智慧電錶進行需求側管理，減少二氧化碳排放，抑制高峰負荷，節約能源。構建智慧電網的關鍵技術包括：

(1) 跨網路的整合通訊技術。

(2) 先進的控制電力設備及網絡。

(3) 感測、讀錶及量測設備及元件。

(4) 專家系統支援及人機介面。

　　未來智慧電網的推廣程度主要取決於各種訊息和電子技術的發展、政策目標和電能質量的改善程度。未來引入微電網技術後，可在短期內增加臺灣電網對分佈式電源的承載能力，中長期可用於電力設備資產管理、變壓器負荷管理和防竊電。

10-3-2 智慧電網發展近況

　　政府近年來持續推動「智慧電錶基礎建設」、「智慧電網網路部屬」及「智慧電力服務應用」，並持續推展各種示範型計畫，同時委託工業技術研究院來協助台電推動智慧電網發展，其計畫有「新型模組化 AMI 電表及通訊模組」、「1000戶 AMI 與用戶端整合示範案」、「低壓 AMI 通訊介面單元評鑑作業」、「智慧電錶加值應用技術」、「AMI 金鑰管理技術」、「滲透測試技術」等，其中所運用到的通訊技術包含 3G / 4G、RF Mesh(802.15.4g / e)、PLC、Wi-SUN、Wi-Fi、有線光纖等。而近年來低功率廣域網路 (Low-Power Wide-Area Network；LPWAN) 的技術已逐漸成熟，如 LoRa、NB-IoT 等技術，電錶資料傳輸屬於低資料量屬性的應用，適合採用 LPWAN 作為通訊系統。在臺灣智慧電網的發展相較於歐美國家是落後的，因為歐美國家電力系統是普遍民營化管理，所以在導入新技術及轉型上具有比較大的發展空間。隨著 5G 時代的來臨，除了帶來更高的傳輸速度及巨大容量外，其低延遲 (Low Latency)、網路切片 (Network Slicing)、邊緣計算 (Edge Computing) 等有別於一般電信網路之通訊架構，希望能進一步加速推升臺灣智慧電網的應用發展，以達到普及化的程度。

10-3-3 5G 智慧電網應用場景與通訊需求

5G 通訊系統定義三種網路切片技術：增強型移動寬帶 (eMBB)、超可靠低時延通訊 (URLLC)、大規模機器型通訊 (Massive Machine Type Communications；mMTC)，可用於滿足智慧電網各種電力服務的應用需求，承載智慧電網的多樣化服務，為電力系統的各種需求提供應用服務。

▼表 10-1　5G 系統三大切片技術類型

網路切片技術	特點	應用
增強型行動寬頻通訊	1. 下行 20Gbit/s、上行 10Gbit/s 2. 無縫傳輸體驗 3. 較高移動速度	適用於需要大頻寬傳輸的應用，如 AR/VR、醫療影像、高畫質影像船劉等
超可靠度與低延遲通訊	1. 高可靠度 (錯誤率低於 0.001%) 2. 低時間延遲 (低於 1 毫秒)	適用於需要即時處理的相關應用，如遠端醫療手術；智慧電網配電自動化、無人駕駛等
大規模機器型通訊	1. 連接大量元件設備，約每平方公里內有 100 萬個裝置的通訊需求 2. 發送資料量較低 3. 傳輸資料時間延遲較高 4. 低耗電、低成本	適於物聯網相關應用，如智慧電網、穿戴式裝置、智慧城市等

電網從傳統的傳輸、配置和變電站系統轉變為智慧電網。為實現小型分散能源系統的有效管理、安全高效的輸變電、靈活的配電、多樣化的用電模式，電力資訊通訊勢必發揮重要作用，整個電力系統具有多種能源服務應用的類型，每個應用都有自己的網路特徵。5G 的網路切片技術可以適應不同的傳輸級別，並在同一個基站中實現。因此，無論是需要大頻寬的影像監控應用，還是需要小頻寬、低延遲的配電管理，都能支持各個應用的不同特性需求。5G 與電力系統的結合可以分為 4 個方向來討論：

一、分散式能源管理 (Distributed Energy Resources；DER)

隨著環保意識和永續發展意識的抬頭，可再生能源的應用比例越來越高，能源管理從集中式電廠轉向分散、小型化、多元化的能源系統，如屋頂的太陽能發電、電動機車及家庭能源管理系統等。具體來說，分佈式能源的量不斷增加，全球 DER 容量預計將從 2017 年的 132.4GW 增長到 2026 年的 528.4GW，以響應 2025 年國內能源比目標：煤 30%、氣 50%、可再生能源 20%，在分散能源的背景下，如何保持電力系統的供需平衡、穩定和安全，是電力企業今天必然要面臨的問題，尤其再生能源發電具不確定性 (Uncertainties)、難以準確預測性 (Difficult to predict)、難以控制性 (Less Controllability)，這些高難度需求也為 5G 技術帶來新的機會。

為匯集多元、小型的分散式能源，台電需要導入虛擬電廠 (Virtual Power Plant；VPP) 技術，藉由 5G 高效能低延遲網路搭配智慧、即時管理，使其整體電力的可用度與可靠度等效於一座傳統電廠的水準，足以參與電能與輔助服務市場交易，以確保電網自動調度的即時性，保護及監控訊息都需要達到毫秒等級的低延遲需求。

過去，相關的低延遲要求是由台電通過自建光纖網路來實現的。但在分佈式能源的背景下，自分佈式光纖解決方案的成本太高，因此希望通過 5G 網路切片和邊緣計算技術來實現通訊的專用網路，以及虛擬化的智慧控制。發電廠建在邊緣雲端上，保證傳輸穩定，低延遲；此外，通過網路切片技術，可以幫助台電在現有的通訊網路上建立專網，保障電網安全，避免發生網路攻擊事件。

二、配電自動化／饋線自動化

　　早期配電網保護電路只有簡單過電流及過電壓保護電路設計，並沒有建設通訊網路與後端資訊管理系統，因此很難實現分段隔離，而造成每當停電時影響之區域極為廣大，故障斷電時間需耗時幾小時以上。配電自動化 (Distributed Automation；DA) 是一種在配電網與設備基礎上建立的電力資訊管理系統，主要是基於有線或無線通訊網路、配電或饋線終端設備和後端資訊管理的配電自動化系統，以有線或無線通訊網路實現故障時的精準定位，並獲取相鄰配電終端設備之運作資訊，可以實現對配電網的監測及快速故障隔離與排除。

　　此外，饋線自動化 (Feeder Automation；FA) 是指從變電站線路到用戶變電設備的自動化，包括饋線故障的自動恢復和自動隔離等功能，是配電自動化的重要支線部分。電力系統的可靠性要求非常高，需要將事故隔離時間縮短到毫秒級，以保證不間斷供電。5G 的超可靠和低延遲通訊 (Ultra-Reliable and Low Latency Communications；URLLC) 技術可用於滿足對配電／饋線自動化控制的極高要求。5G 技術可以在配電自動化中替代現有的光纖基礎設施，提供毫秒級的網路傳輸延遲，可以作為配電／饋線自動化電網無線通訊的更好解決方案，實現更快、更準確的電網控制。

▼表 10-2　智慧電網應用場景對通訊應用需求

應用	5G 通訊型態 (URLLC、mMTC、eMBB)	傳輸延遲需求	可靠度要求	頻寬需求
分散式能源管理	1. 電力控制類：URLLC 2. 資料收集類：mMTC	1. 電力控制類：8～12ms 2. 資料收集類：16ms～1s	1. 電力控制類：極高 2. 資料收集類：高	1. 電力控制類：終端流量大於 20kbps 2. 資料收集類：終端流量大於 2Mbps
配電／饋線自動化	URLLC	小於 15ms	極高	1. 配線自動化：終端流量大於 2Mbps 2. 饋線自動化：終端流量大於 20kbps
變電所站內／站外巡檢	eMBB	小於 200ms	高	4Mbps～10Mbps
先進讀表系統	mMTC	小於 3s	高	1～2Mbps

三、變電所站內 / 站外巡檢

5G 技術超高速特性在智慧電網中可能的應用場景主要是高畫質視訊巡檢應用；一般可分爲變電站內和變電站外的高畫質影像和語音巡檢應用。變電站的主要應用是變電站巡檢機器人和配電室的影音巡檢應用；變電站巡檢機器人可整合多路高畫質攝影機和各種物聯網環境感測器，即時回傳高畫質影像和物聯網相關的測試數據到變電站的控制中心；變電站內配電機房影音巡檢可於配電機房重要設備搭載多路高畫質影音監視系統，對配電機房重要設備運作狀態影像及設備開關狀態等相關資訊回傳至變電所站內控制中心，以提升變電站內人工巡檢之自動化。變電所站外應用主要爲輸電線路無人機巡檢等；輸電線路無人機巡檢主要針對高壓輸電網的線路檢查，例如輸電線路損壞或彎曲變形等檢視。

四、先進讀表系統 (AMI)

目前各國均積極推動智慧電網基礎建設，再加上 5G 通訊技術的迅速發展，期望能透過即時控制及需求端管理，來促進電力資源最佳化配置與運行，達到節能減碳目標。根據行政院規劃，預計 113 年達成 300 萬戶智慧電錶安裝運作的目標。因爲電表大部分安裝於地下室且都會區的電錶密集度高，另外一般民眾對於裝設明顯的通訊裝置會引起反彈等因素，所以廠商所選擇的通訊技術必須克服這些難題，目前國際上大部份廠商所採用的技術爲 RF 網狀網路搭配可程式控制器 (Programmable Logic Controller；PLC) 進行佈建；RF 網狀網路必須安裝大量集中器，有較大空間上的需求，但空間上的取得不易，而 PLC 則可能因電路規劃或負載用電造成訊號干擾等。而以現階段的 5G 技術來說，其屬於巨量集中型網路架構 (mMTC)，可降低通訊設備建置空間上的需求且電力獨立運作不受用戶負載用電影響，另外電力系統有較高的穩定性及保密性上的需求，利用網路切片技術可虛擬出一個無線專網，進行更高強度的安全隔離，提高智慧讀表所需要的安全性、穩定性及靈活性等需求。工研院具備通訊實驗網路及豐富的 AMI 相關計畫參與，可提供廠商包含 AMI 網路環境測試、讀表程式 (DLMS client 與 serevr) 測試、AMI 通訊產品開發諮詢、頭端 (HES) 資料上傳測試等，協助投入此領域的廠商測試環境與技術服務，可加速廠商產品化並及時投入市場。

10-4 數位醫療系統 (Digital Health System)

　　數位醫療，或稱為智慧醫療，是利用先進的網路、通訊、電腦和數位技術，實現醫療訊息的智慧化收集、轉換、儲存、傳輸和後處理，以及各種醫療業務流程的數位化運作，從而實現患者與醫護人員、醫療機構與醫療設備的互動，逐步實現醫療數位化。數位醫療是將當代電腦技術、通訊和訊息處理技術應用於整個醫療過程的一種新型現代醫療方法。數位醫療不僅可以提高醫院和醫務人員的工作效率，減少工作失誤，還可以通過遠程醫療、遠程會診解決醫療資源區域分佈不均的問題。

10-4-1 數位醫療產業

　　據美國食品藥物管理署 (FDA) 的定義，「數位醫療」(Digital Health) 領域包含行動醫療 (mHealth)、醫療健康資訊 (Health IT)、穿戴式裝置 (wearable devices)、遠距醫療與照護 (telehealth and telemedicine)、個人化醫療 (personalized medicine) 等應用領域。而世界衛生組織 (WHO) 對「數位醫療」(eHealth) 定義為資通訊科技 (ICT) 在醫療及健康領域的應用，包括醫療照護、疾病管理、公共衛生監測、教育和研究。而數位醫療的發展基礎為健康資訊 (Health Data) 的取得與分析，隨著技術、分析方法和政策等的改變，也會發展相對應之技術，以實現數位醫療在健康方面的潛力；因此如何構築健康資訊環境體系 (Evolving Health Data Ecosystem)，對數位醫療的發展致為關鍵，此環境體系可以從三個面向來看：

1. 在數據來源 (Sources) 方面，除了從傳統的醫療模式取得的使用者之生理數據外，在數位醫療技術的發展下，還能夠通過感測器 (Sensors)，可穿戴設備 (Wearables) 和各種即時間監測設備 (Monitors) 取得使用者的生理資訊健康數據。

▲ 圖 10-12

2. 隨著技術能力 (Capabilities) 的提升,可以取得更多樣化的生理資訊,並於其他資訊連接,如地理資訊、生活環境及使用者行為等。

3. 利益相關者 (Stakeholders) 也將隨著上述技術或產業環境之變化,開發新技術及商業模式。

10-4-2 數位醫療發展案例

1. **強生藥廠**

   在產業發展方面,根據 Genet 介紹,日本數位醫療公司 Welby 與強生旗下製藥事業部楊森製藥合作開發一款針對注意力缺陷多動障礙 (ADHD) 的移動應用 "Aozora"。預計將通過 iOS 或 Android 在日本使用;該行動應用 APP 由 Welby 開發,並通過 Janssen Pharmaceuticals 出售給需要藥物治療的 ADHD 患者。Welby 目前正在與包括楊森和阿斯利康在內的 10 多家製藥公司合作,並希望通過 Aozora 收集數據,作為一個整合醫生和醫療系統的平台,未來可以擴展到更多的疾病,如癌症或精神分裂症。

2. **Abilify MyCite 數位藥丸**

   大塚製藥 (Otsuka) 與普羅透斯數位健康公司 (Proteus Digital Health) 合作開發的數位藥丸 Abilify MyCite 於 2017 年獲得美國 FDA 批准上市,是美國首個含有攝取追蹤系統 (Digital Ingestion Tracking System) 的數位藥丸,用於治療精神分裂症、躁狂症的急性治療以及與躁鬱症 I 型障礙相關的混合型病症,並可用於成人抑鬱症治療。

   Abilify MyCite 的藥物追蹤系統包括四大部分:(1) 具消化追蹤標記、(2) 穿戴式感應、(3) 檢視追蹤數據的應用程式、(4) 可將數據傳送給醫療服務提供者的數據面板。

3. **IDx 人工智慧檢測系統**

   人工智慧檢測系統 IDx-DR,用於檢測糖尿病患者視網膜病變情況。IDx-DR 可透過手動將視網膜相機 Topcon NW400 拍攝出來的眼底圖片上傳到雲端系統 IDx-DR,結合 AI 演算法可提供醫生簡易的檢測結果:(1) 輕度視網膜病變或更為嚴重,請尋求專業醫師協助、(2) 檢測結果為陰性,請在 12 個月內再次檢查。

IDx 除了開發 IDx-DR 外，另規劃發展 IDx-G 用於青光眼 (Glaucoma) 及 IDx-AMD 用於老年黃斑部病變 (Age-elated Macular Degeneration；AMD) 的診斷。

10-5 智慧生活系統

　　智慧生活的目的是為人類生活提供便利，提高人類生活的幸福感。智慧生活是一種新的生活方式並基於雲端計算技術資料儲存能力而發展。在家庭場景功能融合、增值服務挖掘的指導思想下，採用主流的網際網路通訊通道，配合豐富的智慧居家終端產品，構建享受智慧控制系統帶來的新的生活方式，多方位、多角度的呈現家庭生活中的更舒適，更方便、更安全和更健康的具體場景，進而共同打造出具備共同智慧生活理念的智慧社區。

10-5-1 智慧生活五大系統

1. 全語音控制系統

　　講一句話，就能調整空調溫度，還能設定鬧鐘，這些原本在電影裡的橋段慢慢也在現實生活中實現。最近新型的智慧音箱 / 語音助手將這一功能很好的體現出來，以小米的小愛同學為例，連接家庭電器設備都可以透過語音控制家中的燈光、電視、空調等電器。

▲圖 10-13　語音智慧居家控制系統

2. 智慧安防系統

防盜的第一步是從門窗著手。安裝在門上的指紋密碼鎖似乎是不可或缺的防盜工具。此外，還有監控攝影機，外出時可以監控家中的一切，除了聲光報警外，當小偷闖入家中時，聲光報警器會發出聲光和紅燈嚇跑闖入者，同時第一時間進行 110 聯動報警時間。

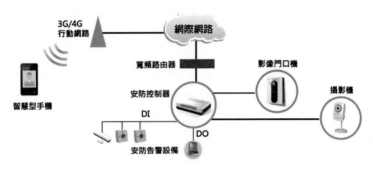

▲圖 10-14　智慧門鈴安防系統

3. 家庭娛樂系統

隨著時代的進步與發展，人們對家庭休閒娛樂的享受有了更高層次的追求，唱歌、看電影、聽音樂等，這時候智慧家庭影院系統誕生。智慧家庭影院，是採用智慧化影音設備構建家庭影院系統，並且將家庭影院系統融入整套智慧居家系統，再通過智慧中控，控制家庭影院系統。智慧家庭影院系統主要包括：影音設備、智慧控制設備和網路服務設備三部分。透過移動設備或平板電腦操作，一鍵打開多個設備，無需像過去一樣使用單獨的遙控器。

4. 資料互聯系統

如何讓空調知道你的冷熱感受，讓冰箱制定出關於你身體健康的菜譜，將這些看似不相干的電器設備給相互連接起來，就是我們所說的物聯網，讓他們形成一整套的生態系統。這樣才能做到當你醒來的那一刻，室內的燈光緩緩亮起，空調根據今天的實時天氣情況調整自己的溫度，空氣淨化機正在開足馬力淨化著空氣，加濕器根據今天的空氣濕度和你的身體狀態調整著室內的濕度。智慧家庭和物聯網的關係，可以稱為你中有我我中有你、相輔相成。智慧家庭設備可以為物聯網提供資料收集、整理及傳輸服務，物聯網可以為智慧家庭間搭建起「溝通」的橋樑，從而是智慧家庭設備之間完成資訊傳輸、互聯互通及通力合作的工作。

5. 能源管控系統

智慧家庭除了網路的支撐外，少不了的就是電力的支撐。電在我們現代生活中是個不可或缺的重要組成部分，在家庭開銷中，電費一直是個關鍵的存在。我們每個家庭當中，都有很多電器設備，每天都在消耗著用電量，這些電使用在什麼地方，每個電器在什麼時間使用多少電，這些問題身為家中主人的你可能都不太清楚，透過以插座為載體的非侵入式負荷技術，便可解決這些問題。只要在家中使用這種插座，我們便可知道家庭的用電情況。透過對插座上負荷進行分解，判斷插座上所對應的用電器，以此來監測用電器的運行狀態，即時統計用電器的狀態及用電量，預測家庭未來用電趨勢。精準的知道家庭中每台電器的運行情況，檢測每台電器的功率狀態，避免因電器功率過大造成的短路及安全威脅。也可從用電情況中發現電器健康狀況，每個電器都有一定的壽命周期，從電流的趨勢當中可反應出來電器的老化情況，及時調整用電器的用電習慣，延長用電器的壽命。同時，我們通過合理的分析環境、用戶習慣以及電器運行情況，可降低電費成本，養成良好的用電習慣。

▲圖 10-15　智慧能源管控系統

10-5-2 智慧生活場域發展

　　智慧生活科技之整體策略為：運用國內完備之 ICT 基礎建設與產業優勢，協同地方政府與國內產業，透過「企業 - 公民 - 政府 - 民眾合作模式」(Private-Public-Personal Partnership) 納入價值網路 (Value-Network) 所有成員，進行智慧生活服務規劃、設計及推展，並建構實證數據收集與分析平台，一方面進行服務實驗場域的設計與概念驗證 (Proof of Concept；POC)，另一方面蒐集並解讀分析使用者行為數據，進而運用於創造新商機並擴大智慧生活產業投資，促進國內經濟產業發展。

　　鑑於過去由政府主導的產業發展計畫普遍缺乏關鍵業者長期承諾，不僅創新應用與服務經常面臨跨業整合問題，個別業者也很難獨立串連完整服務價值鏈，因此「i236 智慧生活運用科技計畫」之執行，特別強調跨業整合創新服務主軸應用的主要業者及周邊支援業者，共同規劃建置三個智慧小鎮 (松山、埔里 - 日月潭及宜蘭)、兩個智慧經貿園區 (台中、高雄)，與杉林鄉大愛村等六個智慧生活場域，聚焦於智慧公共服務、智慧經貿園區、智慧觀光、智慧健康照護四大領域，推展落實各項智慧生活創新應用服務及進行營運模式驗證。經過幾年的努力，共發展 24 項創新智慧生活服務解決方案 (Total Service Solution)，此服務解決方案經過概念驗證、服務驗證 (Proof of Service；POS)、商業驗證 (Proof of Business；POB) 三階段，淬鍊出智慧生活創新服務並促成維運，整體執行場域與開發的解決方案成果

10-6 結語

　　未來將是物聯網時代。你身邊的每一台設備都可以上網，無論是冰箱、烤箱、燈、汽車、廚房、臥室和浴室，進行數據分析和集中控制等操作。在物聯網中，核心技術是感測器，感測器是物聯網時代最重要的肢體，也是最重要的五種感官。所有資訊都必須通過感測器進行感知、收集和測量。此外，在未來極度數位化、智慧化的時代，我們也逐漸面臨大量資料的使用及分析，間接或直接的將侵害到個人的隱私，這部分也是在我們享受數位化時代的過程所必須面臨的另一種考驗，我們在下第十一章將進行探討這問題。

1. 陳智揚，穿戴式科技，科學發展，512 期，2015 年 8 月。

2. DigiTimes- 感測技術對穿戴式裝置發展的影響：

3. 交通部高速公路局：

   https://www.freeway.gov.tw/Publish.aspx?cnid=1556

4. 交通部高速公路局：

   https://www.iot.gov.tw/FileResource.axd?path=html/doc/%E6%99%BA%E6%85%A7%E5%9E%8B%E9%81%8B%E8%BC%B8.pdf

5. 臺灣智慧型電網產業協會：

   http://www.smart-grid.org.tw/content/smart_grid/smart_grid.aspx

6. 張瑞彥、張仕穎、李進農、徐彬海，5G 智慧電網應用機會與趨勢，電腦與通訊期刊，2019。

   https://ictjournal.itri.org.tw/Content/Messagess/contents.aspx?MmmID=654304432122064271&MSID=1035145400213627440

7. MBA 智庫百科：https://www.flowring.com/product/connesia/medical.html

11 物聯網雲端服務系統整合

11-1 雲端物聯網簡介

　　隨著物聯網和雲端計算的蓬勃發展和普及，很多企業組織面對物聯網不斷擴展帶來的挑戰，紛紛轉向雲端計算，因此結合雲端計算技術的物聯網服務已經如雨後春筍般湧現。基於儲存空間租用的概念，雲端物聯網架構可以響應企業組織在架構整合、資料處理、系統可擴展性和安全性等重要考慮因素需求。表1比較了傳統物聯網和雲端物聯網的差別。

▼表 11-1　傳統物聯網與雲端物聯網的比較

	傳統物聯網	雲端物聯網
伺服器		
優點	1. 裝置連接一個專用伺服器。 2. 小型規模時可以降低硬體和基礎設施的成本。	1. 裝置使用對應的雲端伺服器。 2. 雲端使用者介面及服務可提高安全性與可擴充性。
缺點	1. 伺服器維護困難、功能有限且較難擴充。 2. 需要有相關資訊人員專門處理伺服器的的安全問題。	1. 依照租用服務內容成本會增加。 2. 傳統網路架構移植到雲端架構需要大幅度變動。

資料儲存		
優點	1. 當地的空間與能源政策若較為寬鬆，容易降低資料儲存成本。 2. 資料內容可因地制宜以滿足相關法律要求。	1. 雲端資料可隨時隨地存取。 2. 儲存大量資料可透過邊緣計算彈性配置。 3. 資料儲存更安全也更容易擴充。
缺點	1. 裝置在大多情況下的只能本地端連接區域內存取資料。 2. 資料安全性防護較低。	1. 雲端資料儲存成本一開始會增加。 2. 需與雲端服務商討論資料位置以避免在存取資料上造成過度延遲。
認證		
優點	1. 存取認證機制較為單純。 2. 可以降低成本。 3. 可以加速產品開發過程。	1. 提供較嚴謹的存取管理 (IAM) 並做身份認證。 2. 雲端服務可提供共用存取簽章 (SAS) 金鑰或單一登入 (SSO) 認證功能。 3. 安全性較容易維護。
缺點	1. 使用本地端密碼。 2. 使用者管理較為寬鬆。 3. 容易遭受橫向攻擊而造成系統內連鎖反應。	1. 不同雲端平台對於客製化和設定 IAM/AD 有不同的規則和方式。 2. 產品需要客製化，會增加交付的難度。

　　雲端服務提供商根據每個企業組織的不同需求，提出各種解決方案。隨著越來越多的企業將服務運行的內容移置到雲端以提高服務使用上的彈性並降低維護的成本，進而花比較多時間來加值其產品能力，拓展更多的商機，而使用雲端服務的企業可以提供更多以物聯網為中心的解決方案，這些解決方案比典型的物聯網市場具有成本優勢且不會顯著影響現有的產品基礎架構。此外，雲端服務提供商可以重新定義其業務範圍以進行改進；再者，運用雲端 API 管理資源，可以為開發者提供一個類似軟體即服務 (SaaS) 的環境，同時也提供了認證和認證管理機制。

11-2 雲端與物聯網的整合

　　雲端架構在資料運作中主要分成四個部分：資料生成、資料處理、資料儲存和資料傳輸。資料從例如物聯網裝置或網路服務中生成；而透過雲端技術的方式來進行資料處理或清洗；再將海量的資料儲存在雲端空間中；最後透過物聯網應用服務來進行資料傳輸及利用。

物聯網與雲端架構是相輔相成的，物聯網生成的巨量資料需要雲端的儲存空間，資料分析與應用則可透過雲端提供的各種技術進行實現，例如達到遠端監控及管理的目的。我們可以透過雲端服務提供的使用者操作介面，對應傳送控制指令來達到智慧家庭的智慧型裝置操作或進行環境上的監控。雲端物聯網的主要商業模式可分成「端應用」、「雲服務」兩種。

端應用	雲服務
終端裝置的軟硬體產品與技術，包括終端裝置之人機介面、中介軟體、作業系統與應用軟體等	三種服務模式：軟體即服務 (SaaS)、平台即服務 (PaaS)、基礎設施即服務 (IaaS)

隨著物聯網應用的日益普及和復雜化，服務、平台、應用、分析，包括與資訊安全相關的軟體等，將在物聯網中發揮越來越重要的作用且逐漸成爲一條龍的整合應用型態。由此衍生的商機將逐漸超過硬體或基礎設施，如智慧型裝置或伺服器、儲存設備等，讓很多的硬體設備、晶片廠商及軟體服務商也紛紛投入了雲端物聯網的市場，例如提供物聯網設備管理的平台；這種平台我們可歸納爲兩大類：「物聯網服務平台」或「M2M (Machine to Machine) 平台」；前者著重在企業物聯網資訊蒐集與分析，後者著重聯網產品／裝置間的連結、溝通與協調。

在這浪潮下，各國政府逐步盤點其製造業與服務業之雲端與物聯網應用，透過提供整體解決方案或應用設備輸出方式造就國內雲端服務創新應用典範，輔導企業及產業轉型成爲國際級雲端服務公司。以臺灣爲例，由政府力推的產業智慧機械雲，如圖 11-1 所示，於 2020 年首度揭露未來其營運計畫與更多技術細節，該服務預計 9 月中將率先展開內部測試，最快明年第一季就會對外正式營運，並將從全臺 6 千家機械與資通訊業者先推行，未來再擴大到其他產業。

▲圖 11-1　臺灣智慧機械雲端平臺

11-3 雲端物聯網應用

一、醫療業

　　在醫療業中，醫院導入 RFID 追蹤病患身分與狀況，或是做為人員的管控，甚至是社區醫療的運用。除此之外，更可建立醫療產業在 RFID 資訊運用的互通環境，成為醫療業共通的平台。醫材業者也利用物聯網與雲端結合之概念發展健康檢測儀器，民眾透過檢測儀器可將自身的體重、血壓、血脂、心跳等檢測數據透過網路傳輸，再經由後端的雲端運算系統處理，供醫護人員與家人便利取得相關檢測資料，作為健康追蹤的最佳系統。圖 11-2 為 RFID 在醫療業的使用流程。

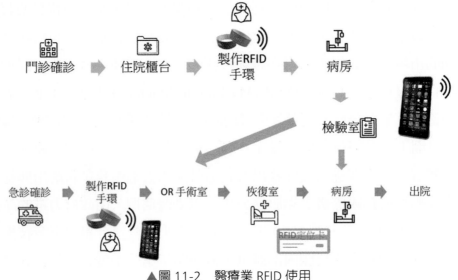

▲圖 11-2　醫療業 RFID 使用

二、交通汽車業

　　智慧交通系統可以分為車輛和道路兩大類。車輛的主要設備是車載電腦，通過它可以使車輛智慧化。過去，大多數車載電腦只是一個遠端通訊處理系統，主要基於視聽娛樂和衛星定位系統導航服務，但與智慧交通關係不大。後續基於智慧應用開發了其他技術，也就是真正的智慧交通相關的技術，如前後防撞系統、側盲點系統、360 度環景影像及檢測系統等，主要解決大型車輛的盲點問題。通過圖像和影像技術，可以檢測車輛周圍環境，防止事故發生。圖 11-3 為工研院機械所在 2013 年研發出來的全車環景影像系統。

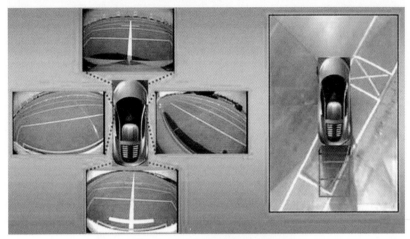

▲圖 11-3　全車環景影像系統

三、物流業

　　智慧物流以資通訊技術發展為基礎，在原有流程中導入數位化、自動化和網路化應用，實現有效管理、降低成本和快速交付的目的。物聯網架構使物流行業擁有更智慧、更彈性的管理模式，實現物流各個環節的智慧化系統管理。每年的雙 11 購物節、近兩年的疫情劇加上班等在在感受到智慧物流讓系統乘載量更大、更具效率，也促進系統上的完整性。話雖如此，但物流乘載量的急遽擴大卻凸顯出了許多現實層面的問題，例如末端收送貨的人力控管、空間儲存、車趟派遣等處理能力的不足；之前智慧物流的需求在於流程透明化、彈性調控、降低庫存、減輕人力需求，隨著物流需求持續上升且越趨複雜，現階段的智慧物流便開始強調「預測」的重要性，例如預測熱門產品、存放空間、車隊管理、人力配置等，但這些都必須透過大量的資料收集與分析，再導入機器學習或人工智慧模型來預測／推演未來需求，以做到人力調配與車隊部署等目的，而雲端計算搭配大數據分析將能派上用場並達到自動化的物流流程。圖 11-4 為智慧物流的簡介。

▲圖 11-4　智慧物流

　　雲端計算與物聯網的結合被廣泛應用於多個領域。無論雲端計算是資源管理、資源分配，還是計算的普及和應用便利，行動裝置的普及和網際網路的便利，都將使雲端計算成為最終智慧化服務的一項利器。

11-4　物聯網服務平台簡介

　　物聯網解決方案涵蓋的範圍廣泛，除了根據不同應用情境有不同的設計外，對應的功能設計也極為複雜，我們可將物聯網平台依據不同功能進行分類：裝置管理、連接管理、應用支持、業務分析。

一、裝置管理平台 DMP(Device Management Platform)：

　　DMP 平台主要是對物聯網終端進行遠程監控、設置調整、軟體升級、系統升級、故障排查、生命周期管理等功能。DMP 集成在整套端到端 M2M 設備管理解決方案中。DMP 平台可實時提供網管和應用狀態監控告警反饋，為預先處理故障提供支撐，通過開放的 API 調用接口幫助用戶實現系統集成和增值功能開發，所有終端設備的數據可以存儲在雲端。圖五為視美泰智慧自動售貨機管理平台，其為 DMP 發展的一個成功案例。

DMP 平台主要用於物聯網裝置的遠端監控、軟體更新、設定調整、系統升級等功能，其同時可以完整的整合到現有的端點裝置管理解決方案中，即時回報的網路管理和應用狀態或是進行故障處理及排除；通過預先設定的 API 接口，幫助用戶實現系統整合和加值功能的開發；同時，也儲存所有終端裝置所產生的數據到雲端上，以進行後續的數據分析與利用。圖 11-5 為視美泰的智慧販賣機管理平台。

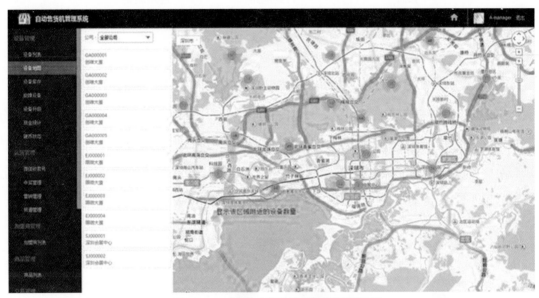

▲圖 11-5 視美泰智慧販賣機管理平台

二、連接管理平台 CMP(Connectivity Management Platform)：

CMP 平台用於實現物聯網的連接配置與故障管理，提供端點裝置網路連接通道的穩定性，方便管理網路資源的使用、連接的費率、功能模組變更及號碼 /IP 地址 /Mac 位址的內容等，透過物聯網用戶識別模塊 (SIM) 以幫助行動服務營運商進行客戶管理與收費。圖 11-6 為 Jasper CMP 連接管理平台。

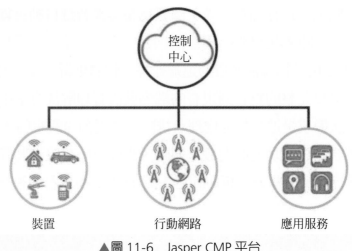

▲圖 11-6　Jasper CMP 平台

三、應用支持平台 AEP(Application Enablement Platform)：

　　AEP 是架構在 CMP 之上的一個 PaaS 平台，提供應用服務開發和數據儲存功能。AEP 也是一應用開發集成工具，主要提供圖形化開發工具操作來取代程式的撰寫，同時具有數據儲存、商業邏輯引擎、第三方 API 介接等功能，以應用於智慧城市、智慧農業、智慧建築等。圖 11-7 為 ThingWorx AEP 應用平台。

▲圖 11-7　ThingWorx AEP 平台

四、商業分析平台 BAP(Business Analytics Platform)：

　　商業分析平台也是一種 BI(Business Intelligence) 商業智慧工具，其包含基礎大數據分析服務和機器學習功能。大數據服務主要是平台在收集到各類相關數據後，對數據進行分類、處理、分析，並提供可視化的數據分析結果，可通過即時動態分析，監控設備狀態並進行預警。而 BAP 平台也可以透過機器學習模型來訓練歷史數據，生成預測模型，或者客戶可以根據平台提供的工具開發自己的模型，以滿足複雜的商業邏輯分析。圖 11-8 為 GE Predix 商業分析平台。

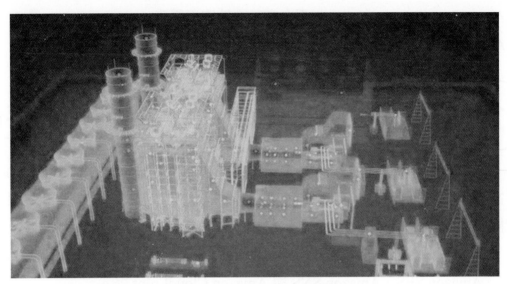

▲圖 11-8　GE Predix BAP 平台

11-5 Microsoft Azure 雲端平台

　　Azure 雲端平台是由 Microsoft 提供的雲端服務平台，它可以透過連線、監視及控制數十億個物聯網終端設備，由一個或多個在雲端上執行的服務，且互相通訊的物聯網裝置和後端服務所組成的，以進一步提供物聯網雲端解決方案。

　　Azure 中提供的物聯網相關服務包括：Azure IoT Central、Azure IoT Edge、Azure IoT 中心、Azure Digital Twins、Azure 時間序列深入解析、Azure Sphere、Azure RTOS、Azure SQL Edge 和 Azure 地圖服務。

1. **Azure IoT Central**：加速建立 IoT 解決方案。
2. **Azure IoT Edge**：將智慧從雲端延伸到邊緣裝置。
3. **Azure IoT 中心**：連接、監視並控制數十億個 IoT 資產。

4. **Azure Digital Twins**：建立實體空間或資產的數位模型。

5. **Azure 時間序列深入解析**：近乎即時地探索與獲得時間序列 IoT 資料的見解。

6. **Azure Sphere**：建置並連接極為安全的 MCU 支援裝置。

7. **Azure RTOS**：輕鬆進行嵌入式 IoT 開發與連線。

8. **Azure SQL Edge**：在 Azure 平台上私人地取用服務。

9. **Azure 地圖服務**：提供地理資訊給 Web 和行動應用程式。

11-6 Amazon Web Services 物聯網服務平台

  Amazon Web Services 縮寫為 AWS，是一個由亞馬遜公司所推出的雲端運算平台，AWS 在 2006 年被推出時，以 Web 服務的形式向企業提供 IT 基礎設施服務，使得企業前期基礎設施投資費用可以大幅降低。

  AWS 所提供服務包括：Amazon EC2、Amazon VPC、Amazon S3、Amazon RDS、Amazon SES、Amazon SNS 與 Amazon CloudFront 等。

1. **Amazon EC2 (Amazon Elastic Compute Cloud)：**
   是一個虛擬私有伺服器。一開始先選硬體規格與資源，是以小時計費，如果關掉它就不會算錢，但像硬碟空間必須額外加錢增加，而固定連外 IP 即使開置也是要付額外的費用。

2. **Amazon VPC (Amazon Virtual Private Cloud)：**
   為一雲端計算中私有雲端的架構。在共享區域內的主機可以形成一區域網路並相互溝通，其中至少某一台主機必須要開啟對外的功能，然後針對這個門口進行防護。

3. **Amazon S3 (Amazon Simple Storage Service)：**
   為可對外傳輸資料的伺服器儲存空間，主要儲存的是靜態的文件檔案，也有些人會直接配合 Amazon Cloudfront 服務製作成靜態網站，或是拿來當作線上影片服務的儲存空間。

4. **Amazon RDS (Amazon Relational Database Service)：**
   提供關聯性資料庫服務。在 AWS 裡面我們可以開啟例如 MySQL 資料庫，而其安全性與設定都是由 Amazon 去處理。

5. **Amazon SES (Amazon Simple Email Service)：**

主要是 Email 寄送的服務。

6. **Amazon SNS (Amazon Simple Notification Service)：**

這個服務主要去監聽系統活動並發送通知訊息，甚至用來驅動其他目標服務的執行。

▲圖 11-9

11-7 Google Cloud Platform 服務平台

　　Google Cloud Platform(GCP) 是由 Google 所開發的雲端平台並可提供物聯網應用服務；可讓使用者連結、處理、儲存及分析邊緣裝置和雲端中的資料。GCP 提供可擴充、具彈性的全代管雲端服務，以用於邊緣裝置 / 內部部署運算並具備機器學習功能的整合式軟體堆疊。GCP 提供的服務有：Cloud IoT Core、Cloud Pub/Sub、Google BigQuery 以及 Cloud Machine Learning Engine 等等。

1. **Cloud IoT Core：**

Cloud IoT Core 提供使用者以簡單、方便、安全的方式鏈結、管理全球各地眾多裝置，並擷取、儲存、分析、應用這些裝置中的資料。Cloud IoT Core 支援 MQTT 和 HTTP 標準通訊協定，可與全球部屬數百萬個裝置建立安全連線，同時透過自動負載平衡 (Load Balance) 和水平擴充技術的通訊協定端點，以確保資料在擷取的任何情況下都能安全且有效率的進行。值得注意的是，Cloud IoT Core 是以 Cloud Pub/Sub 為基礎並在 Google 的無伺服器基礎架構上執行，可將裝置的資料匯總到與 GCP 資料分析服務且全球通用的單一系統，並可自動調度資源以因應即時的變化，同時嚴格遵守業界標準安全性通訊協定以保護資料。

2. **Cloud Pub/Sub：**

Cloud Pub/Sub 用於提取各種狀態的事件，無論是構建串流傳輸、批處理作業還是一致的管道，數據收集是數據分析和機器學習的基礎，Cloud Pub/Sub 為事件數據的處理、儲存和分析提供一個簡單且可靠的暫存空間。

3. **BigQuery：**

BigQuery 是 Google 推出不需要資料庫管理員具備基礎管理架構的無伺服器企業資料倉儲服務。它使用 ANSI 相容 SQL，並且提供 ODBC 與 JDBC 驅動程式，讓使用者可以專注在分析資料以及使用熟悉的 SQL，找出有意義的深入內容、快速輕鬆地整合資料；其不僅具備高擴充性，也讓企業在使用上符合成本效益，提升資料分析工作效率。

4. **Cloud Meachine Learning (ML) Engine：**

Cloud ML Engine 也是一代管服務，提供資料訓練 (例如 AI Platform Training) 與預測 (例如 AI Platform Prediction) 功能，這兩項功能可以互相搭配運用或單獨使用，讓使用者在實際作業環境中，建構並執行機器學習模型。

11-8 ThingSpeak 服務平台

　　ThingSpeak 是一個免費、開源的雲端物聯網應用平台，透過它所提供的 API，我們可以自行開發物聯網的應用服務，例如將物聯網平台 (如樹梅派) 連結外部感測器 (如溫溼度感測器) 來收集環境感測資料並將資料傳送到雲端資料庫，以 HTTP 協定進行儲存、檢索以及分析應用。此平台是依相當簡單、方便上手的雲端物聯網服務平台，以下我們針對 ThingSpeak 的資料收集、分析、事件反應三項功能進行說明。

1. 資料收集

一般場域內的設備在進行物聯網環境建置時需配置或裝載多個感測器，例如溫度感測器、濕度感測器、液壓感測器、震動感測器等於設備上，資料傳輸部分可透過有線或無線方式將資料傳輸到就近或指定的雲端上，用以收集與儲存，而 ThingSpeak 就在此扮演它的角色，如圖 11-10 所示。ThingSpeak 提供一個雲端平台來快速收集來自場域端的數據。

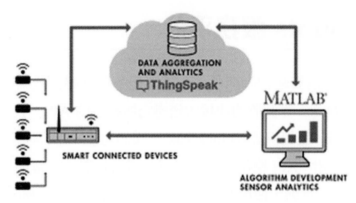

▲圖 11-10　ThingSpeak 應用架構

2. 資料分析

ThingSpeak 將收集到的資料儲存在雲端上，讓使用者可以方便進行感測資料存取，並提供使用 MATLAB 來分析感測資料並可視化分析結果，例如進行環境溫溼度變化分析，如圖 11-11 所示；ThingSpeak 提供使用在線分析工具，可以瀏覽和可視化數據。

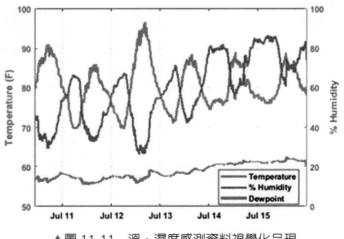

▲圖 11-11　溫、濕度感測資料視覺化呈現

3. 事件反應

在事件反應上，跟我們對於分析的結果希望給予不同條件設定下的回饋反應有關，例如我們在監控環境溫度時，感測溫度若高於 60°C 時須發出警示訊號，以提醒使用者環境溫度異常等。諸如此類的設定都可以透過 ThingSpeak 提供的 react 及 MATLAB 功能來進行應用服務設計。

11-9 Ubidots 服務平台

Ubidots 也是一個雲端物聯網平台，可支援多種物聯網設備的連結，例如樹莓派、Arduino、Onion 等裝置的連接，透過它所提供的 API，我們可以自行開發物聯網的應用服務，也提供如 Thinkspeak 一樣的功能，如即時資料收集／分析／呈現、即時事件通知、API 應用等。為了讓讀者可以真正了解如何使用雲端物聯網平台，以下提供一實驗，使用 Ubidots 物聯網雲端平台打造網路應用服務。

實驗：使用雲端平台打造網路服務

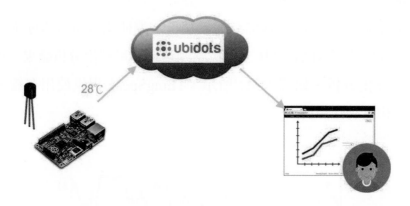

1. Add Data Source

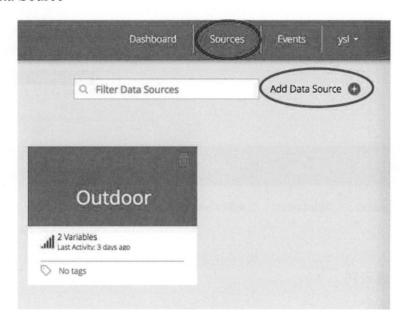

2. Add Variable

記下Variable ID

3. 取得 Token

4. Python 上傳資料

　(1) 安裝套件

　　　$ sudo pip install RPi.GPIO ubidots

　(2) 測試是否可以 import 函式庫

　　　$ python

　　　>>> import ubidots

　(3) 新增 sensor_set.py，並在內容執行

```
from ubidots import ApiClient
import time
api = ApiClient(token='BQVCK7vEK1t59qPNFGVgCdyZ8HRogc') // 請
填 token
try:
    tempVar = api.get_variable("573fb3c576254202abeb4d89") // 請　填
variable ID
except ValueError:
    print "It is not possible to obtain the variable"
while(1):
    try:
```

```
v = random.randint(10, 30)    //隨機產生溫度
tempVar.save_value({'value': v})  // 上傳到 server
print "Sent value %d to server" % v
time.sleep(5)
except ValueError:
    print "Value not sent"
```

Raw data

Date	Value	Context
2016-05-21 22:49:58 +0800	14	--
2016-05-21 22:49:53 +0800	24	--
2016-05-21 22:49:47 +0800	26	--
2016-05-21 22:49:42 +0800	25	--
2016-05-21 22:49:36 +0800	24	--
2016-05-21 22:49:31 +0800	25	--

(4) Dashboard 資料呈現

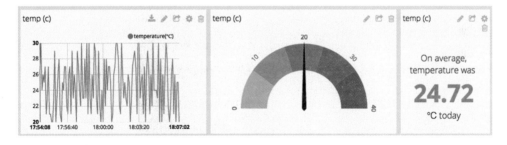

(5) 抓取溫度資料

可透過結合第八章的溫度感測資料蒐集實驗，將程式裡面的溫度抓取取代這一段程式 "v = random.randint(10, 30)"，即可進行即時溫度蒐集及資料呈現。

11-10 結語

　　物聯網及雲端計算的發展是相輔相成的，物聯網產生的巨量資料可透過雲端計算架構來進行儲存、分析與應用，讓整體資源運用、系統整合達到最大化的目的，同時也降低企業的服務開發與硬體維運的成本，達到多贏的局面。因此，各大廠看準這趨勢也相繼投入這個市場，例如 Google、Amazon、IBM 也都積極投入發展；各種需要大量運算與儲存的工作可透過雲端服務的彈性架構、高計算能力的硬體資源來進行，包括導入現在火紅的 AI 人工智慧與機器學習模型，強化服務運作、解決問題的行動力。未來，雲端物聯網的涵蓋範圍將持續擴大，不管事在傳統的製造業到一般的網路服務業，都借助雲端物聯網的架構持續發展，以便優化整體的商業模型，提升自我的競爭力。

參考資料

1. 雲端物聯網 (Cloud-Based IoT) 解決方案：對傳統限制及安全疑慮的回應。

   https://blog.trendmicro.com.tw/?p=61542

2. 從雲端運算與物聯網之匯流，談臺灣產業發展策略思維。

   https://www.iii.org.tw/Focus/FocusDtl.aspx?fm_sqno=12&f_sqno=hfpANLDzyYWjFr95NX+vTA__

3. 雲端運算加速物聯網市場發展：

   https://www.digitimes.com.tw/iot/article.asp?cat=130&cat1=50&cat2=20&id=0000280390_mqb4pcgm8hzouk1tcinnu

4. RFID 醫療：

   https://www.google.com/url?sa=i&url=https%3A%2F%2Fwww.chilitag.com.tw%2Fsolution_zh-tw.php%3FID%3D156&psig=AOvVaw1HJxg-GJYjZ2_4NWjpFA94&ust=1584259113619000&source=images&cd=vfe&ved=0CAIQjRxqFwoTCKDQxaC_megCFQAAAAAdAAAAABAD

5. 智慧交通願景成真：

   http://www.ctimes.com.tw/DispArt-tw.asp?o=15112511392K

6. AI 推動智慧物流再升級：

   https://www.chinatimes.com/newspapers/20181111000286-260204?chdtv

7. 智慧物流是電商成功的關鍵：

   https://www.stockfeel.com.tw/%E6%99%BA%E6%85%A7%E7%89%A9%E6%B5%81%E6%98%AF%E9%9B%BB%E5%95%86%E7%9A%84%E6%88%90%E5%8A%9F%E9%97%9C%E9%8D%B5/

8. 物聯網平台是什麼？有哪些？你想知道的都在這裡！

   https://kknews.cc/tech/kayqrpb.html

9. Microsoft Azure IoT (上)(下)：

   https://ithelp.ithome.com.tw/articles/10228047

10. Microsoft Azure IoT:

    https://azure.microsoft.com/zh-tw/overview/iot/

11. Amazon Web Services IoT (上)(中)(下):

    https://ithelp.ithome.com.tw/articles/10226542

12. Amazon Web Services IoT:

    https://aws.amazon.com/tw/?nc2=h_lg

13. Google BigQuery: A Tutorial for Marketers.

    https://www.business2community.com/marketing/google-bigquery-a-tutorial-for-marketers-02252216

14. cloud machine learning engine.

    https://thenewsfacts.com/cloud-machine-learning-engine/

15. WFduino 第 41 課 ThingSpeak 雲端資料庫應用：

    http://blog.ilc.edu.tw/blog/index.php?op=printView&articleId=733185&blogId=868

12 物聯網資料安全與隱私

12-1 物聯網資料安全與隱私

　　物聯網就好像是一大型的智慧網路，可以是區域聯網，也可以是具有廣域的聯網，讓周遭的裝置／設備聯結在一起。在國家資通安全戰略報告-資安即國安中，這些物聯網裝置因為時常感測或收集周圍人、事、物的資訊，可能因此成為個人隱私或國家機密外洩的媒介，甚至成為網路犯罪的利用工具，危害了個人及國家安全。一部熱門的電影「玩命關頭」就徹底展示了透過網路來控制街道上的交通號誌及汽車，而造成民眾甚至國家安全危害的犯罪行為。類似的例子，智慧家庭的應用，讓許多家庭中的電器設備(如電視、冰箱、燈光、冷氣等)能有聯網控制的功能，而駭客可以透過侵入網路，竊取這些設備的資料，進而知道家裡目前有沒有人，甚至一切的生活作息習慣，讓個人的隱私及生命安全受到危害。

　　物聯網在推廣應用上除了系統運作效能外，另一個疑慮就是系統安全的問題。但要維持高安全性卻往往會影響到整體運作的效能，這在一般的電腦系統上會出現的問題，更不用說在運算資源較為有限的物聯網環境上更是一個考量點。在一般電腦系統上我們會導入許多系統或資料安全防護機制，如防毒軟體、防火牆、資料加密系統等較為複雜的安全防護機制，但這些計算複雜度極高或所需要的運算資源較爲龐大，以至於物聯網中的計算平台或是感測裝置無法負荷這樣傳統安全機制的導入。

2018 年臺灣資安大會上揭漏「1.7Tb 流量的 DDoS 攻擊來襲，IoT 僵屍網路威脅不可輕忽」；駭客入侵之後可以透過惡意程式來感染各種物聯網裝置，例如網路攝影機，入侵這些裝置之後藉由操控數十萬台的物聯網裝置來進行大規模的DDoS 的攻擊，這是眞實案例發生的，因此企業如何在新的的物聯網裝置中避免成爲被利用的對象，是未來的一項大考驗。

物聯網所涵蓋的範圍非常廣及複雜，從上層的雲端平台、應用程式，中間透過網路通訊協定 (如藍牙、ZigBeee、Wi-Fi)，到下層的硬體裝置、硬體通訊介面，各個環節都有可能成爲被駭客利用的漏洞，因此在裝置間的安全與管理成爲了發展物聯網在智慧家庭、智慧城市、智慧交通，到現在熱門的自駕車系統等場域上最大的挑戰。

隨著 5G 時代的來臨，各種 AIoT 應用服務因應而生，物聯網設備之間的連接將更深、更廣，同時也將引起另一波資訊安全威脅的風暴。以此爲借鏡，資安產業將必須更強化在 5G 和 AIoT 結合的應用下，發展一系列應對企業帶來的全新挑戰。

這些挑戰除了傳統的資訊安全議題外，從 2018 年之後個人隱私侵害問題、隱私權的維護也逐漸受到重視。這原因在於物聯網的運作是透過裝置進行資料收集、分析和交換，確實存取使用者的個人資料，例如網路攝影機取得使用者臉部影像資料、個人語音助理取得使用者聲音、瀏覽器取得使用者網路使用紀錄。而這些侵害使用者隱私的新聞是層出不窮的，裡面更不乏有科技大廠，例如Google、Amazon 牽扯其中。這樣的爭議在 2018 年正式公布的歐盟一般資料保護法 (General Data Protection Regulation；GDPR) 或之後發布的加州消費者隱私保護法 (California Consumer Privacy Act；CCPA) 更加受到重視，也牽動著智慧科技接下來的發展方向與進度。接下來我們將從物聯網安全設計到隱私保護設計等議題進行探討。

12-2 物聯網安全設計 - 以 ARM 平台安全架構 為例

就如同前面所描述的，物聯網安全的挑戰是與日俱增，技術的發展連帶引起的安全隱憂已經變得不容忽視，所有連接網路的裝置都將面臨安全威脅，即使我們透過雲端來儲存資料或文件，也無法避免遭受惡意攻擊的可能性，嚴重的話甚至會影響整得物聯網系統的運作，變成是為駭客所利用的超大型殭屍網路。

2018 年 ARM 安全宣言中，網路安全公司 Cybereason 的共同創辦人 Yossi Naar 指出：「很少公司在設計產品的初期就加入安全功能，大部分是在產品開發末期才想到安全問題，以至於需要刪除或是減少部分產品功能，甚至延遲產品發表時間才能達到安全性，這將影響到銷售的結果。如果匆促上市的產品不安全，那麼在這種情況下對大家都沒有好處。」這主要原因在於產品開發人員一般都缺乏專業的安全知識，以至於無法在一開始產品設計時就導入對應的安全框架，在這些安全疑慮下，也就延緩了物聯網普及的速度。

因此，許多組織開始推動制定物聯網標準，而監管機構也意識到物聯網安全的必要性，以及應用場域的安全性和市場需求。物聯網需求非常廣泛和多樣化，需要統一的標準，例如 IEC62443 工控系統資安管理標準。只有通過業界認可的認證標準，我們才能幫助建立對物聯網設備的信任，並在現有設備中創造商業價值。

▲圖 12-1 雲端安全鎖示意圖

為了實現萬物聯網的未來，我們需要開發一個值得信賴的物聯網框架，以及業界可以遵循的標準，以建立安全框架的一致性。這就是 ARM 開發平台安全架

構 (PSA) 的原因，許多製造商已經使用它來爲其物聯網專案添加可信任級別的安全性。其中，PSA 具有四個關鍵要素：分析 (Analysis)、架構 (Architecture)、實施 (Implmentation) 和認證 (Certification)，如圖 12-2 所示。ARM 已發布與 PSA 相關的規範、威脅模型和參考組態，這些規範也受到廣泛業界的支持和採用。2019 年，ARM 推出 PSA 獨立認證計劃，允許晶片供應商、系統供應商和 OEM 廠商爲其產品添加可信賴安全認證。通過 PSA 的多層級認證，企業可以保證產品的安全等級，獲得安全認證。未來可以大規模部署可信賴的安全物聯網設備。

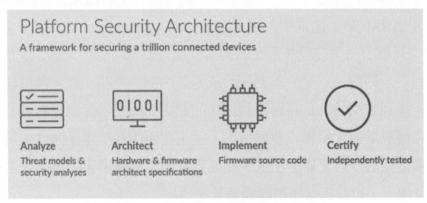

▲圖 12-2　ARM 所提出的安全架構

在探討物聯網安全議題部分，我們將物聯網架構分成三個角色：「裝置端」、「通訊 (端) 網路」及「控制端」，如圖 12-3 所示，並就其三個角色來進行說明其安全問題。

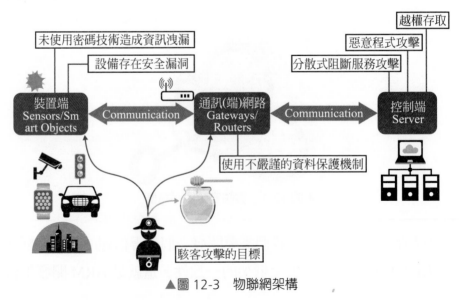

▲圖 12-3　物聯網架構

1. **控制端：**由於使用的平台種類繁多，如果身份認證或訪問控制沒有做好，攻擊者可能會發出超出其權限的攻擊命令，訪問敏感或其他人的數據。未能更新伺服器的操作系統或使用易受攻擊的應用程式套件可能會讓駭客通過相關漏洞而破壞系統或植入惡意程式。

2. **通訊(端)網路：**未加密傳輸或使用不安全的加密算法可能導致資料洩露問題。

3. **裝置端：**實體位置暴露於公開環境中，易遭有心人士利用。執行自動安全更新的儲存空間或計算能力有限，導致系統漏洞。

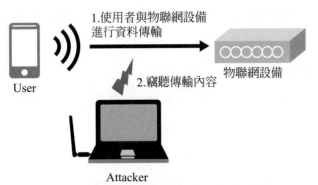

▲圖 12-4 攻擊者透過竊聽網路封包來達到攻擊目的

12-3 物聯網資料隱私設計

12-3-1 物聯網、大數據與隱私保護

　　為配合政府開放資料政策，包括相對敏感的健保醫療、金融、稅務等資訊，我國個人資料保護法於 2015 年 3 月 15 日頒布實施，且舉行多次公聽證會來討論個人資料的使用和去識別化的議題，使其開放資料後能符合個人資料保護法，創造雙贏的契機。

　　隱私保護與產業發展在某種層面上存在著利益衝突，過去許多產業是利用會員或民眾的個資來進行服務或決策的制定，甚至拿來買賣。隨著全球個人資料保護法的制定與實施，這些傳統的資料使用習慣或商業模式勢必將面臨衝擊；話雖如此，但對於商業運用或資料發布是否違反個資法的認定，一直無法量化或明確定義，通常都是發生之後再進行個案討論處理。隱私法的制定與執行是無庸置疑的，但未來產業發展與隱私個資該如何相互擁抱、相輔相成，是必須重新定義的。

歐盟於 2018 年 5 月實施《一般資料保護規範》(General Data Protection Regulation；GDPR)，並且推動隱私設計 (Privacy by Design；PbD)、隱私強化技術 (Privacy Enhancing Technology；PET) 等作法，針對大規模資料收集或資料服務的相關產業於開始設計時就導入隱私保護規範相關措施或機制，特別是在物聯網產業。

如同前面所說，物聯網架構非常廣泛，是由許多技術匯集而成的，包括：

1. 感測器微型化 (Miniaturization)
2. 計算成本降低 (Computing Economics)
3. IP 網路快速普及 (Widespread Adoption of IP-based Networking)
4. 無所不在聯網 (Ubiquitous Connectivity)
5. 雲端計算崛起 (the Rise of Cloud Computing)
6. 數據分析大幅精進 (Advances in Data Analytics)

物聯網通過收集大量即時資料並將資料儲存在雲端，再利用大數據分析技術提供適應性的決策和產出來創造更多的商業價值。當物聯網節點數量和數據收集量達到一定數量時，大數據分析會逐漸產生不可替代的價值，比如像 Google 地圖導航查詢，當用戶數量達到一定數量時，就會有塞車查詢需求出現；再舉個例子，電商推薦購物及廣告推播，可以透過消費者的購物習慣搭配時序，進而做出精準行銷的動作。物聯網應用迅速崛起，各產業爭相進入，由量變產生應用價值的質變，隱私保護議題在這時候逐漸發酵，隱私設計的準則就顯得格外重要，是一種挑戰，也是一種機會。

在物聯網大數據應用生態鏈中，可以在用戶與大數據產業之間建立信任關係，使大數據系統在設計之初就融入隱私設計原則，並在不同階段得到適當採用，可以盡資料保護義務，取得消費者信任，亦能創造更多的商業服務，期望從大數據對抗隱私 (Big Data versus Privacy)，轉為具有隱私保護的大數據 (Big Data with Privacy)，讓大數據分析價值與個人資料隱私保護取得平衡發展，建構一個永續發展的物聯網健康生態鏈。

12-3-2 隱私設計 (Privacy by Design；PbD)

隱私設計融入物聯網生態系的概念其實早在 2014 年的時候就被歐盟網路與資訊安全總署提出來，其中包括 8 項策略：

1. 最小化 (Minimize)：個人資料收集量應最小化。

2. 隱藏化 (Hide)：個人資料及彼此關係，應避免明文及可視。

3. 區隔化 (Separate)：個人資料應盡可能採分散及分隔處理。

4. 聚合化 (Aggregate)：個人資料應採最高等級的聚合處理及最小可能的細部處理。

5. 通知 (Inform)：當處理個人資料 (未經匿名) 時，資料擁有者應適時的被充分的通知。

6. 控制 (Control)：資料擁有者應提供個人資料代理管理之控制機制。

7. 強化 (Enforce)：與法規相容的隱私政策，應該到位並強化執行。

8. 展示 (Demonstrate)：資料處理者必須能展示隱私政策及法規遵循性。

依上述隱私設計策略來檢視大數據價值鏈 (Big Data Value Chain)，可以看出可能的建置過程中採取之一些措施，如表 12-1 所述。

▼表 12-1　大數據價值鏈建置措施

大數據價值鏈	PbD 策略	建置措施
資料收集	最小化	收集前須先知道需要哪種類型資料並進行隱私影響評估
	隱藏化	使用隱私強化工具：加密、身分遮蔽等
	聚合化	來源端資料匿名處理
	通知	提供適當的方式通知資料擁有者
	控制	適當表示資料處理同意機制，資料資料儲存方式以及隱私保護策略
資料分析與監護	聚合化	匿名 / 去識別化機制 (如 k- 匿名極其延伸版本、差分隱私等)
	隱藏化	加密搜尋、隱私保護運算
資料儲存	隱藏化	資料加密、存取控制、鑑別機制及其他安全儲存方式
	區隔化	分散式儲存及分析架構
資料使用	聚合化	匿名技術、資料品質
所有程序	強化 / 展示	自動化策略定義、執行、當責及法規遵循工具

2018 年 5 月 25 日正式公布實施的 GDPR 可謂是近年來影響全球資料保護最大的規範，影響的層面相當廣，不論是個人、法人到企業組織，只要是相關業務有直接或間接和歐洲民眾個資的收集、處理及利用有關的話，都必須遵守 GDPR 個資保護的規範及要求，使得其內部系統、資料利用在資安政策需進一步調整。值得注意的是，過去不將 Cookie、IP 位址及 GPS 位置等數位資料視為個資，在這次的規範中都被視為個資的一環；因此，大多數的企業都必須重新審視自家系統及服務是否有涉及這一部分並作勢當調整以符合個資保護政策。

　　在著手了解 GDPR 前，我們可以先從了解什麼是個人可識別資訊 (Personally Identifiable Information；PII) 的概念。PII 從我們所熟知的姓名、身分證字號、電話、地址、性別等，到 GDPR 特別在規範的網路瀏覽器的 Cookie、IP 位址，或足以識別特定個人身分或性別的生物特徵、基因及醫療資料等都在 PII 的規範中。話雖如此，其實定義上非常複雜；總歸而言，GDPR 有以下 10 項重點：

1. 以資料為主體，2018 年 5 月正式實施。
2. 企業必須設置資料保護長，且需負起法律責任。
3. 個資的蒐集、處理和利用，須先徵求當事人的同意。
4. 強化個人資料可攜權。
5. 新增被遺忘權。
6. 外洩個資，必須在 72 小時內通報資料保護主管機關。
7. 個資保護系統預設要納入隱私保護。
8. 賦予當事人有權反對被自動化剖析 (Profiling) 權利。
9. 要求企業必須落實資料保護影響評估。
10. 提高罰則金額，以全球營業額計算罰金或 2000 萬歐元金額。

　　由此可知，GDPR 影響範圍相當廣泛，罰責也相當高，各企業組織將面臨前所未有的法遵壓力。那我們應該如何面對呢？臺灣政府當務之急應是了解各產業目前狀況，積極輔導各產業建立完整的個人資料保護制度，甚至應該對於 (新創) 公司有發展資料保護或資料安全管理技術給於支持，使我國各產業在缺乏相關技術的情況下促成整合與導入，將有助於提升我國國際形象。

12-3-3 隱私強化技術 (Privacy-Enhancing Technologies；PETs)

隨著隱私強化技術在臺灣甚至全球隱私資料保護發展逐漸成熟，已成為國家重要政策之一。2023 年 12 月，美國國家標準與技術研究院 (National Institute of Standards and Technology；NIST) 發佈了差分隱私評估的草案指南，落實拜登總統近期有關 AI 執行命令 (EO) 的任務之一。NIST 指出，此執行命令要求推進差分隱私等隱私強化技術的研究，並要求在一年內制定指南，以評估差分隱私等技術在保護 AI 方面的有效性。

中華民國數位發展部唐鳳部長指出，隱私增強技術 (PETs) 在隱私保護方面取得了重要進展，並於 2023 年開始推動臺灣版的隱私強化技術應用指引草案，為臺灣的公民組織和企業提供了個資保護的技術導入策略。

▲圖 12-5

臺灣首家專注於個資隱私保護的企業－帝潤智慧科技，率先提供了一系列隱私強化技術軟硬體模組。他們將隱私強化技術應用於生物及影像辨識系統中，並連續兩年在全球最大消費電子展 CES 2023 和 CES2024 中榮獲網路安全暨個人隱私類及人工智慧類產品創新獎，成為臺灣唯一在這兩個重要領域－隱私安全和 AI 技術－中引領全球潮流的公司。這兩項科技界奧斯卡獎的殊榮顯示出他們在個資保護與 AI 整合領域的卓越貢獻，也代表了世界對於隱私強化技術用於敏感資料保護的重視。帝潤智慧科技總經理鄒耀東指出，隱私強化技術在保護個人隱私和企業敏感資料，甚至與 AI 應用結合方面，是當務之急，也是影響全球資料經濟發展的重要基石。PETs 技術是工程技術的手段，隨著技術進步而有不同的做法，我們的可以大方向的歸納以下幾個方向：

1. 匿名技術：又稱爲去識別化技術，主要將個人資料進階處理成無法再辨識個人的一項手段。資料在匿名或去識別的情況下又能進行大數據分析，有幾項知名技術可以使用：差分隱私、k- 匿名、遮罩等。

2. 加密技術：包括 PKI 加密搜尋、對稱式加密搜尋、隱私保留運算、同態加密等。

3. 安全、當責與控制：安全偵測監控、存取控制、加密安全傳輸、分散式資料儲存等。

4. 透明與存取：圖像式表示法 (標示個資如何被處理之方式)、資料可移性 (變更資料控制者) 等。

5. 同意、所有權與控制：讓使用者全權管理其個資之方法，包括友善同意或撤銷同意機制、隱私偏好、個資管理 (可保留或刪除) 等。

　　我國物聯網產業的發展仍然只強調創新經濟和物聯網的發展，如何構建完整的物聯網生態系統以及將面臨的安全、隱私和監管挑戰仍然很少受到關注。新引進的物聯網服務系統在設計之初應及時引入隱私設計和隱私強化技術。

12-3-4 我國物聯網產業發展之隱私保護建議

　　爲響應個人資料保護要求，我國通過最新的個人資料保護法修正案，推動個人資料管理體系的驗證制度，包括 BS-10012(個人資料管理制度)、ISO 29100(隱私框架)、ISO 29191(部分匿名和部分去識別鏈結要求) 之系統建立和驗證。

　　下列建議可供物聯網產業發展兼容隱私技術或框架設計之參考：

1. 物聯網系統設計之初，即導入隱私設計及強化技術，以在系統效用與隱私原則互相兼容。

2. 大規模物聯網生態系統應進行隱私衝擊分析 (Privacy Impact Analysis；PIA)，讓潛在隱私風險可以被管控。

3. 物聯網廠商適時導入隱私設計制度如 ISO 27001(資安管理制度)、BS-10012(個資管理制度) 或 ISO 29100(隱私權框架)、ISO 29191(部分匿名及部分去識別鏈結要求) 之管理與驗證作業。

4. 政府訂定隱私設計及 PET 技術參考指引或規範，供發展物聯網系統廠商參考。

12-4 物聯網與人工智慧模型安全

12-4-1 網路資訊安全技術與發展趨勢

在長期中美貿易與科技技術競爭狀態下，2019年美國不斷挑戰中國華為5G設備的安全性，中美資通訊領域貿易摩擦加劇，導致中國網路安全產業發展也面臨極其嚴峻的國際環境。CNCERT資料顯示新時代資訊戰的影響，網路安全整體形勢相當不樂觀。每月資訊系統安全漏洞數量持續穩定增加，其中高危險漏洞約佔30%，而研究報告顯示4、5月份，國內網站遭受竄改攻擊的數量甚至呈現快速增長的趨勢。

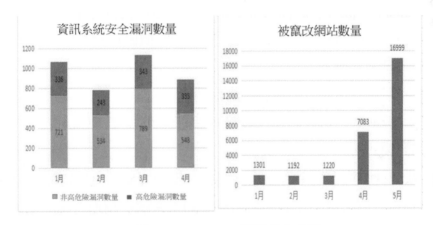

▲圖 12-6　CNCERT 資訊安全分析

面對排山倒海的網路威脅攻擊，中國大陸發布許多政策，如《網路安全法》，不僅公安部、中央網信部、市場監管總局、工信部等部分制定一系列的 APP 治理與認證機制，也在網際網路及電信網路上執行安全行政檢查、身分資訊電子化驗證等措施，希望使得網路安全威脅能有抑制作用。

值得注意的是，20 世紀 90 年代，新興名詞「態勢感知」使「系統能夠自動地收集、關聯、分析和共用美國聯邦國內政府之間的電腦安全資訊，從而使得各聯邦機構能夠接近即時地感知其網路基礎設施面臨的威脅。」被引入資訊安全領域的範疇，其有三點特性：

1. 賦予企業或其他機構建立防禦生態系。
2. 賦予監管部門建立監測通報預警系統。
3. 完善安全廠商對客戶支援、威脅收集、威脅分析等能力。

12-4-2 區塊鏈在網路資訊安全領域作用

　　區塊鏈起源於中本聰 (Satoshi Nakamoto) 在 2008 年發表的論文《比特幣：一種點對點電子現金系統》。區塊鏈是一種共識機制且非對稱加密演算法、分散式儲存架構、點對點網路技術等電腦網路時代的創新應用模式。區塊鏈數據是由所有節點共同維護，每個參與維護的節點都可以獲得一份完整記錄的副本，可以實現在較低信任度環境下以去中心化架構來建立信任機制，無需中央權威機構 (如中央銀行) 來保障系統的可行性與交易機制，但可以運行去中心化、可溯源、無法被竄改、高可靠性、高擴張性等特性。區塊鏈的價值在於：
1. 去仲介化降低仲介成本。
2. 時間戳記不可篡改提供資料追蹤與防偽功能。
3. 提供大型、分散式、對等的彈性網路。
4. 實現新商業模式。

　　然而，區塊鏈在物聯網平台上也同樣存在安全疑慮。可能遭受「51% 算力攻擊」，區塊鏈是一個去中心化的共識系統，如果系統中超過一半的節點在一件事情上達成共識 (即使是攻擊者編造的事情)，那麼整個區塊鏈網路都會達成共識。因此，如果攻擊者可以破壞區塊鏈中 51% 的節點，那麼理論上他可以任意改變區塊鏈網路行為，例如 Bitcoin Gold 曾被駭客利用 51% 算力攻擊竊取價值 1800 萬美元的加密貨幣；企業薄弱的資安意識導致的代碼漏洞可能也是潛在的風險，區塊鏈技術使用公鑰系統進行身份驗證，必須妥善管理，但實際上，大多數企業並沒有這樣的管理能力或是管理系統的安全防護能力太過薄弱，此外，企業區塊鏈項目也可能受到其他社交工程攻擊等因素，例如網絡釣魚和詐欺。除此之外，可能還有許多未被公開的區塊鏈漏洞正在被利用，這些都是造成區塊鏈平台的安全疑慮。

12-4-3 人工智慧濫用引發的威脅

俗話說的好：「水能載舟，亦能覆舟」，人工智慧模型的濫用所導致的問題剛好可以驗證這句話。人工智慧廣泛的運用在現實生活中，使得生活更加便利與智慧化，但若此技術被犯罪分子所利用，也將帶來前所未有的安全與隱私威脅，例如駭客可以透過人工智慧模型建立自動攻擊系統，讓系統自我學習而優化攻擊方法；駭客還可以利用人工智慧模型來竊取未經授權的個人資料，甚至發動認知戰來左右民眾的認知與判斷。

人工智慧模型可以被惡意的使用外，長期的人工智慧安全風險指的是人工智慧演進到具有自我意識，是否就會衍伸出人類的主導性以及續存的問題。比爾·蓋茨、史蒂芬·霍金、伊隆·馬斯克、雷·庫茲韋爾等人都曾擔心，人工智慧技術的演進若不受約束的發展會讓機器獲取超出人類智慧水平的智商，並造成一些無法控制的安全風險。這個擔憂也不是空穴來風的，著名的例子是 2014 年開始由英國倫敦 Google DeepMind 開發的人工智慧圍棋軟體 AlphaGo，靠著機器學習自我演進，運用神經網路的技術評估圍棋中大量網格的選點，利用大量職業騎士的棋譜數據，使電腦以樹狀圖做出長遠判斷，以找出最佳的獲勝率走法，最後成功擊敗世界冠軍韓國職業棋士李世乭，以及 ChatGPT 的橫空出世，造就各種副駕駛 (Co-Pilot) 的 AI 工具出來，掀起另一波全民 AI 的應用高峰。在在說明，人工智慧是有機會普遍超越人類智慧的。

我們從上面 AlphaGo 及 ChatGPT 的例子可以明顯意識到，驅動智慧還是需要大量的數據引入；因此，在人工智慧應用中若持續導入個人的資料必然也存在隱私侵犯風險的疑慮，隱私問題是數據資源開發利用中的主要威脅之一。舉個例子，透過人工智慧模型來進行身分辨識，我們可能須採集指紋、人臉、心跳等生理特徵來進行使用，並應用在智慧醫療、智慧家庭等服務，使得機器更了解自己，但如果出於商業目的非法使用這些私人資訊，就會造成隱私侵犯。因此，如何規範隱私保護是需要與技術應用同步考慮的一個問題。

12-4-4 欺騙人工智慧模型 - 生成對抗樣本

生成對抗樣本是近幾年相當火紅的工人智慧模型攻擊方法，主要是要試圖引發人工智慧 / 機器學習模型預測錯誤。因此，在 OpenAI 中對抗樣本生成與防禦是人工智慧安全上相當熱門的研究，尤其是在自駕車崛起的世代，生成對抗樣本更是集具有殺傷力的一項攻擊，因為駭客能用非常簡單的方式就讓自駕車的影像辨識出現錯誤，而造成嚴重的安全問題。

這篇研究《解釋並馴服對抗樣本 (Explaining and Harnessing Adversarial Examples)》中的例子：從一張熊貓圖片，接著攻擊方給圖片添加小量的擾亂噪音，以讓這隻熊貓被人工智慧 / 機器學習模型誤判為一隻長臂猿。

"panda"
57.7% confidence

"gibbon"
99.3% confidence

▲圖 12-7　圖片生成對抗樣本範例

這樣將噪音疊加在圖片上的方法十分簡單，但卻能讓人工智慧 / 機器學習模型的輸出有天差地別的改變；近期的研究更指出，即使是用手機拍下來的圖片，一樣容易生成對抗樣本來抓弄系統的分類器。在圖 12-8 例子中，分類器將"STOP"標誌辨識成可以通行"YIELD"標誌。

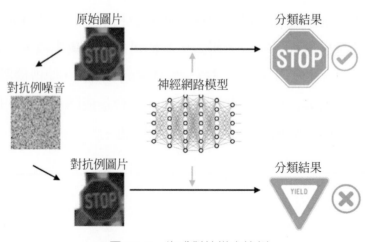

原始圖片　　　　　　　　　　　　　分類結果

對抗例噪音　　　　神經網路模型

對抗例圖片　　　　　　　　　　　　分類結果

▲圖 12-8　生成對抗樣本範例

對抗樣本具有高潛在危險；例如，攻擊者可能會使用貼紙或繪畫創建針對自動駕駛車的對抗性"停止"交通標誌，從而使自駕車在這標誌上被解釋為"放棄"或其他標誌，進而造成安全危害。

這樣的攻擊排除方法目前仍然沒有有效的機制被提出來，只能以暴力法一一檢視圖片可能被加入的噪音位置，或分析可能有對抗樣本噪音被加入，但這樣會造成龐大的計算負擔，以至於無法達到判別的即時性。這部分仍有待後續專家學者進一步研究可行的機制出來。

12-4-5 去識別化隱私保護技術與應用

因應社會個人隱私觀念提升，資料隱私安全的保障在資料分析中是必須的，在去識別化隱私保護技術中以 k- 匿名 (k-anonymity) 及差分隱私 (Differential Privacy) 最為普遍使用。k-anonymity 的概念是由 L.Sweeny 和 Samarati 提出，一個用於保護原始資料隱私的模型，k-anonymity 隱私保護模型將資料集的屬性歸類如下：

1. **Identifiers**：這些是明確識別個體的屬性。例如護照號碼，身分證號碼，全名等。由於我們的目標是防止機密訊息與特定個體相關聯，我們將假設在預處理步驟中，Identifiers 已被刪除或加密。

2. **Quasi-identifiers**：Q-id 是可以與外部訊息相關聯以重新識別資料集中某些個體的屬性，例如：年齡、性別、身高等，與 Identifiers 不同，Q-id 並不能被刪除，因為任何屬性都可能是資料分析需要的關鍵屬性。

3. **Confidential attributes**：這些屬性包含有關個體的敏感訊息，例如：工資、宗教、健康狀況等，這些屬性將會是攻擊者最希望取得的訊息。因此確保這些屬性不被唯一識別是資料隱私保護最主要的工作，我們的目的是保護這些屬性使其在發布之後不會洩露。

k-anonymity 模型中要求每條記錄的 Q-id 在發布之前，都必須至少與資料中 k-1 條紀錄無法區分開來，在模型中通常透過泛化與擾動的方式使每一個 Q-id 至少對應 k 筆實例，使其無法唯一識別，即使攻擊者擁有一定的背景知識，也無法鏈結資料中的訊息。k-anonymity 的概念發展已有一段時間，在過去數十年中，已經開發許多基於 k-anonymity 概念的方法。然而 k-anonymity 的隱私保護模型還是有隱私洩漏的可能，在面對特殊性攻擊，如背景知識攻擊或是鏈結攻擊，匿名將可能被攻破導致隱私洩漏。而這樣的缺點也被許多研究者廣泛的討論。k-anonymity 的模型也不斷的在改進或延伸如 l-diversity、t-closeness，都是為了加強匿名性的保護。

在 l-diversity 的研究中，其認為在欲發佈的合成資料集如果多樣性不足時，即使其滿足於基本的 k-anonymity 保護，卻仍然有機會被有心的攻擊者得到原本使用者希望被保護的敏感性資料，以及在攻擊者擁有一定的背景知識時，k-anonymity 無法保證完整的資料安全性。因此針對這兩種攻擊方式，l-diversity 提出對於每個群集的敏感性屬性都必須具有良好的多樣性藉此得到比 k-anonymity 更好的安全性。

t-closeness 為 k-anonymity 與 l-diversity 的延伸模型，其認為 l-diversity 的嚴格定義導致了許多的侷限性，因此 t-closeness 提供在每個群集中其敏感屬性的分佈需要接近於整個資料集中的屬性分布 (兩者分布之間的距離應不大於 t)，藉此得到足夠的資料保護，又相較於 l-diversity 釋放出了更多的資料可用性。

隨著資訊時代的演進，資料分析者也對於資料隱私保護越來越重視，隱私保護的研究也持續不間斷。而隨著數據資訊不停的增加，社群媒體的熱潮，人們對於隱私也越來越重視，也越來越有隱私安全的概念，當不可信的資料收集者主動收集使用者的資料並加以分析，這些在用戶端上收集的這些資料所包含的敏感性資訊極需要保證其隱私性。學術界過去提出多種隱私保護的方法以及測量隱私洩露的工具，例如 k-anonymity 以及其延伸理論 l-diversity、t-closeness 等等，但這些隱私保護機制通常保護的是針對性的攻擊，需要先假設並猜測攻擊者的背景知識，造成其隱私的保護其實並不是這麼安全，也造成使用上的不便。

　　然而 2006 年由 C. Dwork 等人提出的差分隱私 (Differential Privacy) 則解決前述的困境。差分隱私定義其嚴格的隱私保證，亦任意一項資料的添加或刪除，均不會影響最終的查詢結果或產生幾近零差別的查詢結果，也就是使得分析者或攻擊者無法確定識別出來任何一個對象是否有被納入統計資料庫裡；此外，此模型也免除攻擊者具有多少背景知識的假設。差分隱私保護機制的概念是：當數據集 D 中包含個體 Alice 時，若對 D 進行任意查詢操作 f (如：計數、求和、平均值或其他範圍查詢) 所得到的結果為 f(D)，如果將 Alice 這一筆資料從 D 中刪除後再進行資料查詢，則得到的結果仍為 f(D)，因此，Alice 的資料並不會因為被包含在 D 中而產生多餘的風險。

　　差分隱私就是為了保證任一個體在數據集中或者不在數據集中時，對最終的查詢結果幾近零差別，也就是說，若有兩個幾乎完全相同的數據集 (兩者的區別在於一筆資料不相同)，分別對這兩個數據集進行任意查詢動作，同一查詢在兩個數據集上產生同一結果的機率接近 1。從理論角度來看，對於一個有限域 D，$t \in D$ 為 D 中的一個元素，對 D 做任意算法定義為 A，A(D) 得到輸出結果 S 使其滿足隱私保護的條件，則我們稱此過程為隱私保護機制。設數據集 D 與 D_{-t} 具有相同的屬性結構，差別只在於一條紀錄 t 存在與否則稱 D 與 D_{-t} 為鄰近數據集 (adjacent dataset)。而隨機算法 A，S 為 A(D) 所有可能的輸出所構成的集合，對任意兩個鄰近數據集 D 與 D_{-t}，若算法 A 滿足，定義：$pr[A(D) \in S] \leq e^{\varepsilon} \times pr[A(D_{-t}) \in S]$，則稱算法 A 提供 ε- 差分隱私保護，其中參數 ε 稱為隱私保護預算。

　　針對物聯網隱私保護資料收集應用技術，「隨機響應 (randomized Response)」機制近幾年廣泛被 Google、Microsoft、Apple 等科技大廠所應用，同時也被證明其符合本地端差分隱私 (Local Differential Privacy) 模型的定義。在實際應用中，人們想知道哪些資訊樣本在所有項目中出現的頻率最高，稱為重擊問題 (Heavy-Hitters Problem)。例如 Google 團隊開發隨機可聚合隱私保護序數響應，它使用布隆過濾器來表示真正的裝置端資料內容，並在隨機響應後發布一個資訊混淆版本。隨機響應最大的貢獻之一是其用於學習統計的精細解碼框架，它可以識別並重建資料分佈。

為了讓讀者可以更加瞭解如何將資料進行去識別處理，以下我們將以 Google 所提出的 RAPPOR[13] 本地端差分隱私系統來對資料進行處理與分析。

　　首先我們先就本地端差分隱私模型運作架構進行說明。如圖 12-9 所示，系統是由可信賴的資料生成端 (如手機、物聯網裝置) 及不可信賴的資料收集端 (如雲端) 所組成；資料在離開本地端裝置前就會經由隨機響應機制對資料進行隨機編碼處理，以達到去識別化目的，之後資料被傳遞到收集端並在資料收集端透過機器學習演算法來重建資料分佈。這邊值得注意的是，資料在經過隨機響應處理後變成不可還原的隨機亂數，但這亂數群中保留了數據的特徵，資料收集端可以透過機器學習模型在大量數據聚集的狀態下利用這些特徵來重建趨勢分佈，也就是前面所說的處理「重擊問題」。接下來我們將對針對 RAPPOR 系統進行實驗操作練習。

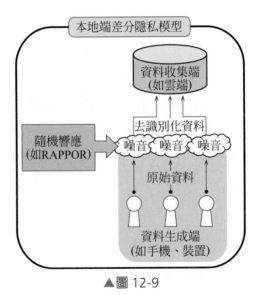

▲圖 12-9

1. 需針對以下作業系統環境及所需程式語言套件進行安裝

　(1) Ubuntu-16.04：

　　 https://www.ubuntu-tw.org/modules/tinyd0/

　(2) R-3.4.4：

　　 https://www.digitalocean.com/community/tutorials/how-to-install-r-on-ubuntu-16-04-2

(3) Glmnet 2.0-13：

　　https://cran.r-project.org/src/contrib/Archive/glmnet/glmnet_2.0-13.tar.gz

2. 安裝步驟

(1) 打開 Linux 系統的指令視窗 (cmd) 並進行以下指令操作

▲圖 12-10

　　$ sudo apt-get install git

　　$ sudo apt-get update

　　$ sudo apt-get upgrade

　　$ git clone https://github.com/google/rappor.git

(2) 安裝 R

　　$ sudo apt-key adv --keyserver keyserver.ubuntu.com --recv-keys E298A3

　　A825C0D65DFD57CBB651716619E084DAB9

　　$ sudo add-apt-repository 'deb [arch=amd64,i386]

　　https://cran.rstudio.com/bin/linux/ubuntu xenial/'

　　$ sudo apt-get update

　　$ sudo apt-get install r-base

　　(在 R shell 環境下)

　　> install.packages('txtplot')

　　> library('txtplot')

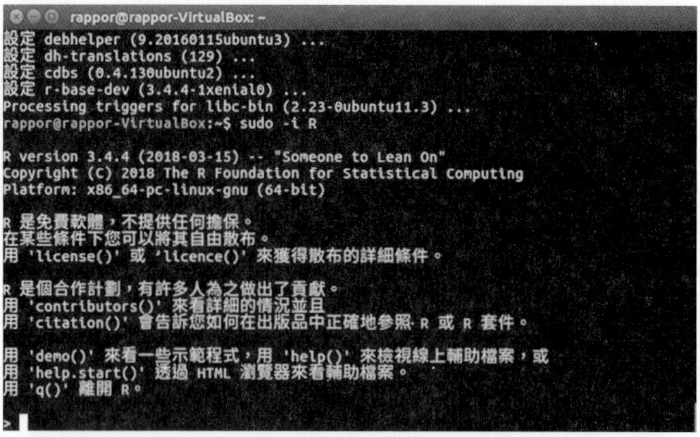

▲圖 12-11

(3) 安裝 Glmnet

(在 Linux cmd 環境下)

$ sudo apt-get install libssl-dev

(在 R shell 環境下)

> Install.packages("foreach")

> Library("foreach")

> download.file("https://cran.r-project.org/src/contrib/Archive/glmnet/ glmnet_2.0-13.tar.gz", " glmnet_2.0-13.tar.gz")

> install.packages(" glmnet_2.0-13.tar.gz", repos = NULL, type="source")

> Library("glmnet")

(4) 結果執行

在設置環境，有一些套件和 R 依賴項必須要執行。執行安裝腳本 $ ./ setup.sh，然後建置本地組件運行 $ ./build.sh，這將編譯並測試 Python 的 fastrand C 擴展模組，從而加快模擬速度，最後執行展示項目 $ ./demo. sh，其會執行內容為：(1) 生成具有不同分佈的模擬輸入數據；(2) 通過 RAPPOR 隱私保護報告機制來對數入數據進行處理；(3) 根據真實輸入分析和繪製匯總報告。輸出結果是寫入在 _tmp/regtest/results.html，我們可以用瀏覽器打開。

$ ./setup.sh

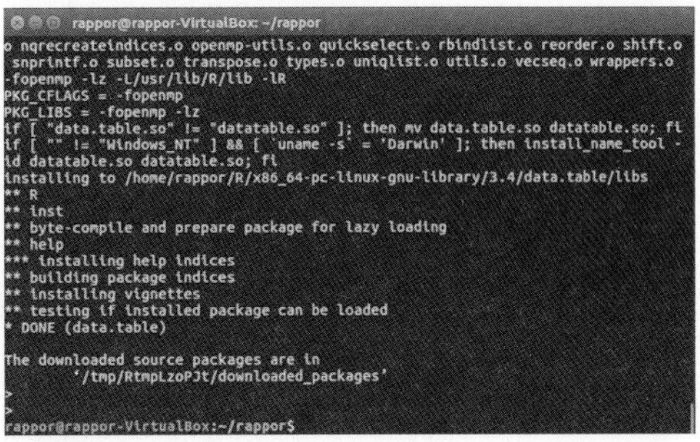

▲圖 12-12

$ ./build.sh

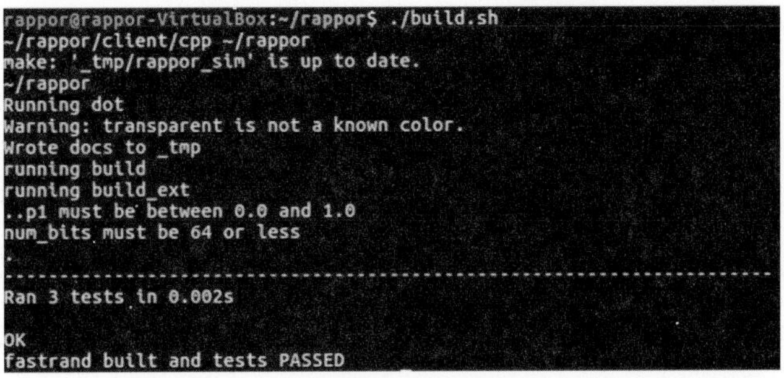

▲圖 12-13

$ ./demo.sh

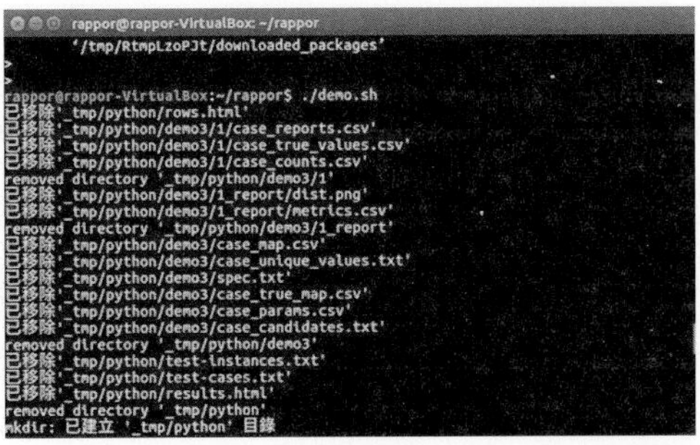

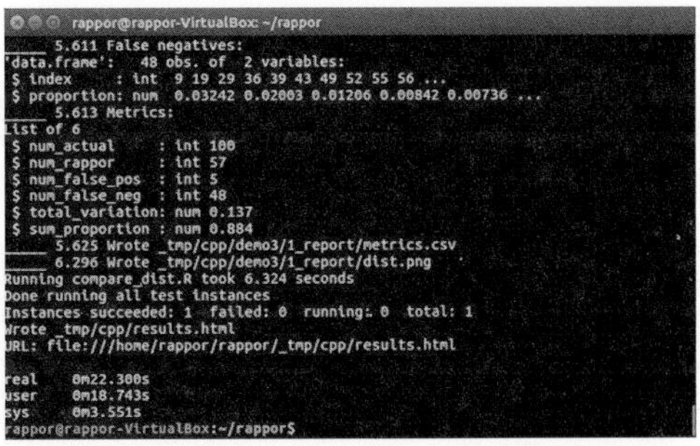

▲圖 12-14

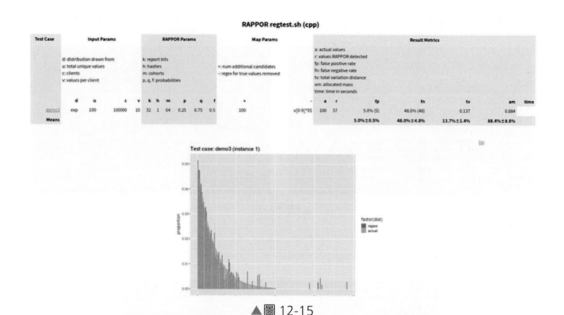

▲圖 12-15

x 軸爲 $v_1 \sim v_n$ 是要預測的候選字串目標 (如網址)，y 軸爲分佈比例。圖中藍色區域爲原始資料分佈，橘色區域爲透過所收集到的隨機響應亂數來進行分佈重建。值得注意的是，此預測分佈的精準度取決於所用的隱私保護預算 (Privacy Budget) 的數值以及所收集的資料量，在越大的隱私保護預算及越大的資料收集量，可以達到越高的預測精準度，此項理論可以參考 SPARR 的實驗呈現。

(5) 進階練習

可利用帝瀾智慧科技所開發的隨機響應去識別化晶片 (Privacy Processing Unit) 來進行隱私保護物聯網資料收集與分析應用實作。此部分在這邊提供此晶片的腳位規格及操作流程圖，後續留給讀者自行操作及練習。

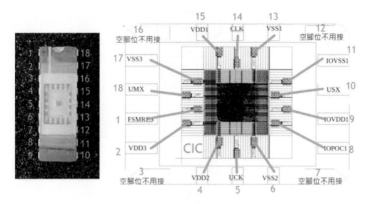

▲圖 12-16　PPU 腳位規格圖

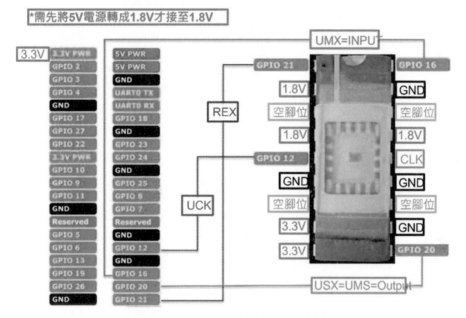

▲圖 12-17　PPU 與樹梅派腳位連接圖

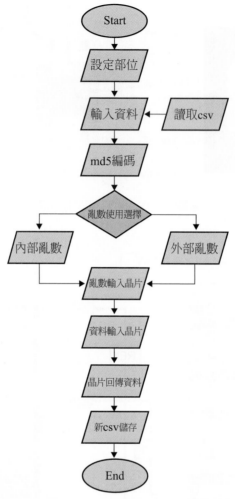

▲圖 12-18　系統操作流程圖

　　帝潤智慧科技共同創辦人鄒耀東提到：目前隨機響應資料去識別化機制已經商業化運行在市面許多產品，如 iPhone 的 iOS10 以上的版本、Google 的 Chrome 瀏覽器及華爲的音樂 APP 等。而此項技術也已經透過臺灣的資安公司帝潤智慧科技股份有限公司成功的商用在隱私保護防疫足跡群體追蹤分析、文件內容去識別化分析、人臉影像混淆身分辨識等應用上。這領域可說是非常新的領域，更多的應用可由讀者後續去想像與開發。

12-5 結語

　　物聯網的世界非常複雜，我們透過技術的發展達到「一物一智慧，萬物為我用」的目標，我們的生活更加便利與舒適。但是，這也直接或間接將我們的一舉一動曝露在網路的世界中，安全性與隱私性的問題隨之而來；水能載舟亦能覆舟，我們期望水在載舟的同時，我們能持續保持著與智慧世界的平衡，安全性及隱私性的考量將是大家必須持續面對的一項大課題。

參 考 資 料

1. 趙志宏、劉川綱、李忠憲，物聯網的便利與危機，科學發展，512 期，2015 年。

2. 未來商務產業焦點 - 物聯網時代的 6 個資安問題，智慧咖啡機、車聯網都可能被駭！？：

   https://fc.bnext.com.tw/iot-aiot-security-issue-hack/

3. ARM 專欄 - 守護你的物聯網資料安全：什麼是 PSA 認證裝置？：

   https://www.inside.com.tw/article/17806-arm-psa

4. Vincent Chen，物聯網的隱私設計問題：

   https://medium.com/vincent-chen/%E7%89%A9%E8%81%AF%E7%B6%B2%E7
   %9A%84%E9%9A%B1%E7%A7%81%E8%A8%AD%E8%A8%88%E5%95%8F
   %E9%A1%8C-2aadf253b44a

5. EET Taiwan- 物聯網時代資訊安全為首重：

   https://www.eettaiwan.com/20190828nt61-iot-security/

6. 科技新報 - 研究發現對抗攻擊方法，可適用多個人工智慧模型：

   https://technews.tw/2019/02/25/if-you-can-hoodwink-one-model-you-may-be-able-
   to-trick-many-more/

7. A. Machanavajjhala, D. Kifer, J. Gehrke, M. Venkitasubramaniam, "L-diversity: Privacy beyond k-anonymity," Proceedings of the 22nd International Conference on Data Engineering.(ICDE) , pp.24-35, 2006.

8. C. Dwork, "Differential privacy: A survey of results," in Proc. 5th Int. Conf. Theory Appl. Models Comput, pp. 1–19, 2008.

9. C. Dwork, M. Naor, T. Pitassi, and G. N. "Rothblum.Differential privacy under continual observation." In Proceedings of the 42nd ACM Symposium on Theory of Computing (STOC), pages 715–724, 2010.

10. L. Sweeney. "K-anonymity: A model for protecting privacy." Int. J. Uncertain. Fuzz., 10(5):557–570, 2002.

11. N. Li, T. Li, "t-Closeness: Privacy Beyond k-Anonymity and l-Diversity," Proceedings of the 23nd International Conference on Data Engineering, 2007.

12. P. Samarati and L. Sweeney, "Protecting Privacy When Disclosing Information: k-Anonymity and Its Enforcement Through Generalization and Suppression," technical report, SRI Int'l, 1998.

13. U. Erlingsson, V. Pihur, and A. Korolova, "RAPPOR: Randomized Aggregatable Privacy-Preserving Ordinal Response," In Proceedings of the ACM SIGSAC Conference on Computer and Communications Security, pp. 1054-1067, 2014. https://github.com/google/rappor

14. Y. Tsou, H. Zhen, S. Kuo, C. Chang, A. Fukushima, and B. Rong, "SPARR: Spintronics-based Private Aggregatable Randomized Response for Crowdsourced Data Collection and Analysis," in Computer Communications, vol. 152, pp. 8-18, 2020.

物聯網發展至今可算是遍地開花進入繁榮發展時期,隨著物聯網概念的出現,應用在工業、商業、民生、環境永續各個領域,帶動上中下游各種產業快速發展,從半導體、材料的基礎科學,各種先進的感測器技術的出現,高速傳遞資通訊技術的進步,形成成熟的技術和蓬勃興旺的生態系統,創造智慧生活、智慧城市、智慧交通與智慧工業等高價值市場。

即使物聯網如此蓬勃發展,物聯網未來的發展仍然充滿挑戰。自從近兩年疫情的出現,封城與居家上課上班管理等防疫政策,打亂全球人類正常生活規律,地方戰爭的爆發,地球暖化氣候異常加速,逐漸影響整個世界運作秩序,全球股市劇烈變動,通貨膨脹逐漸惡化,糧食逐漸短缺,全球整體經濟市場出現巨大變動,物聯網的發展是否會受到影響,備受關注。

知名研究機構 Juniper Research 於 2022 年 2 月所發布的「Cellular IoT: Strategies, Opportunities & Market Forecasts 2022-2026」預測報告分析指出,移動式物聯網 (Cellular IoT) 的全球市場規模將從 2022 年的 310 億美元成長至 2026 年的 610 億美元。同樣是知名研究機構 IDC 發布 2022 年 IDC《全球物聯網支出指南》,根據 IDC 最新預測數據,2021 年全球物聯網 (企業級) 支出規模達 6,902.6 億美元,並有望在 2026 年達到 1.1 兆美元,五年 (2022-2026) 的年複合增長率 (CAGR) 為 10.7%。其中,中國企業級市場規模將在 2026 年達到 2,940 億美元,年複合增長率 13.2%，全球占比約爲 25.7%，繼續保持全球最大物聯網市場體量。由上述數據可看出目前物聯網的持續往上發展，呈現出不錯的前景，但發展過程中，也發現許多挑戰需要突破，本章將物聯網的發展趨勢、提升物聯網建構成功率的考量重點，以及務聯網面對的挑戰進行整理介紹。

13-1 物聯網發展趨勢

在之前章節介紹了從物聯網概念與架構到物聯網技術的發展，再分別介紹物聯網技術應用在各項領域，包含智慧居家、醫療與照顧、工業、商業各項情境應用。綜觀物聯網在各種情境應用發展趨勢，大致可以整理以下幾點。

1. 提供產品完整生命週期服務

許多公司現在已經透過設計的策略，實現產品完整生命週期服務的經銷流程。隨著大規模的物聯網產品部署，使用者群眾正在迅速增加。裝置製造商和開發人員都明白，較長的產品生命週期和優質的服務是贏得客戶和維護用戶群的關鍵所在。

他們正在從銷售單獨的產品轉向提供完整的產品和服務，從而在產品使用過程中提供持續的價值。隨著導入從邊緣到雲端的運算，物聯網裝置可以持續地將有關系統使用和狀態的資訊回饋給製造商，然後製造商就可以利用這些資料來提供主動的維護，並實現更好的產品功能。他們最終可以輕鬆地利用部署裝置後所獲得的資訊來瞭解使用者並實現產品自身的演進。

裝置製造商正在採用新的方法，以最新的軟體和韌體實現遠端且安全地現場裝置更新。無線編程 (Over-the-Air Programming) 允許製造商一次性將新的軟體和附加功能推送至所有已安裝的智慧裝置上，但這需要搭配更先進的網路資訊安全服務。

2. 先進軟硬體資訊安全

物聯網應用至今，資訊安全防護不周全造成提升個人隱私資訊洩漏與盜取的風險，一直是資訊安全開發人員面臨著一項嚴峻挑戰。即在推動居家和任務關鍵型產業的物聯網產品創新的同時，必須確保它們能夠抵禦不斷演變的網路威脅。可信任的安全硬體和軟體解決方案對他們取得成功至關重要。

資訊安全團隊力圖在裝置的整個生命週期中對其進行管理。他們希望在邊緣實現先進的安全性，並確保最終使用者的隱私資料始終能夠以完整的狀態得到處理。他們需要信任根 (Roots of Trust)、在裝置上執行的安全程式碼，以及安全啟動 (Secure Boot)。

近年物聯網服務逐漸提倡與強調資訊安全的理念與提出相關資安機制，在物聯網產品的整個生命週期為其提供可靠的身份認證和驗證過程，將客製化物聯網裝置身份注入資安憑證，加強物聯網安全技術，讓裝置可以防止攻擊者使用連網產品，防止裝置做為網路切入點。除此之外，資安服務中還包括客製化專用的長期軟體開發套件支援，有些服務覆蓋甚至長達 10 年的物聯網產品生命週期。

3. 機器學習廣泛被應用

機器學習方面的進展正在打開通往嶄新未來的大門且將影響深遠，可以從邊緣裝置的機器學習中獲得諸多好處。機器學習演算法可以訓練模型，評估模型本身的性能，並進行預測，這是非常令人興奮的。在我們的世界中，機器學習應用可以在生活舒適化應用場景所使用的微型裝置上運作，這些應用場景包括預測性維護、樓宇自動化、音訊分析的配置，以及自主操作的視覺和運動檢測等。

4. 雲端計算和軟件即服務

利用行動裝置上網已經是一種生活習慣模式，也是主流聯網技術趨勢，支持行動裝置聯網的主要技術就是雲端計算與雲端服務。現在雲端伺服器每天處理天生活與商業環境中的海量數據，藉由大數據技術可以分析具有商業價值之資訊，因此驅使許多企業投資開發行動裝置使用雲端軟件服務。

隨著越來越多的企業在採用數據驅動的商業模式的同時建立混合工作和遠端工作環境，雲端服務將繼續在專業範疇中普及化。不同規模和行業的組織在如何使用雲端，以及如何從這項投資中受益的層面上，將會有更多的選擇。

5. 產業整併與跨業合併

物聯網各類應用情境，系統整合需要的技術廣度要求很高，需要感測器、無線通訊、雲端伺服器、大數據分析、機器學習以及各類應用專業之技術跨領域軟、硬體結合。因此會看到企業有整併與跨業合併的動作出現。

因物聯網系統都是從半導體客製化積體電路整合建立，因此許多晶片大廠進入了物聯網市場，面對過去幾年物聯網和半導體領域市場的成長，在市場競爭情況下，出現一些企業的價值大幅成長，而另一方面導致其他公司逐漸退出市場競逐。在 2015 年左右許多晶片大廠開始進入整併階段，許多公司將尋求透過併購來提高利潤率，並從由此產生的規模經濟中獲益。例如 2015 年上半就有晶片大廠恩智浦收購飛思卡爾、安華高併博通、英特爾買 Altera 三件半導體併購大案，國內晶片大廠聯發科在 2015 年 4 月以來，透過旗下的子公司已連續收購曜鵬、常億、奕力及立錡四間公司，大舉擴張企業營運範圍。同年聯發科進行企業改組，劃分出無線產品與家庭娛樂產品兩大事業群，以及無線網通和數據中心網路事業兩個獨立事業部，產品事業群下又分出無線通訊、穿戴等五個事業部，主要應用終端為智慧手機、功能型手機與穿戴式裝置，而家庭娛樂產品事業群下，包含智慧家庭、家庭顯示與客製化晶片等事業部，主要應用終端為電視、平板、影音與光儲存裝置，聯發科主基頻、晨星掌電視。

另外國內企業樺漢科技併購主要在工業電腦領域，自 2016 年開始陸續廣納海內外工業電腦相關公司，包括IPC 老牌企業 S&T/Kontron、工業網安廠瑞祺電、智慧家居廠沅聖，以及半導體設備廠帆宣等，近年更把目標鎖定在機器視覺學習、AMR 等產業趨勢，入股德工控軟體商 AIS 及臺灣超恩，目的是要打造軟硬兼具的技術團隊，未來將整合旗下企業優勢，提供完整解決方案，航向工業物聯網相關應用產業。以目前發生的企業併購與合併的趨勢觀察，未來物聯網市場發展驅使下，企業併購與合併的情況會持續下去。

6. Matter 將成為智慧家庭標準

過去幾年許家電大廠紛紛投入多智慧家庭的研發，帶給人對居家智慧化充滿想像，並展示出許多智慧家電相關產品，其便利功能的展示都會令人期待。市場上討論非常熱烈，必要的基礎設施隨處可見，包括網際網路接入、無線連接，甚至是日常家庭中常見的邊緣處理。可是，當我們整體深入了解後並往長期使用思考，就會發現智慧家電仍有令人卻步之處。當今的網路設置通常涉及多種完全不同的無線協議，其中許多協議是在智慧型手機和雲端出現之前所定義，每種協議最初都是為特定目的而制定，並逐漸擴展到不斷發展的智慧家庭。這意味著，當今智慧家庭裝置各自使用不同的協議，因此導致消費者選購與使用產生了困惑。

智慧家庭所需要的正是這種統一的標準，能為產業帶來便利性和啟發性。由美國國際大廠亞馬遜 (Amazon)、蘋果 (Apple)、谷歌 (Google) 與韓國企業三星

(Samsung)，以及連接標準聯盟 (Connectivity Standards Alliance) 等董事會成員發起，在 2019 年建立智慧居家的共同連接標準 Matter，這是一個智慧居家產業統一的免授權金連接標準，該標準以安全性為基本設計原則，提高智慧家庭產品之間的相容性。新標準 Matter 獲得產業各大廠的支持，專門為解決智慧家庭市場最重要的整合問題而設計。

　　使用 Matter 標準無須版稅或授權金，它將與開放原始碼軟體和強大的認證計畫一起推出，可確保互通性和相容性。Matter 有四個主要特色，分別為連接溝通是基於 IP 運作、清晰的裝置定義、重視安全性、關注簡單性和可靠性，以下分別簡單介紹。

(1) 連接溝通基於 IP 的運作

　　Matter 使用 IP 作為連接的基礎。當今的網際網路同樣是以 IP 為連接基礎，透過 IP 標準化，Matter 可以利用現有基於 IP 的網路、乙太網路、Wi-Fi 和 Thread 將裝置連接在一起，無需專用的轉換器。使用 IPv6，Matter 能夠在網路層支援多個網路介面，而不需要更高層的軟體。它還可以更輕鬆地打造與智慧家庭和語音服務相容的裝置，並支援智慧家庭裝置、行動應用和雲端服務之間的通訊。

(2) 標準裝置定義

　　Matter 為開發人員定義一個通用的框架和模型，明確定義什麼是裝置，以及控制裝置所需的所有參數。可將 Matter 視為一種連接溝通的通用語言，所有的裝置都使用此標準來相互連接傳遞資訊，達到不同品牌的產品即具備一致性，可以相互交流，進一步得到不同品牌的產品可整合的特性。

(3) 增強安全性

　　借助 IP 標準化，Matter 提供堅實的安全基礎，為路由器、交換器和防火牆提供經過市場驗證的演算法和基礎設施，並在裝置與其他裝置、應用和服務通訊時提供端到端安全和隱私保護。Matter 使用分層的安全方法和裝置認證，確保真正將裝置加入到 Matter 網路，保護網路上的所有消息，並提供安全的無線韌體更新。

(4) 簡單可靠

Matter 致力於消除選擇智慧家庭產品的複雜性，並提供靈活而簡單的設置過程，為消費者提供無縫體驗。Matter 還提供一致且回應迅速的本地連接 (Local Connection)，即使網際網路出現故障，該連接仍能正常工作。此外，通訊速度更快，因為資訊永遠不需要離開網路，這也意味著它更安全，因為本地流量永遠不會透過網際網路發送。

7. 車聯網將是近期極具爆發淺力的物聯網產業

過去工業務聯網應用是所有物聯網產業中市場規模最大，發展最快的相關產業。以物聯網產業發展趨勢面來看，車聯網將是最有爆發潛力的物聯網產業，從幾大龍頭的動態都能看出這個趨勢。包括日本軟銀以上百億天價併購 ARM、高通買下全球車用晶片龍頭 NXP，就連伺服器獨霸一方的英特爾也成立自駕車部門，去年也有多家傳統車廠與網路或科技公司異業結盟，以縮短自駕車商用時程。汽車本身就是一個大型的 IoT 裝置，勢將成為今年帶動 IoT 需求成長的一大動能。

8. 擴增實境（AR）和虛擬實境（VR）將成為今年 IoT 跨界整合重要介面

以物聯網應用面觀察，擴增實境（AR）和虛擬實境（VR）將成為今年 IoT 跨界整合的新興應用，尤其是在製造業，加快現代工廠變身智慧工廠的腳步，也搭上目前工業 4.0 的潮流。像是智慧工廠 VR 的應用，在工廠建設前，廠方可透過 VR 提前體驗真實的巡廠感受，實際運營後，也能結合穿戴式裝置掌握現場動態，或模擬高風險場域預作演練，甚至加入現場實際的運作數據優化工作流程。2017 年 30 家排名全球前百大製造商的智慧工廠內都要導入 AR，全球製造業龍頭奇異便是其中一家。隨著越來越多平價的 VR 和 AR 頭戴裝置推出，都有助增長 IoT 應用。

9. 數位時代到數位孿生時代

數位孿生 (Digital Twin)，或者稱數位分身，是指透過存在於虛擬世界的「雙胞胎」，來顯示現實世界中的物體可能的反應、狀況或是效能等。數位孿生需要透過蒐集歷史與即時數據資料，建構一個完整的模型，模型涵蓋眾多面向及變數，以及變數之間相互影響的機制，這樣的模型能夠更貼近現實情況，幫助決策者掌握複雜且相互連結的真實世界。數位孿生通常具有一個明顯的特性，物理模型和虛擬模型間是具有連結性的，且這樣的連結性是藉由即時的感知器 (sensor) 回傳資料，再透過一連串的處理、分析、判斷後，使虛擬模型能產生回饋，進而優化產品並增加價值。因此，這其中所涉及的關鍵技術可大致分為四個流程，包含建立虛擬模型、建立虛實感知機制 (IOT、AR、VR 等)、資料分析並預測 (AI)、產生策略 (產品面、商業面、執行面等)。

　　數位孿生的應用在理論上可以帶來許多優點，會說理論上是因為目前應用之產業及層面普遍沒有達到理想狀況 (或更多的商業價值)，以下簡單介紹此技術在未來影響。

(1) 物聯網 (IOT) 下一步更直接、明確的應用：物聯網的功能之一為蒐集海量的資料，這些 raw data 能夠成為進一步分析與預測產品狀況的基礎。

(2) 降低產品開發週期，加速走向客製化、少量化的生產模式：產品能夠在實際製造之前，即進行檢測，減少生產實體模型的成本，壓縮的產品開發週期，也能夠支持客製化的生產模式。

(3) 掌控產品生命週期，能夠精準製造與測試，並且可提前預測課題、提早擬定對策，進而延長壽命：透過感知器將實際狀況回傳給虛擬模型，能夠提前預測產品的零件壽命等。

(4) 改變商業模式：能夠銷售更多服務，而非產品本身。例如美國電動車大廠 Tesla，事實上 Tesla 每輛車子皆有一個數位雙胞胎，Tesla 會根據車子所蒐集到的數據，定期提供可下載的軟體，來協助車況的修復或更新，提供許多售後服務。

13-2 提升物聯網建構成功率的考量重點

　　經過十年的發展，物聯網技術廣泛傳播與被應用，許多企業也積極想建置物聯網相關技術，讓企業的競爭力提昇，都知道重點式準備的重要性，但還是再次強調，尤其是在面臨持續壓力，必須提供新產品和服務時，更需要重點式準備。請切記，在最初準備越充分，物聯網專案越可能成功。因此，通常必須花時間擬定周詳整體計畫，找出並寫下產品有哪些特定需求，例如誰將使用裝置，以及如何使用。模組設置位於何處。未來將要做何種更新。模組的預期壽命多長等。

花時間徹底了解需求，能協助在功能、成本和安全性之間找出平衡點。此外，請注意，有許多可用資源能協助在一連串應用程式上以任何規模建置幾乎任何類型的物聯網解決方案。無論具備何種程度的專長，合適的合作夥伴都能協助快速、有效率且安全地設計、建置和部署穩健的物聯網解決方案。

新的物聯網構想只不過是邁向成功物聯網建構的第一步。後續仍需要做出幾項重要的決策，將有助於確定功能、成本和上市時間。這些考量不容小覷，因為它們有可能左右整個物聯網專案的成敗

考量 1：適合應用情境之軟硬體選擇

選擇的硬體對於系統的功能有著關鍵性的影響。如果選擇的硬體無法滿足對於目前與未來功能的基本需求，之後可能得做出妥協與折衷。即使某些妥協或許還可接受，但絕不想因為硬體限制而移除能讓產品脫穎而出的功能，同時避免選擇遠超出需求的硬體功能。這只會徒增產品成本、無謂地耗用電力，並且讓產品市場競爭力降低。以下硬體功能是在選擇時，應考量的重要項目。

1. 能源與電力管理

目前通常有三種電源能驅動大多數物聯網裝置：電源線、電池和能量採集器 (太陽能)。不同於智慧型手機需要每天充電，物聯網裝置可能需要以同一個電池在遠端地點運作多年。在架構設計階段，請考量預期的使用者習慣，以及裝置的目標用途，製作出以節能為優先考量的能源剖析圖。

2. 硬體安全

在選擇硬體時，請選用分層式安全方法。例如，在 SoC 處理器內建以硬體為基礎的安全性，能建立信任根 (Root of trust) 並防止裝置遭到入侵。

3. 感測器、處理器與記憶體儲存裝置

大多數物聯網裝置是透過感測器或致動器收集資訊。感測器轉換的訊號會經過放大器或類比數位轉換器，再與微控制器 (MCU) 連接並做初步處理資料。同時所選擇的微控制器類型會取決於情境的需求，針對感測器資料集進行有限處理，而較複雜的情境需求則能處理高解析度視訊資料流，再選擇微控制器除了根據情境的需求，同時會考慮控制器的成本、尺寸、耗電量和啟動時間等參數。另

外考慮記憶體時候，有外部快閃記憶體、內嵌快閃記憶體與多晶片封裝記憶體等選擇，選擇時會根據其個記憶體的特性而定。各項記憶體的特性簡單描述如下：

(1) 外部快閃記憶體：經濟實惠、可靠且有彈性，提供高密度，而且無需使用過多電力即能執行。

(2) 內嵌快閃記憶體：由於具備高階效能與密度，因此普遍用於應用程式會儲存關鍵資料和程式碼的物聯網裝置中，並支援大多數微控制器應用程式。

(3) 多晶片封裝記憶體：將 CPU、GPU、記憶體和快閃儲存裝置結合在單一晶片中。

4. 平台硬體選項

系統要順利運作，選擇運作平台硬體考量可以往功能、成本、能源需求和安全為首要的情況下，以下為三種主要硬體選項：

(1) 單板電腦 (SBC) 是相對低價且立即可用的內嵌硬體平台，配備精心設計的系統介面與功能，並且具備可用於新增功能的擴充插槽。單板電腦可輕鬆訂製，因此能為建置物聯網產品提供最簡單的方法。單板電腦結合廣泛多樣的功能、效能與低耗電。目前市售晶片產品是累積市場需求與經驗的具體成果，通常具有極高的裝置擴充性，容易能整合其他晶片模組，如數位訊號處理器 (DSP)，以便將所有感測器連接在一起。

(2) 訂製系統單晶片 (SoC) 能運用先前既有的驗證模組或元件之技術，簡化開發流程並大幅減少成本。只需有限的初始投資，即能用訂製晶片生產更好的產品、讓產品從競爭產品中脫穎而出、節省成本、縮減物料清單、減少耗電。許多企業組織充分利用廠商生態系統，以協助建置物聯網裝置，此舉有助於將訂製晶片設計相關風險降至最低。

(3) 系統模組的用途則是將功能新增到現有裝置，可發現這些系統模組能提供所需的所有其他功能。例如，只增加藍牙啟用模組，即能將獨立感測裝置變成連線物聯網裝置。也可使用模組來增強效能、針對特定市場量身設計功能、減少成本，以及引進新功能。主要優點是不必設計全新裝置，即能獲得上述優點。

5. 物聯網作業系統

　　作業系統 (Operating System, OS) 為系統運作的基礎，而專為物聯網情境開發的作業系統逐漸被重視，將其納入關鍵考量之一，系統可以針對物聯網情境的需求加以客製化，例如耗電、連線和安全性。應用程式開發人員能專注於提升終端使用者經驗，而不是處理低階程式碼，還可能創造更多商業價值，並且能從遠端解決功能缺失。有效的作業系統還能確保裝置因應現場出現的安全威脅。

6. 物聯網平台軟體安全性解決方案

　　內建安全性是影響軟體決定的另一個因素，安全性建置範圍可從從晶片涵蓋到雲端。除了解決方案應著重安全性，同時要提供生命週期系統方法，以及專為物聯網解決方案建置的低耗電作業系統。最好還隨附一項提供連線、配置和無線傳輸式更新的雲端服務，此服務可以是公有雲端代管或內部部署 (On-premises)。

考量 2：連接與裝置管理

　　物聯網情境中有多種有線或無線網路連線技術的選項進行資料傳輸，包括蜂巢式、衛星、Wi-Fi、藍牙、RFID、NFC、低功耗廣域網路 (LPWAN) 和乙太網路等。通常會依照應用情境的需求選擇網路技術。如果只需短距離傳輸大量資料，可以選擇藍牙、Wi-Fi 或乙太網路等無線連線選項，可將耗電量降至最低。如果需要長距離傳輸相對小量資料，可以透過 LPWAN 傳輸，不但可節能，還能充分延長電池壽命。

　　透過網路傳輸資料可能所費不貲。許多物聯網應用程式會收集大量資料，但其中只有一小部分是重要資料。在此情況下，本地演算法能限制可傳輸的資料，進而減少成本高昂的能源與資料傳輸的消耗。

　　針對連接管理，尤其是擴充性，在資料傳遞過程中可能經歷多種環境，可能橫跨許多地區，並且使用不同的通訊協定。在這樣的情況下，支援廣泛多樣的通訊技術和通訊協定，才能保持連線。因此物聯網裝置管理平台應能管理每個裝置的連線，無論裝置是位於何處或使用何種網路。無所不在的連線涵蓋所有主要通訊協定並跨越所有地區界限，這代表資料持續可存取且維持在最低成本。單一解決方案即能允許部署物聯網裝置、找到網路、自行驗證、自動部署並連線到成本最低的管道，進一步支援擴充性，同時加快上市時間、降低成本和複雜度。

考量 3：系統級的安全

物聯網裝置在安全機制不全情況下，被網路攻擊可能會極具破壞性。例如 Mirai 殭屍網路攻擊便是利用不安全的物聯網裝置，藉由掃描網際網路找出開放式連接埠，並使用預設密碼登入這些裝置。形成的殭屍網路大軍發動分散式阻斷服務 (DDoS) 攻擊，導致許多網際網路無法存取。目前可阻止潛在駭客攻擊的最佳方法，是採用系統級的方法，涵蓋範圍包括實體裝置和網路。物聯網裝置開發者必須採取一切必要措施，以保護裝置、裝置連線的網路，以及裝置共用的資料。物聯網安全性必須從設計最初階段即開始規劃，並納入開發、部署和管理流程的每個步驟，必須有安全機制保護物聯網裝置和對應服務，以免出現任何一種弱點而受到攻擊。

考量 4：資料擷取與管理

未來將龐大的物聯網情境應用，所有應用中會有數十億或更多的物聯網裝置透過眾多網路收集資料並傳輸龐大的資料。在龐大的資料中如何收集正確資料並有效運用這些資料在物聯網應用中就非常重要。物聯網產生的資料必須能充分發揮其價值，擷取資料應該要符合以下三項條件：

1. 資料整合與可存取性：有效資料管理的關鍵在於資料容易存取並且完全整合。必須讓企業組織能輕鬆獲得洞見，進而找出新商機、提高效率，並做出關鍵的資料導向商業決策。

2. 不同的資料集必須統一：要收集並統一來自多個異質裝置，以及企業資料和第三方來源的不同資料集，必須結合超彈性應用程式開發與一套延伸的資料整合系統。

3. 資料必須獲得保護和信任：無論是靜態或傳輸中資料，都必須使用適當等級的加密來保護資料。必須藉由身分識別與存取管理解決方案的方式，對資料存取進行控制和監控。

選用的資料管理平台應能協助彙總和轉譯數量龐大的分散型資訊孤島式資料 (無論是來自物聯網裝置或客戶關係管理、電子商務系統和第三方資料等來源)，以降低複雜性，並獲得有意義且可行的洞悉見解。

考量 5：可彈性擴充

環境變換快速，物聯網系統運作需要跟著外在環境與需求適當的擁有彈性變更與擴充能力。同時須規劃制定相關團隊執行維護系統，包含應用程式更新和安全性修補，並從遠端管理數千個裝置的運作和維護作業。在一開始規劃便採用適當的硬體和軟體，以確保裝置的長期復原能力和實用性。要達到真正的延展性，必須全面性思考。如果想避免未來不同地區發生使用許多不同裝置的棘手問題，那麼將當地網路持續性支援納入計畫，會有助於確保地區擴充性。

設計一個能成長並增加容量的基礎架構，有助於確保專案成功。建置一個支援架構，其中包含可擴充的雲端服務。建置任何網路都需要具備設計彈性，以便未來擴充。不論有沒有適當的工程資源，都要在一開始就考量擴充性，從裝置類型到最適合的特殊用途網路設計。

隨著物聯網裝置不斷增加，資料和運算資源也隨之增加。在物聯網基礎架構設計初期考量此點，有助於在需要時成功擴充營運。要設計擴充性更高的基礎架構，可以考慮利用邊緣運算技術，讓運算工作在邊緣或網際網路閘道內進行，當邊緣有多出的運算資源時，就能在邊緣處理更多資料。

考量 6：雲端、內部伺服器部署選擇

選擇物聯網伺服器的考量，有些情境適合雲端伺服器，有些則選擇企業內部伺服器方案，兩種選項各有優缺點。選擇時除了滿足物聯網情境需求，會將會將業務、資料性質、擴充性與可用性的重要性納入考量，還會考慮風險與成本。當評估物聯網解決方案之合作供應商或夥伴時，最好選擇同時具有支援內部和雲端伺服器技術能力。

架構上可以將某些功能優先移至靠近客戶的邊緣網路，以提供運算、儲存和網路資源，進而提供成功部署物聯網所需的穩健架構，再利用雲端提供其他功能擴充性。利用企業內部部署伺服器之物聯網解決方案，優點是可以完全掌控裝置管理系統，以及或許更重要的資料，尤其是擔心從舊版系統轉換為雲端，會有暴露寶貴資料的風險時，可以優先選擇內部伺服器方案。內部伺服器的缺點是需要投資防火牆內提供管理與監控功能，以保護系統上執行的敏感資料，此方法需要高額前期投資，同時須管理內部的資料中心，並維護確保其持續可用性。

13-3 物聯網發展挑戰

　　物聯網概念提出，被報章雜誌大篇幅的報導具有巨大的市場以及經濟價值，各大廠商極力發展與開發，可以說蓬勃發展至今已經超過 20 年，但我們仍然有個疑問，為何我們生活周遭所接觸物聯網情境，如書中介紹的物聯網情境智慧工廠、智慧居家與智慧醫療，衍伸到智慧交通與智慧城市，許多物聯網情境僅展現在某些特定工廠，或者發展僅在實驗室階段，並沒有我們想像中的那麼貼近生活，有種市場殺聲震天卻仍未成氣候的情況，深入觀察會發現，物聯網的發展過程中遇到許多的瓶頸。就像其他科技發展過程中，同樣會遇到許多各種的技術瓶頸，但相較其他的技術發展遇到的瓶頸，物聯網技術的瓶頸的面更廣，從政策法規的修改、商業模式到情境應用的軟硬體部屬都具有挑戰。以下將分別不同角度介紹物聯網發展面對的挑戰。

1. 物聯網是客製化市場概念

　　臺灣過去在電子業蓬勃發展的時代，靠著對電子科技的大量投入與優異的管理技術，又因為不管是 PC、Notebook、手機等產品的需求量均巨大無比，所以我們大量生產物美價廉產品的專長恰恰可以獲得展現，所以造就了一代的輝煌。然而物聯網雖然將適用在許多產業，但從硬體裝置製造的角度來看，其最基礎構件多是 sensor、gateway，從產值來看遠遠比不上 PC、Notebook 或手機；從市場應用端來看，推向需求端時通常會以系統或應用方案 (solution) 的方式交付，客製化程度與過去消費性電子產品相比高了許多。所以，臺灣廠商為大的需求市場大量生產，獲取微利的競爭優勢在物聯網這個領域很難套用。

2. 物聯網技術整體系統性的開發

　　物聯網的應用多築基在確認商業模式與情境需求、網路通訊科技、應用軟體發展上，物聯網更著重在「物」與「物」的溝通與互連，也就是機器或模組等物件之間的連接。另一個重點就是雲、霧與邊緣計算等技術，讓物聯網發展所需的龐大數據收集與計算有更好的基礎設施，讓過去行之有年的數據分析不管是針對結構化或非結構化資料計算分析能力大幅提升。簡單來說，物聯網是許多現有的軟、硬體科技發展到一定高度後的集合應用。這個特性與過去因為特定科技的進展可以透過專利築起高牆保護迥然不同，所以過去科技廠商擅長的透過技術投資、累積智慧財產權，從而領先對手的策略模式，在物聯網技術開發的領域裡不再適用。

3. 物聯網的本質是軟體與服務

　　從物聯網結構中，在底層主要包含許多不同的硬體，如感測器 (sensor)、路由器 (gateway) 及執行設備 (actuator equipment) 等。這些硬體裝置通常並沒有革命性突破，所以真正讓這些裝置發揮加值效果，還是因為物聯網應用平台 (device management/data analytics/prediction analytics, DM/DA/PA) 及為了特定服務目的開發的應用軟體 (application) 以及讓 service provider 管理這些應用的商務領域 (business domain) 軟體 (類似現有的 ERP)。物聯網的應用軟體開發以及因此帶來的便利服務與否，決定企業或消費者是否願意掏錢投資在物聯網應用方案及搭配的硬體裝置。

4. 物聯網需要垂直整合產業知識

　　物聯網既然是服務導向，自然必須向被服務的產業積極靠攏。物聯網應用方案 (solution) 的開發，必須深度結合目標產業的專業知識，開發出來的應用方案才能切中要害，真正解決客戶的問題或滿足客戶的需求。另一方面，物聯網的概念與技術對於許多企業或產業都是新的領域，尤其是傳統產業，所以企業或產業必須先知道如何利用物聯網技術幫助企業或產業獲利，或者提升生產效率，這中間往往存在許多不確定性。當要解決客戶的問題或滿足客戶需求之前，必須協助客戶確認客戶的真正的問題需求，才能進一步提出適合的物聯網情境與相對的技術，解決客戶需求。

　　物聯網產業的發展目前仍處於方興未艾的階段，個別廠商推出壓倒性應用方案的情形尚未出現，因此加速投入開發適切物聯網應用方案，及早問世搶佔市場口碑有極大的商業價值。然而，個別的使用場景定義及方案的使用經驗累積，都需要產業夥伴的配合，提供試驗場域供開發團隊著手於方案開發與改進。

　　因此國內廠商如果想要轉型投入物聯網開發應用方案，不能只是專注在自己的本業知識，還必須跨出舒適圈，學習掌握通訊相關技術的應用以及目標產業的領域知識 (domain knowledge)。

5. 物聯網情境部署應用挑戰

(1) 感測器與通訊網路架設挑戰

因應物聯網的各項情境，市場上有許多無線通訊技術可以選擇，但在選擇的時候與架設的時候常會遇到狀況。首先是電源的問題，因為許多架設環境是沒有市電提供電力，因此會使用電池提供電力，為了滿足物聯網能利用電池同時具有延長正常運作時間的要求，感測器積體電路 (IC) 設計人員需要設計具有深度睡眠模式的 IC，這些模式消耗很少的電流並降低速度和指令集，並實現低電池電壓。另一方面，對於無線通訊，標準組織正在定義新的低功耗工作模式，例如 NB-IoT、LTE-M，LoRa、Sigfox，它們在保持低功耗的同時提供了有限的有效工作時間。將感測、處理、控制和通訊元件整合到最終產品中的設計人員必須知道外圍裝置的效能和功耗，並優化產品的韌體和軟體以簡化操作並減少功耗。

在各項低功耗技術的支持下，電池的壽命可以延長，但畢竟電池壽命有限的，尤其是在大範圍的物聯網情境中有大量利用電池供電感測器架設，為了更換電池來維持系統正常運作，將會付出龐大的維護成本，因此解決電池供電的問題是許多物聯網發展的重要挑戰之一。

另一方面，無線網路技術是藉由空氣傳遞電磁波將資料進行傳輸，但架設的場域中如果有電磁波的干擾源，將會降低資料傳遞的可靠度，甚至無法進行傳遞。目前無線通訊網路技術標示的傳遞距離，都是以空曠、無遮蔽阻擋與無干擾源的區域為場域的實驗數據。但實際部屬的場域中，常常有遮蔽物或干擾源，大幅縮短傳遞的距離。因此在選擇與部屬無線網路時，必須針對實際場域情況，進行預先各項無線通訊傳輸資料的測試，提高傳輸資料的可靠度。

(2) 符合法規之合法性

物聯網裝置必須遵守無線電標準和全球法規要求。一致性測試包括無線電標準一致性和運營商驗收測試，以及法規遵從性測試，例如 RF、EMC 和 SAR 測試。設計工程師經常被迫遵守嚴格的產品推出時間表，並確保順暢地進入全球市場，同時遵守最新法規 (而且這些法規經常更新)。由於合規性測試非常複雜且耗時，因此，如果手動執行，則可能需要幾天或幾周才能完成。為了保持產品釋出進度，設計人員可以考慮投資內部可在每個設計階段使用的預一致性測試解決方案，以及早解決問題。選擇一個符合測試實驗室法規遵從性要求的系統還可以幫助確保測量相關性並降低故障風險。

(3) 網路資安問題

雲端安全解決方案供應商 Barracuda 最近發表《2022 年工業安全狀況》報告，調查 800 名負責工業物聯網 (IIoT) 及運營技術 (OT) 的主管人員，了解他們對相關技術，包括安全項目、執行困難、資安事故、科技投資以及與網絡安全風險。94% 受訪機構承認在過去 12 個月內發生曾發生網絡安全意外；89% 受訪者表示非常或比較擔憂當前地緣政治局勢對其機構構成的影響。而有 87% 的受訪機構表示網絡安全事故的影響時間超過一天。顯示大部份受訪機構若遇到網絡安全事故，最少有一天業務營運受阻。工業 4.0 提升感測器與工業網路的連結程度，也讓更多資安問題浮上檯面，工業感測器的資安防護也成為廠商不得不面對的課題。在工業 4.0 前的 3.0 時代，感測器即使連接到內部專利網路或 PLC 網路，與網際網路間的連結程度仍相當有限，最多用於韌體更新或遠端存取，因此工業網路面對的威脅也相對較低，駭客為攻擊企業伺服器所開發的惡意編碼，往往無法影響工業網路。

物聯網感測器被入侵的主要原因有三類。首先是感測器常被駭客作為阻斷服務攻擊 (DoS attack) 的殭屍網路 (Botnet)。第二是當駭客對企業伺服器發動勒索軟體攻擊時，往往會牽連到物聯網管理伺服器，連帶封鎖了感測器的資料傳輸。第三是感測器也是駭客發動勒索軟體攻擊的攻擊向量之一，惡意軟體可在入侵物聯網裝置後，接著感染企業伺服器。駭客除了能透過反向工程發現裝置軟體的資安漏洞，還能入侵裝置製造商的網路，對韌體修補檔案動手腳，藉此將惡意軟體安裝到裝置上。此外，用來監控、操作裝置的管理軟體，也可能形成資安漏洞。因此，到了工業 4.0 時代，感測器資安就成了棘手的問題。物聯網感測器常是由小型廠商利用自己的軟體疊層，或未經修補的開放源碼 Linux 進行開發，幾乎很少發布韌體更新，這使得物聯網感測器很容易成爲駭客下手的目標。

從上述可知網路安全無疑是物聯網發展的重要挑戰，因此網路安全最核心的問題是，當網路安全發生問題誰將應該負最大責任，誰應當面對這些安全挑戰？除了追查駭客的來源並加以嚴整，過去當公司企業在面臨一些資安問題時，承擔責任的往往是整個公司層面。但物聯網時代不一樣，因爲政府將透過產業面的法規命令，要求企業遵循，建立資安管理的基礎，促使業者都能強化資安。Gartner 估計，到 2024 年，將有 75% 的 CEO(或其他 C 級高層) 將對 CPS (Cyber-Physical System，網路實體系統) 攻擊導致的系統事故承擔個人責任。資安問題就是人的問題，每間企業都有建置防火牆和防毒軟體等安全設備，但仍有存在安全問題，原因就出在於是「誰管」這些設備，「誰安裝」這些設備，不同的人會有不同的效果，加上人會流動（新進、離職），安全教育的成效還是有限。在現實環境中，IT 人員並沒有相對的權限，很難完全控管其他員工，所以制定安全政策時，需要有 CEO 等級的主管參與。

臺灣推動個資法與資通安全法已有一段時間，在 2022 年秉持資安即國安 2.0 的政策下，資安不只是政府要做的事，也影響國家產業競爭力，並關乎個人資料安全。現在，在產業面的法令規範中，也正逐步將資安納入要求。自 2021 年 9 月 1 日到 30 日，金管會旗下保險、銀行與證期領域，先後公布修正內控與內稽辦法，要求符合條件的金融業者需設置資安長，緩衝期有半年。換言之只要是資本額 100 億元以上的公司，或是上年底爲臺灣 50 指數成分的公司，或是電子商務與人力銀行業爲主的公司，必須要設置資安長以及專責單位。至於其他上市櫃公司，則要求在 2023 年底前，必須設置資安專責主管及至少 1 名資安專責人員。

6. 物聯網的長尾效應挑戰

　　甚麼是長尾效應，簡單來說，以製造業的長尾效應挑戰如圖 13-1 所示，在靠近左邊的核心問題，數量佔比低，但是有高回報率，而隨著每個問題的價值逐漸降低，就會拉出一條長長的「尾巴」，從經濟學、電商營銷再到少量多樣的銷售與生產，這條長尾巴出現在很多想不到的地方。例如是企業軟體的開發，一個成功的企業軟體供應商，能針對他們主力客戶最核心的問題，打造適合的產品。但是這些強大挑戰的核心問題背後，通常附帶著非常多的小挑戰。換句話說，能否持續有效解決這些無數的小挑戰，常常是一個企業精益求精以及真正成功數位轉型的關鍵。同樣的，物聯網情境的開發，開始都可以解決客戶的最核心問題，但問題後續會附帶著非常多的小問題，需要開發商持續的後續改善，這會造成企業與開發商付出龐大的金錢與時間成本。因此物聯網基礎建設的生命週期常長達數年，許多企業雖快速進入智慧型連網裝置市場，卻尚未認知到在該領域生存的困難，後續的產品軟體更新和維護成本恐將對企業的財務造成龐大壓力，這也是物聯網長尾效應是物聯網情境開發中很重要的挑戰。

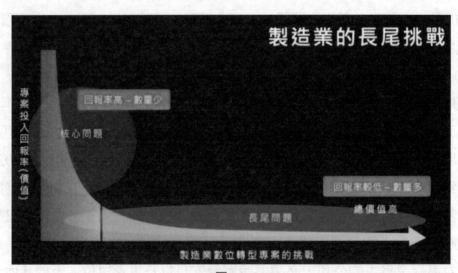

▲圖 13-1

1. Daniel Cooley，"2022年將是物聯網發展的轉捩點！"，EE Times Taiwan, 2022/04/13。

   https://www.eettaiwan.com/20220413nt71-2022-marks-an-inflection-point-for-the-internet-of-things/

2. William G. Wong, "What's the Difference Between a Simulation and a Digital Twin?", Electronic Design, 2018/05/25.

   https://www.electronicdesign.com/technologies/embedded-revolution/article/21806550/whats-the-difference-between-a-simulation-and-a-digital-twin

3. Arm，"七個確保物聯網成功的最重要決策"，EE Times Taiwan, 2019/12/17。

   https://www.eettaiwan.com/20191217ta31-seven-most-important-decisions-to-ensure-iot-success/

4. 劉建志，"物聯網年產值11兆美元，為何市場殺聲震天至今卻仍未成氣候？"，科技報橘，2016/06/27。

   https://buzzorange.com/techorange/2016/06/27/aiota-opinion/

5. 張宗堯，"加速製造業數位轉型？先解決「長尾問題」"，DIGITIMES，2020/10/29。

   https://www.digitimes.com.tw/iot/article.asp?id=0000597012_686LDFAP2VV7DY1QO2O8A

國家圖書館出版品預行編目(CIP)資料

物聯網理論與實務 / 鄒耀東, 陳家豪編著. -- 二
　　版. -- 新北市 : 全華圖書股份有限公司,
　　2024.01
　　　　面 ;　　公分
　　ISBN 978-626-328-832-4(平裝)
　　1.CST: 物聯網 2.CST: 通訊產業 3.CST: 產業發
　　展
448.7　　　　　　　　　　　　　112022908

物聯網理論與實務

作者 / 鄒耀東、陳家豪

發行人 / 陳本源

執行編輯 / 張峻銘

出版者 / 全華圖書股份有限公司

郵政帳號 / 0100836-1 號

印刷者 / 宏懋打字印刷股份有限公司

圖書編號 / 0648601

二版一刷 / 2024 年 2 月

定價 / 新台幣 550 元

ISBN / 978-626-328-832-4(平裝)

全華圖書 / www.chwa.com.tw

全華網路書店 Open Tech / www.opentech.com.tw

若您對書籍內容、排版印刷有任何問題,歡迎來信指導 book@chwa.com.tw

臺北總公司(北區營業處)
地址:23671 新北市土城區忠義路 21 號
電話:(02) 2262-5666
傳真:(02) 6637-3695、6637-3696

南區營業處
地址:80769 高雄市三民區應安街 12 號
電話:(07) 381-1377
傳真:(07) 862-5562

中區營業處
地址:40256 臺中市南區樹義一巷 26 號
電話:(04) 2261-8485
傳真:(04) 3600-9806(高中職)
　　　(04) 3601-8600(大專)

習題
演練

Chapter 1
物聯網介紹

物聯網理論與實務

得分欄

班級：＿＿＿＿＿

學號：＿＿＿＿＿

姓名：＿＿＿＿＿

1. 請說明何謂物聯網，同時說明物聯網的價值，讓世界各國極力發展物聯網技術。

解

2. 請介紹物聯網的結構，並說明架構中各層的功能，以及說明物聯網各層之間如何運作。

解

3. 請舉例你日常生活中所見到的物聯網情境，並簡單介紹。同時，在你介紹的物聯網情境中有使用許多設備、技術與軟體，請將這些設備、技術與軟體嘗試依照物聯網各層結構進行分類。

解

習題演練

Chapter 2
物聯網的架構與整合

1. 請繪出感測器的結構圖，並介紹結構中各項元件與電路之功能。

2. 感測器常使用的近距離無線網路技術有哪些，請簡單介紹。

3. 請介紹何謂伺服器，如何建構伺服器，伺服器可以提供哪些服務。

4. 雲端計算有哪些架構，請針對各架構分別簡單。

5. 請介紹雲計算、物計算與邊緣計算的差異。

6. 請介紹人工智慧有哪些技術分支,請分別簡單介紹。

7. 請介紹應用程式介面 (API),並說明其重要性。

8. 系統硬體整合時,硬體之間連接埠 (通訊埠) 技術有哪些,請分別簡單介紹。

習題演練

Chapter 3
智慧居家應用

1. 請介紹智慧居家有哪些主要情境。

   解

2. 請介紹智慧居家中的安全情境中有哪些主要設備，簡單介紹這些設備的功能。

   解

3. 請介紹目前智慧居家的建構方式，並各別簡單介紹。

   解

4. 請介紹目前智慧居家的發展困境。同時介紹智慧居發的發展趨勢。

   解

習題演練

Chapter 4
智慧醫療

1. 請介紹何謂智慧醫療。智慧醫療有那些關鍵性技術。

   解

2. 未來智慧醫療發展方向有兩個重點，請介紹哪兩個重點，同時簡單分別介紹。

   解

3. 如果將智慧醫療服務依照看診前、看診中與看診後分成三大類，請問是哪三大類，並進一步分別描述。

   解

4. 請簡單介紹智慧健康穿戴式感測裝置在智慧醫療中扮演腳色，並簡單列出三個智慧健康穿戴式感測裝置，同時分別說明各裝置的功能。

解

5. 人工智慧技術在智慧醫療可以扮演何種角色，請舉例說明。

解

習題演練

Chapter 5
工業物聯網

1. 請簡單介紹什麼是工業物聯網。同時說明工業物聯網與工業自動化之間的差別。

2. 請簡單介紹什麼是智慧工廠、智慧生產、智慧物流與智慧服務。

3. 請介紹數位分身，請說明數位分身技術所帶來的優點。

習題演練

Chapter 6
物聯網商業模式

1. 請簡單說明商業模式。並且介紹商業模式的要素。

解

2. 請說明物聯網的三種商業模式。

解

3. 簡單介紹常見的 7 種有效物聯網商對模式。

解

4. 請介紹何謂智慧零售。請舉例 3 種智慧零售應用情景。

5. 請介紹何謂智慧金融。請舉例目前金融科技 3 種重要發展。

6. 請介紹何謂智慧媒體。同時說明智慧媒體具有三種主要特徵。

習題演練

Chapter 7
物聯網內網技術

得分欄

班級：_____
學號：_____
姓名：_____

1. 本章節所提到的雲端運算技術架構可分成哪三層架構？

2. ZigBee 底層採用哪一 IEEE 標準規範的媒體存取控制層與實體層，並且使用的頻段為哪 3 個？

3. 藍牙在資料及語音連線方式各自以什麼連線方式進行？

4. IPv6 的位址長度為多少、位址空間有多少個？

解

5. 請畫出 6LoWPAN 封包格式。

解

習題演練

得分欄

班級：_____

學號：_____

姓名：_____

1. 無線區域網路傳輸技術設計上可分為哪三大類？

2. 第一代移動通訊系統是屬於類比通訊還是數位通訊？

3. 我們一般使用的 SIM 卡是以什麼標準因應而生？

物聯網外網技術

4. 能同時傳輸語音與資料，而且系統還可以提供數據上網與多媒體服務是仰賴哪一代的行動通訊系統的發展？

解

5. 藍牙經典 4.0 與 BLE 4.0 在廣播通道上的數量各為多少？

解

習題演練

Chapter 9
物聯網網路應用

1. XBee 所走的通訊協定是哪一個標準？

2. XBee 和 XBee pro 在操作上有哪兩種操作模式？

3. XBee 支持多個等級安全模式，其加密方式是採用哪一個密碼學加密標準及等級？

4. 若多個 XBee 需要在同一組群中進行溝通，需要將什麼參數設定為一樣？

解

5. LM35 溫度感測器其測溫範圍是多少？

解

6. 將 LM35 所量測到的類比電壓值如何轉換成攝氏溫度？

解

習題演練

Chapter 10
物聯網感測系統

得分欄

班級：＿＿＿＿＿＿

學號：＿＿＿＿＿＿

姓名：＿＿＿＿＿＿

1. 以本書的論點，智慧型穿戴式裝置的發展主要歸功於哪三項技術的突破？

2. 在電力系統中大致可分為哪三部分？

3. LoRa 及 NB-IoT 是屬於哪一網路傳輸技術？

4. 5G 通訊系統定義哪三種網路切片技術？

解

5. 智慧生活應用系統大致可以分成哪五大系統？

解

習題演練

Chapter 11
物聯網雲端服務系統整合

班級：_____

學號：_____

姓名：_____

1. 雲端架構在資料運作中主要分成哪四個部分？

2. 雲端服務模式主要分成哪三種模式？

3. 請寫出 Microsoft Azure 雲端平台所提供的物聯網相關服務其中五種。

   解

4. Amazon S3 主要功能是什麼？

 解

5. Google 所開發的雲端服務並可提供物聯網應用的平台是哪一個？

解

習題演練

得分欄

班級：＿＿＿＿＿＿

學號：＿＿＿＿＿＿

姓名：＿＿＿＿＿＿

1. 物聯網除了在系統運作效能須注重外，另一個現代物聯網應用的疑慮或隱憂是什麼？

解

2. 除了傳統的資訊安全議題外，從 2018 年之後個人隱私侵害問題、隱私權的維護也逐漸受到重視。請寫出兩個有關個人隱私保護法 (Regulation) 的名稱。

解

3. ARM 的 PSA 具有哪四個關鍵要素？

解

4. 歐盟於 2018 年 5 月實施的 GDPR 針對大規模資料收集或資料服務的相關產業於開始設計時就導入隱私保護規範相關措施或機制,特別是在物聯網產業推動了哪兩項作法?

5. 隱私強化技術是工程技術的手段,隨著技術進步而有不同的做法,我們的可以大方向的歸納哪幾個方向?

6. 帝濶智慧科技所開發的隨機響應去識別化晶片其運用在物聯網資料處理上面有什麼作用?

習題演練

得分欄

班級：＿＿＿＿＿＿＿＿

學號：＿＿＿＿＿＿＿＿

姓名：＿＿＿＿＿＿＿＿

1. 請列出物聯網情境應用往後發展趨勢。

 解

2. 請列出可提升物聯網建構成功率的考量。

 解

3. 請列出目前物聯網發展面對的挑戰。

 解